ビジュアル
数学全史

人類誕生前から多次元宇宙まで

クリフォード・ピックオーバー 著

根上生也／水原 文 訳

岩波書店

マーティン・ガードナーに

THE MATH BOOK
From Pythagoras to the 57th Dimension, 250 Milestones in the History of Mathematics
by Clifford A. Pickover
Copyright © 2009 by Clifford Pickover

First published 2009 by Sterling Publishing Co., Inc., New York.
This Japanese edition published 2017
by Iwanami Shoten, Publishers, Tokyo
by arrangement with Sterling Publishing Co., Inc.,
387 Park Ave. South, New York, NY 10016,
through Tuttle-Mori Agency, Inc., Tokyo.

訳者まえがき

世界は数学でできている。だから、おもしろい――

本書は、Clifford A. Pickover 著『The Math Book: From Pythagoras to the 57th Dimension, 250 Milestones in the History of Mathematics』を翻訳し、日本の書籍として再構成したものです。

原著の副題に「ピタゴラスから57次元まで」とありますが、物語は人類が数学を始めるよりもずっと昔の1億5000万年前から始まります。私たちよりも明らかに知能は低いだろうと思えるアリの脳の中に、完璧なナビゲーションシステムが仕組まれている。どうやら歩数と太陽光の向きとから巣に戻る経路を算出しているらしい。意識的ではないにしろ、アリの頭の中で数学が行われていると言わざるをえません。そんな小さなところから始まる物語だけれど、そこに人間たちが織り成す出来事が加わり、最後には2007年の「宇宙は数学そのものだ」とするお話で終結します。この1億5000万年にわたる壮大な物語を知ると、やはり冒頭で述べたように「世界は数学でできている」と言いたくなってしまいます。

数学を解説する啓蒙書はたくさんありますが、たいていは1つのテーマについて解説されていることが多いようです。本書は1つのテーマを深く掘り下げるのではなくて、数学のすべてを時間軸に沿って並べて見せてくれます。もちろん、「すべて」と言っても、本当にすべての数学的な事柄が含まれているわけではなく、厳選された250個のテーマが簡単に紹介されているだけです。しかし、本書は人類が数学に関わってきた時間の「すべて」を見渡すことを可能にしてくれます。そこがすばらしい。

あなたが世界史や日本史に詳しければ、各ページに書かれている年号をもとにして時代背景を考えながら読み進んでみてください。おもしろさは倍増するはずです。とはいえ、私自身はあまり歴史には強くないので、自分史と照らし合わせてみました。私は1957年生まれなので、1957年のページを見てみると、そこにはあの有名なマーティン・ガードナーが「サイエンス」誌に連載を開始した年だと書かれていました。数学のよさを世間に広める覚悟で生きている私にとって、それは運命を感じさせます。

また、2005年のページには数学をモチーフにした刑事ドラマの「NUMB3RS」のことが書かれています。この年に私はフジテレビ系の「ガチャガチャポン！」という番組の中で「数学探偵セイヤ」として登場していました。コミカルな状況の中で発生する問題を数学で解決するのですが、黒板に計算式をだらだらと書いていたのでは、視聴者がチャンネルを替えてしまいます。それを回避するために、私は言葉と絵で解き明かす数学を生み出すことになりました。つまり、2005年は私が提唱している「計算しない数学」誕生の年だと言うことができます。これもよほど運命を感じます。

そもそも原著書と出会えたこと自体も私にとって運命的でした。岩波書店の加美山 兎さんが『世界で一番目に美しい数式』の件で私の研究室を訪れたとき、こそっと見せてくれたのが、原著書との最初の出会いでした。「なんて素敵な本なんだ！ 日本ではこういう数学の本が作れないよね」と言ったことを覚えています。そのときは、まだ私が翻訳をすると決まっていたわけではありませんが、ぜひこの本の日本語版を作って日本のみなさんに見せたいと強く思いました。

その原著は正方形に近い版型で、厚さが4cmくらいあって、黒い大きな辞書を思わせる外観です。表紙には大きな文字で「The MαTH βOOK」と刻まれています。よく見ると、その背景には1から1000近くまでの自然数が並んでいて、素数だけがハイライトされています。中を開いてみると、見開き2ページで1つの話題になっていて、右ページには大きな写真か図版だけで、左ページにはその解説がまとめられていて、全体に写真集やアート作品集のような印象を受けます。

その当時、私は、平成24年度から施行された学習指導要領に登場した高校数学の新教科「数学活用」の教科書の編纂作業をしていました。そして、海外の素敵な数学本を模して、高校数学の教科書としては異例な正方形に近い版型にしようと思っていたのです。「数学活用」は数式を駆使して展開される従来の数学と

は異なり、数学が人とともにあり、社会で役に立っていることを高校生に知らしめることを目的とした教科です。なので、あまり数式を多用せず、「計算しない数学」と同様に絵と言葉で解説するように心がけました。(ちなみに、私が編纂した『数学活用』の最初の単元のタイトルは「世界が数学でできている」です。)

とはいえ、従来の数学のスタイルに慣れてしまっている高校の先生がそういう教科書を好むとは思えません。そこで、誰でもそれを手にしたら絶対にほしくなるような本を作ろうと決意しました。仮に「数学活用」が高校に広まらなかったとしても、「こんなおもしろい数学があるんだ」と多くの大人たちの興味をそそることができたら成功です……。

本書は1ページに1つの話題が収まるようにレイアウトされているので、原著書とは多少印象が異なりますが、素敵であることには違いがありません。そして、私が編纂した『数学活用』とよく似た雰囲気があります。きっと本書を手にした人は誰でもほしいと思うことでしょう。本書はまさに、『数学活用』を通して数学のよさを広めようとする私の活動を後押ししてくれる1冊なのです。世界が数学でできていること、だからおもしろいのだということを人々に伝えることを本書は可能にしてくれます。

そういう意気込みはあったものの、私の力だけでは本書の実現はかなり難しかったでしょう。そこで、強力な助っ人が登場しました。それが水原 文さんです。これまでにも多くの翻訳を手掛けておられ、安心して協力をお願いできる方でした。東工大の後輩ということもあり、たいへん心強い。水原さんのご尽力なくして、本書がこんなに早く世に出ることはなかったでしょう。また、私と本書との出会う機会を作っていただき、編集作業に尽力いただいた岩波書店の加美山 亮さんの存在も重要です。この場を借りて、お二人に感謝の意を表したいと思います。ありがとうございました。

繰り返しになりますが、世界は数学でできています。本書のページをめくり、その証拠をとくとご覧あれ。

2017年4月

根上生也

はじめに

数学の美と有用性

> 「知的生命体が研究中の数学者たちを観察したら、彼らは風変わりな宗教の信奉者であって宇宙の神秘を解き明かそうとしている、という結論に達するかもしれない。」
> ——フィリップ・デイヴィス、ルーベン・ハーシュ著『数学的経験』

　数学は科学のあらゆる分野に浸透し、生物学、物理学、化学、経済学、社会学、そして工学で重要な役割を演じている。数学は、夕日の色やわれわれの脳の構造を説明するために使われる。数学は超音速旅客機やローラーコースターの設計にも、地球の天然資源の消費をシミュレーションするためにも、素粒子の量子力学の研究にも、そして遠く離れた銀河の姿をとらえるためにも役立っている。数学は、われわれの宇宙の見方を変えてきたのだ。

　本書で筆者は、あまり数式を使わず、その代わり想像力をたくましく働かせながら、読者に数学を味わってもらいたいと考えた。しかしこの本で取り上げた話題は、平均的な読者にとって興味深いだけでなく価値も大いにあるはずだ。実際、米国教育省の報告によれば、高校で数学を履修した学生は、大学でどんな専攻を選んだとしても、成績が良い傾向にある。

　数学の**有用性**のおかげで、われわれは宇宙船を作り宇宙の構造を解き明かすことができる。数字は、知性を持つ異星人との最初のコミュニケーション手段となるかもしれない。物理学者の中には、高次元とトポロジー（形状とその関係性の研究）を理解することによって、われわれがいつの日か灼熱や極寒の中で終わりを告げるこの宇宙を抜け出して、すべての時空をわがものとできるのではないか、とさえ考える人もいる。

　数学の歴史の中では、同時発見が頻繁に起こっている。私が著書『メビウスの帯』で述べたように、1858年にドイツの数学者アウグスト・メビウス(1790-1868)は、やはりドイツの数学者ヨーハン・ベネディクト・リスティング(1808-82)と同時に、しかも独立してメビウスの帯（ひとつの面しか持たない不思議なねじれた対象物）を発見した。このメビウスとリスティングによるメビウスの帯の同時発見と、英国の博識家アイザック・ニュートン(1643-1727)とドイツの数学者ゴットフリート・ヴィルヘルム・ライプニッツ(1646-1716)による微積分の発見というよく似た出来事を考え合わせると、なぜ科学ではこれほど多くの発見が、独立に研究していた人々によって同時になされるのか、不思議に思わざるを得ない。もうひとつの例として、英国の博物学者チャールズ・ダーウィン(1809-82)とアルフレッド・ウォレス(1823-1913)は、両者とも独立して同時に進化論を考え出した。同様に、ハンガリーの数学者ヤーノシュ・ボヤイ(1802-60)とロシアの数学者ニコライ・ロバチェフスキー(1792-1856)も、独立かつ同時に双曲幾何学の着想を得たようだ。

　多分、そのような同時発見がなされてきたのは、その発見がなされた時期までに人類に知識が蓄積され、そのような発明への機が熟していたためなのだろう。時には、2人の科学者が同時代の同じ先行研究を読んで刺激を受けたという例も見られる。一方、神秘論者はそのような偶然の一致に、もっと深い意味を読み取ろうとする。オーストリアの生物学者ポール・カンメラー(1880-1926)は、次のように書いている。「われわれはこうして、世界のモザイクあるいは宇宙的な万華鏡のイメージにたどり着いた。つまり、常に混ぜ合わされ再配置されていても、似たものは寄り集まって行くのだ。」彼はこの世界での出来事を、孤立して無関係のように見える海の波がしらに喩えている。論争を巻き起こした彼の理論によれば、われわれの目にする波がしら以外にも、海面の下には何らかの同期メカニズムが存在し、不思議にもわれわれの世界での出来事をたがいに結び付け、束ねているというのだ。

　ジョルジュ・イフラーは『数字の歴史——人類は数をどのようにかぞえてきたか』の中で、マヤ数学に関して次のように書き、同時性について論じている。

　「つまり、時間的・空間的に大きく隔たった人々が……同一とは言えないまでも非常に類似した結果にた

どり着いた例が、ここにも再び見られる……。場合によっては、これは異なる人々のグループ間の接触と影響によって説明が付くかもしれない……。真の説明は、前述した文化の深遠な一体性にある。ホモ・サピエンスの知性は普遍的であり、その可能性は世界のあらゆる場所で驚くほど均一なのだ。」

ギリシア人など古代の人々は、数に深い畏敬の念を持っていた。困難な時代には、変転する世界の中で数だけが不変のものだったためだろうか？ 古代ギリシアのピタゴラス教団にとって、数は実在し朽ちることなく安らぎをもたらしてくれる永遠の存在であり、友人よりも信頼でき、アポロやゼウスといった神々よりも親しみやすいものだった。

本書の多くの項目は、整数に関するものだ。才能に恵まれた数学者ポール・エルデーシュ(1913-96)は数論(整数に関する研究)に魅せられており、整数を使った問題を投げかけることを得意としていた。そのような問題の中には、シンプルに記述できるが解くことは非常に難しいことで有名なものも多い。彼は、数学で1世紀以上も未解決となるような問題を記述できるとすれば、それは数論の問題に違いないと信じていた。

宇宙の多くの側面は、整数によって表現できる。デイジーの小花やウサギの繁殖、惑星の軌道、音楽のハーモニー、そして周期表上の元素間の関係は、数的なパターンによって記述される。ドイツの代数と数論の研究者だったレオポルト・クロネッカー(1823-91)は、「整数は神が創造されたものだが、それ以外はすべて人が作ったものだ」と言ったことがある。数学の根源はすべて整数にある、と彼は言いたかったのだ。

ピタゴラスの時代から、音階における整数比の役割は広く認識されていた。より重要なことに、整数は人類の科学知識の発展に重要な役割を果たしてきた。例えば、フランスの化学者アントワーヌ・ラボアジエ(1743-94)は、化合物は一定の割合の元素から構成され、それらの元素の割合は小さな整数の比となることを発見した。これは原子が存在するという非常に強力な証拠だ。1925年には、励起状態の原子から放出されるスペクトル線の波長間に特定の整数比の関係が存在することから、原子の構造に関する最初の手がかりが得られた。原子の重さがほぼ整数比となることは、原子核が整数個の性質の似た核子(陽子と中性子)から成り立っているという証拠となった。これらの整数比からの偏移は、同位体元素(ほぼ同一の化学的性質を示すが中性子の数の異なる原子)の発見につながった。

純粋同位体の原子質量が正確な整数比からわずかにずれていることは、アインシュタインの著名な方程式 $E=mc^2$ の裏付けとなり、原子爆弾の実現可能性を示すことにもなった。整数は、原子核物理学のいたるところに登場する。整数関係は数学という織物の基本的な織り糸であり、ドイツの数学者カール・フリードリッヒ・ガウス(1777-1855)が言ったように「数学は科学の女王であり、数論は数学の女王」なのだ。

われわれの宇宙の数学的記述は永遠に増え続けるだろうが、われわれの脳や言語スキルは凝り固まったままだ。いつの時代も新しい種類の数学は発見され作り出されているが、考え、そして理解するための新鮮な方法が必要とされている。例えばここ数年、数学の歴史上著名な数々の問題に数学的証明が与えられたが、その道筋はあまりにも長く複雑であるため、専門家でさえそれが正しいことに確信が持てずにいる。数学者のトーマス・ヘールズは、幾何学の論文を専門誌「数学紀要」に投稿してから、その証明に誤りが見つからず掲載にふさわしいものだと査読者が確認するまで、**5年間も待たなくてはならなかった**。しかもその記事には、この証明が正しいことに査読者たちは確信が持てないという但し書きまで付いていたのだ！ さらに、キース・デブリンのような数学者は「数学のストーリーはあまりにも抽象的な段階にまで達してしまったため、最先端の問題の多くは専門家にとってさえ理解できないものとなっている」ことを「ニューヨーク・タイムズ」紙上で認めている。専門家がそのような問題を抱えているとしたら、この種の情報を一般の人たちに伝えることの難しさは容易に理解できるだろう。最善を尽くしているのに、数学者は理論を構築し計算を行うことはできても、そのような概念を完全に理解し、説明し、伝えることはあまり得意ではないのかもしれない。

ここで、物理学のたとえを持ち出してみよう。ヴェルナー・ハイゼンベルクは人類が原子を真に理解することはできないかもしれないと悩んでいたが、ニールス・ボーアは多少楽観的だった。彼は1920年代初頭

に「可能性はあると思いますが、そのためには「理解する」という言葉の本当の意味を学ぶ必要があるのかもしれません」と返答している。現在、われわれ自身の直観を超えた推論を行うために、われわれはコンピュータを利用している。実際、数学者たちはコンピュータを使った実験によって、その普及前には夢想もできなかった発見や洞察に至っている。コンピュータやコンピュータグラフィックスは、数学者たちが正式な証明よりもずっと前に結果を見出すことを可能とし、まったく新しい数学の分野を開くことになった。スプレッドシートなどのシンプルなコンピュータのツールでさえ、ガウスやレオンハルト・オイラー、そしてニュートンがうらやむようなパワーを現代の数学者たちに与えている。ひとつだけ例を挙げると、1990年代末にデヴィッド・ベイリーとヘラマン・ファーガソンの設計したコンピュータプログラムが、π を $\log 5$ とその他2つの定数と関連付ける新たな数式を構築する役に立った。エリカ・クラリッチが「サイエンス・ニュース」に書いているように、ひとたびコンピュータが公式を作り出せば、それが正しいことを証明することはきわめてたやすい。単に答えを**知る**ことが、証明を策定する際の最も大きなハードルであることも多いのだ。

　数学理論は、何年も後になってから確認されるような現象を予測するためにも使われてきた。例えば、物理学者ジェームズ・クラーク・マクスウェルにちなんで名づけられたマクスウェルの方程式は、電磁波の存在を予言するものだった。アインシュタインの場の方程式は、重力によって光が曲がること、そして宇宙が膨張していることを示すものだった。物理学者ポール・ディラックは、現在われわれが研究している抽象数学は将来の物理学を垣間見させてくれる、と書いていた。実際、ディラックの方程式は反物質の存在を予言するものであり、反物質はその後になって発見されている。同様に、数学者ニコライ・ロバチェフスキーは「どんなに抽象的であっても、いつの日か現実世界の現象に適用される可能性のない数学の分野はあり得ない」と言っていた。

　本書では、この宇宙の鍵を握ると考えられてきた興味深いさまざまな幾何学と出会うことになるだろう。ガリレオ・ガリレイ(1564-1642)は、「自然の偉大な書は数学の記号で書かれている」と述べた。ヨハネス・ケプラー(1571-1630)は、正十二面体などのプラトン立体で太陽系をモデル化した。1960年代には、物理学者ユージーン・ウィグナー(1902-95)が「自然科学における数学の不合理なほどの有用性」に感銘を受けている。項目「例外型単純リー群 E_8 の探求(2007年)」で説明する E_8 のような大規模なリー群は、将来物理学の大統一理論を作り出すために役立つかもしれない。2007年、スウェーデン生まれのアメリカの宇宙論研究者マックス・テグマークが、数学的宇宙仮説に関する科学的な論文と一般向けの記事を発表した。この仮説は、われわれの物理的実在は数学的構造だと述べている。別の言い方をすれば、われわれの宇宙は数学によって**記述される**だけでなく、**数学そのもの**なのだ。

本書の構成と目的

「物理学は大きな発達を遂げるごとに、新たな数学的ツールの導入を必要とし、またその発達を促してきた。われわれのいま現在の物理法則の理解は、非常に精密で普遍的なものとなっているが、それは数学によってのみ可能なのである。」

——マイケル・アティヤ「ひも理論と数学」、「ネイチャー」誌に掲載

　数学者に共通するひとつの特徴は完全性への情熱、つまり第一原理に立ち返って研究を説明しようとする衝動だ。結果として、数学のテキストの読者は、本質的な結論にたどり着くまでに何ページもの背景説明を読む羽目になることが多い。この問題を避けるため、本書の項目はすべて短く、たかだか数パラグラフの長さとした。このフォーマットにより、読者は余分な前置きを読まされることなく、本題にたどり着くことができる。無限について知りたい？　それなら「カントールの超限数(1874年)」や「ヒルベルトのグランドホテル(1925年)」を読めば、ちょっとした頭の体操になるだろう。ナチスドイツの強制収容所の囚人によって開発された、世界で初めて商業的に成功したポータブルな機械式計算機に興味がある？「クルタ計算機(1948年)」を開き、手短な概要を読んでみてほしい。

　ある愉快な名前の定理が、どんなふうに電子機器のナノワイヤの配線に役立つのだろう？　この本をめくって、「毛玉の定理(1912年)」を読んでみてほしい。ナチスドイツが、ポーランド数学会の会長に自分の血をシラミに与えるよう無理強いしたのはなぜだろう？　最初の女性数学者が殺された理由は？　人類が最初に結び目を作ったのはいつ？　球面の内側と外側をひっくり返すことは本当にできるのか？　われわれがもうローマ数字を使っていないのはなぜ？　数学の歴史上、名前が残っている最初の人物は誰？　表も裏もない曲面は存在するのか？　これ以外にも、示唆に富む質問への答えがこの後のページにたくさん詰まっている。

　筆者は本書『ビジュアル　数学全史』を執筆するにあたって、幅広い読者層に重要な数学的アイディアや数学者について手短に、数分間で十分に読めるほど短い項目によって伝えることを目標とした。大部分の項目は、私が個人的な興味を引かれたものだ。残念ながら、ページ数の増加を抑えるため、重要な数学のマイルストーンのすべてを本書で取り上げることはできていない。つまり、この限られた紙面で数学のおもしろさを読者にお伝えするために、重要な数学的驚異の多くを割愛せざるを得なかった。それでも、歴史的に重大な出来事、そして数学や社会や人類の思想に大きな影響を与えた出来事の多くは取り上げることができたと筆者は信じている。計算尺などの計算デバイスやジオデシック・ドーム、そしてゼロの発明など、非常に実用的な項目もある。また時にはルービック・キューブの流行やベッドシーツ問題の解決など、意義深いが軽めの話題も取り上げた。時には、各項目を独立に読んでもらえるよう、重複する情報を提示している場合もある。さらに、各項目の末尾にある短い「参照」セクションは、項目どうしを結び付けて連携させるためのもので、読者が本書を拾い読みしたり楽しく発見を重ねたりする役に立つだろう。

　『ビジュアル　数学全史』は筆者の知的な弱点を反映している。なるべく多くの科学や数学の分野を調査しようと努力はしたものの、すべての面において熟達するのは困難だ。また本書は筆者の個人的な興味と長所、そして短所を明らかにしている。本書に取り上げた主要な項目の選択については(そして誤りや不適切な表現があったとすれば、もちろんそれも)筆者に責任がある。本書は包括的な、あるいは学術的な論述ではなく、科学や数学を学ぶ学生たちや知的好奇心のある一般の人々が読んで楽しめるものを意図している。読者からのフィードバックや改善の提案は喜んでお受けする。私はこれを現在進行中のプロジェクトであり、奉仕活動だととらえているからだ。

　この本は、数学的な出来事や発見の年代順に構成されている。文献によって、出来事の日付がわずかに異なる場合もある。公表された日付を発見の日付としている文献もあるし、数学的原則が発見された実際の日

付を採用している文献もあり、場合によっては公表が1年以上も遅れることもあるからだ。発見の正確な日付について確信が持てない場合、多くは公表された日付を用いた。

　また項目の日付には、複数の人物が関与している場合、判断の問題もある。多くの場合、適切な最も早い日付を採用したが、同僚たちの意見を聞いてその概念が特に重要となった日付を用いることに決めた場合もあった。例えば、グレイコードを考えてみてほしい。これはテレビ信号の送信などに、ディジタル通信のエラー訂正を容易にするため、そしてノイズの影響を受けにくくするために使われている。このコードは1950年代から1960年代にかけてベル研究所に在籍していた物理学者フランク・グレイにちなんで名づけられた。この時代には、1947年にグレイが出願した特許や現代的な通信の発達などにより、この種のコードの重要性が大きくなっていた。そのためグレイコードの項目の日付は1947年としたが、もっと前の日付にすることもできただろう。このアイディアのルーツは、フランスの電信のパイオニア、エミル・ボー（1845-1903）にまでさかのぼるからだ。

　伝統的に発明者とされてきた人物の正当性について、研究者の間で議論が戦わされている場合もある。例えばハインリヒ・デリーは、アルキメデスの牛の問題の特定のバージョンがアルキメデスの作ったものではないと信じている4人の研究者の言葉を引用しているが、彼はまたその問題をアルキメデスのものだと信じている4人の著述家の意見も引用している。また研究者の間では、アリストテレスの車輪のパラドックスの作者についても議論がある。

　かなりの数のマイルストーンが、ここ数十年に達成されていることに気付いた読者もいることだろう。ひとつだけ例を挙げると、2007年に研究者たちはついにチェッカーゲームを「解決」し、両者が完璧にプレイすればこのゲームは引き分けに終わることを示した。すでに述べたように、最近の数学の急激な発達の一因は数学的実験のツールとしてのコンピュータの利用にある。チェッカーの解決に関しては、実際に分析が始められたのは1989年のことで、完全な解決のためには何十台ものコンピュータが必要とされた。このゲームのあり得る局面の数は、およそ500京（5×10^{18}）にも及ぶからだ。

　本文の中で科学ライターや著名な研究者の言葉が引用されている場合もあるが、簡潔のため引用のソースや原著者の肩書は項目中には示さなかった。このような簡便法を取ったことについては、あらかじめお詫びを申し上げる。

　さらに、定理の名前も難しい問題となり得る。例えば、数学者キース・デブリンが2005年にアメリカ数学会へ寄稿したコラムを見てみよう。

　「ほとんどの数学者は一生の間に数多くの定理を証明するため、そのうちひとつの定理にその数学者の名前を付けるプロセスは非常に気まぐれなものとなる。例えば、オイラー、ガウス、そしてフェルマーらはそれぞれ何百もの定理を証明し、またそれらの多くは重要なものであるが、彼らの名前が付いているものはほんの少ししかない。時には定理に正しくない名前が付けられる場合もある。たぶん最も有名な例としては、「フェルマーの最終定理」はほぼ確実にフェルマーの証明したものではない。この名前は彼の死後、誰か別の人物によって、このフランスの数学者が数学書の余白に書き込んだ予想に付けられたものだ。またピタゴラスの定理は、ピタゴラスが登場するはるか前から知られていた。」

　結びにあたって、数学的発見は実在の本質を探究するための枠組みを提供すること、そして数学のツールは科学者が宇宙に関する予測を行うために役立っていることに注意しておきたい。その意味で本書に収録した発見は、人類の成し遂げた最も大きな業績の一部なのだ。

　一見すると、本書は互いにあまり結び付きのない独立した概念や人物を集めた長大なカタログのように思えるかもしれない。しかし読み進めるうちに、数多くの結び付きが見えてくるはずだ。もちろん、科学者や数学者の最終的な目標は単に事実を収集し公式を列挙することではなく、パターンを理解し、原則を整理し、そして事実の間の関係性から定理やまったく新しい人間の思想を作り出すことにある。筆者にとって数学とは、精神の本質や思考の限界、そしてこの広大な宇宙におけるわれわれの存在について、絶えることなく驚

異の念をかき立ててくれるものだ。

われわれの脳は、アフリカのサバンナでライオンから逃げ延びるために進化したものであり、無限のベールに隠された実在を見通せるようにはできていないのかもしれない。そのベールをはぎ取るためには、数学、科学、コンピュータ、知能増強、さらには文学、美術、そして詩も必要となるだろう。本書『ビジュアル数学史』を始めから終わりまで読み通そうとしている読者の皆さんは、結び付きを探し求め、畏敬の念をもってアイディアの発展を見つめ、そして果てしない想像力の海へ乗り出してほしい。

謝　辞

　テーヤ・クラシェク、デニス・ゴードン、ニック・ホブソン、ピート・バーンズ、そしてマーク・ナンダーにコメントや提案をいただいたことについて感謝する。また本書の担当編集者であるメレディス・ヘイルと、数学に発想を得たアートワーク作品の収録を許可してくれたヨス・レイス、テーヤ・クラシェク、そしてポール・ナイランダーには特別の謝意を表したい。

　本書に収録した出来事や重要な瞬間を調査するにあたり、筆者は幅広い範囲の素晴らしい参考文献やウェブサイトを利用した。参考とした文献の中には「The MacTutor History of Mathematics Archive」(www-history.mcs.st-and.ac.uk)、「Wikipedia: The Free Encyclopedia」(en.wikipedia.org)、「MathWorld」(mathworld.wolfram.com)、ヤン・ガルバーグの著書『Mathematics: From the Birth of Numbers』、デヴィッド・ダーリングの著書『The Universal Book of Mathematics』、アイヴァース・ピーターソンの著書『Mathematical Treks』、マーティン・ガードナーの『数学ゲーム』シリーズ(アメリカ数学会からCD-ROMが入手可能)、そして『数学のおもちゃ箱』など私自身の著書がある。

目次

訳者まえがき
はじめに

紀元前1億5000万年ころ	アリの体内距離計	1
紀元前3000万年ころ	数をかぞえる霊長類	2
紀元前100万年ころ	セミと素数	3
紀元前10万年ころ	結び目	4
紀元前1万8000年ころ	イシャンゴ獣骨	5
紀元前3000年ころ	キープ	6
紀元前3000年ころ	サイコロ	7
紀元前2200年ころ	魔方陣	8
紀元前1800年ころ	プリンプトン322	9
紀元前1650年ころ	リンド・パピルス	10
紀元前1300年ころ	三目並べ	11
紀元前600年ころ	ピタゴラスの定理とピタゴラス三角形	12
紀元前548年	囲碁	13
紀元前530年ころ	ピタゴラス教団の誕生	14
紀元前445年ころ	ゼノンのパラドックス	15
紀元前440年ころ	弓形の求積法	16
紀元前350年ころ	プラトンの立体	17
紀元前350年ころ	アリストテレスの『オルガノン』	18
紀元前320年ころ	アリストテレスの車輪のパラドックス	19
紀元前300年	ユークリッドの『原論』	20
紀元前250年ころ	アルキメデスの『砂粒』『牛』『ストマキオン』	21
紀元前250年ころ	円周率π	22
紀元前240年ころ	エラトステネスのふるい	23
紀元前240年ころ	アルキメデスの半正多面体	24
紀元前225年	アルキメデスのらせん	25
紀元前180年ころ	ディオクレスのシッソイド	26
150年ころ	プトレマイオスの『アルマゲスト』	27
250年	ディオファントスの『算術』	28
340年ころ	パッポスの六角形定理	29
350年ころ	バクシャーリー写本	30
415年	ヒュパティアの死	31
650年ころ	ゼロ	32
800年ころ	アルクィンの『青年たちを鍛えるための諸命題』	33
830年	アル゠フワーリズミーの『代数学』	34
834年	ボロミアン環	35
850年	『ガニタサーラサングラハ』	36
850年ころ	サービトの友愛数の公式	37
953年ころ	『算術について(インド式計算について諸章よりなる書)』	38
1070年	オマル・ハイヤームの『代数学』	39
1150年ころ	アッ゠サマウアルの『代数の驚嘆』	40
1200年ころ	そろばん	41
1202年	フィボナッチの『計算の書』	42
1256年	チェス盤上の麦粒	43
1350年ころ	調和級数の発散	44
1427年ころ	余弦定理	45
1478年	『トレヴィーゾ算術書』	46
1500年ころ	円周率の級数公式の発見	47
1509年	黄金比	48
1518年	『ポリグラフィア』	49
1537年	航程線	50
1545年	カルダノの『アルス・マグナ』	51
1556年	『スマリオ・コンペンディオソ』	52
1569年	メルカトール図法	53
1572年	虚数	54
1611年	ケプラー予想	55
1614年	対数	56
1621年	計算尺	57
1636年	フェルマーのらせん	58
1637年	フェルマーの最終定理	59
1637年	デカルトの『幾何学』	60
1637年	カージオイド	61
1638年	対数らせん	62
1639年	射影幾何学	63
1641年	トリチェリのトランペット	64
1654年	パスカルの三角形	65
1657年	ニールの放物線	66
1659年	ヴィヴィアーニの定理	67
1665年ころ	微積分の発見	68
1669年	ニュートン法	69
1673年	等時曲線問題	70
1674年	星芒形	71
1696年	ロピタルの『無限小解析』	72
1702年	地球を取り巻くロープのパズル	73
1713年	大数の法則	74
1727年	オイラー数e	75
1730年	スターリングの公式	76
1733年	正規分布曲線	77
1735年	オイラー゠マスケローニの定数	78
1736年	ケーニヒスベルクの橋渡り	79
1738年	サンクトペテルブルクのパラドックス	80
1742年	ゴールドバッハ予想	81
1748年	アニェージの『解析教程』	82
1751年	オイラーの多面体公式	83

年	項目	頁
1751年	オイラーの多角形分割問題	84
1759年	騎士巡回問題	85
1761年	ベイズの定理	86
1769年	フランクリン魔方陣	87
1774年	極小曲面	88
1777年	ビュフォンの針	89
1779年	36人の士官の問題	90
1789年ころ	算額の幾何学	91
1795年	最小二乗法	92
1796年	正十七角形の作図	93
1797年	代数学の基本定理	94
1801年	ガウスの『数論考究』	95
1801年	三桿分度器	96
1807年	フーリエ級数	97
1812年	ラプラスの『確率の解析的理論』	98
1816年	ルパート公の問題	99
1817年	ベッセル関数	100
1822年	バベッジの機械式計算機	101
1823年	コーシーの『微分積分学要論』	102
1827年	重心計算	103
1829年	非ユークリッド幾何学	104
1831年	メビウス関数	105
1832年	群論	106
1834年	鳩の巣原理	107
1843年	四元数	108
1844年	超越数	109
1844年	カタラン予想	110
1850年	シルヴェスターの行列	111
1852年	四色定理	112
1854年	ブール代数	113
1857年	イコシアン・ゲーム	114
1857年	ハーモノグラフ	115
1858年	メビウスの帯	116
1858年	ホルディッチの定理	117
1859年	リーマン予想	118
1868年	ベルトラミの擬球面	119
1872年	ワイエルシュトラース関数	120
1872年	グロの『チャイニーズリングの理論』	121
1874年	コワレフスカヤの博士号	122
1874年	15パズル	123
1874年	カントールの超限数	124
1875年	ルーローの三角形	125
1876年	調和解析機	126
1879年	リッティ・モデルI キャッシュレジスター	127
1880年	ベン図	128
1881年	ベンフォードの法則	129
1882年	クラインのつぼ	130
1883年	ハノイの塔	131
1884年	『フラットランド』	132
1888年	四次元立方体	133
1889年	ペアノの公理	134
1890年	ペアノ曲線	135
1891年	壁紙群	136
1893年	シルヴェスターの直線の問題	137
1896年	素数定理の証明	138
1899年	ピックの定理	139
1899年	モーリーの三等分線定理	140
1900年	ヒルベルトの23の問題	141
1900年	カイ二乗検定	142
1901年	ボーイ曲面	143
1901年	床屋のパラドックス	144
1901年	ユングの定理	145
1904年	ポアンカレ予想	146
1904年	コッホ雪片	147
1904年	ツェルメロの選択公理	148
1905年	ジョルダン曲線定理	149
1906年	トゥーエ–モース数列	150
1909年	ブラウアーの不動点定理	151
1909年	正規数	152
1909年	ブールの『代数の哲学と楽しみ』	153
1910-13年	『プリンキピア・マテマティカ』	154
1912年	毛玉の定理	155
1913年	無限の猿定理	156
1916年	ビーベルバッハ予想	157
1916年	ジョンソンの定理	158
1918年	ハウスドルフ次元	159
1919年	ブルン定数	160
1920年ころ	グーゴル	161
1920年	アントワーヌのネックレス	162
1921年	ネーターの『イデアル論』	163
1921年	超空間で迷子になる確率	164
1922年	ジオデシック・ドーム	165
1924年	アレクサンダーの角付き球面	166
1924年	バナッハ–タルスキのパラドックス	167
1925年	長方形の正方分割	168
1925年	ヒルベルトのグランドホテル	169
1926年	メンガーのスポンジ	170
1927年	微分解析機	171
1928年	ラムゼー理論	172
1931年	ゲーデルの定理	173
1933年	チャンパノウン数	174

年	項目	頁
1935年	秘密結社ブルバキ	175
1936年	フィールズ賞	176
1936年	チューリングマシン	177
1936年	フォーデルベルクのタイリング	178
1937年	コラッツ予想	179
1938年	フォードの円	180
1938年	乱数発生器の発達	181
1939年	誕生日のパラドックス	182
1940年ころ	外接多角形	183
1942年	ボードゲーム「ヘックス」	184
1945年	ビッグ・ゲームの戦略	185
1946年	ENIAC	186
1946年	フォン・ノイマンの平方採中法	187
1947年	グレイコード	188
1948年	情報理論	189
1948年	クルタ計算機	190
1949年	チャーサール多面体	191
1950年	ナッシュ均衡	192
1950年ころ	海岸線のパラドックス	193
1950年	囚人のジレンマ	194
1952年	セル・オートマトン	195
1957年	マーティン・ガードナーの数学レクリエーション	196
1958年	ギルブレスの予想	197
1958年	球面の内側と外側をひっくり返す	198
1958年	プラトンのビリヤード	199
1959年	外接ビリヤード	200
1960年	ニューカムのパラドックス	201
1960年	シェルピンスキ数	202
1963年	カオスとバタフライ効果	203
1963年	ウラムのらせん	204
1963年	連続体仮説の非決定性	205
1965年ころ	スーパーエッグ	206
1965年	ファジィ論理	207
1966年	インスタント・インサニティ	208
1967年	ラングランズ・プログラム	209
1967年	スプラウト・ゲーム	210
1968年	カタストロフィ理論	211
1969年	トカルスキーの照らし出せない部屋	212
1970年	ドナルド・クヌースとマスターマインド	213
1971年	エルデーシュの膨大な共同研究	214
1972年	最初の関数電卓HP-35	215
1973年	ペンローズ・タイル	216
1973年	美術館定理	217
1974年	ルービック・キューブ	218
1974年	チャイティンのオメガ	219
1974年	超現実数	220
1974年	ペルコの結び目	221
1975年	フラクタル	222
1975年	ファイゲンバウム定数	223
1977年	公開鍵暗号	224
1977年	シラッシ多面体	225
1979年	池田アトラクター	226
1979年	スパイドロン	227
1980年	マンデルブロー集合	228
1981年	モンスター群	229
1982年	n次元球体内の三角形	230
1984年	ジョーンズ多項式	231
1985年	ウィークス多様体	232
1985年	アンドリカの予想	233
1985年	*ABC*予想	234
1986年	読み上げ数列	235
1988年	Mathematica	236
1988年	マーフィーの法則と結び目	237
1989年	バタフライ曲線	238
1996年	オンライン整数列大辞典	239
1999年	エターニティ・パズル	240
1999年	四次元完全魔方陣	241
1999年	バロンドのパラドックス	242
1999年	ホリヘドロンの解決	243
2001年	ベッドシーツ問題	244
2002年	オワリ・ゲームの解決	245
2002年	テトリスはNP完全	246
2005年	NUMB3RS 天才数学者の事件ファイル	247
2007年	チェッカーの解決	248
2007年	例外型単純リー群E_8の探求	249
2007年	数学的宇宙仮説	250

人名索引 ……………………………… 251
写真の出典 …………………………… 256

「数学を正しく見れば、
　　そこには真実だけでなく至高の美——
　　　彫刻のように冷徹で厳粛な美しさ——が存在する。」
　　　　　　　　　バートランド・ラッセル、『神秘主義と論理』(1918年)

「数学は、想像力とファンタジーや創造性がみなぎる、
　　素晴らしく夢中になれる題材であり、
　　　それを制約するのは現実世界のつまらない些事ではなく、
　　　　われわれの内なる光の強さのみである。」
　　　　　　　　　グレゴリー・チャイティン、「証明よりも真実を」
　　　　　　　　　「ニュー・サイエンティスト」誌2007年7月28日号

「きっと主の天使が
　　果てのないカオスの海を調べて、
　　　そっと指でかき混ぜたのだろう。
　　このわずかな、はかない均衡の乱れから、
　　　　われわれの宇宙が形作られたのだ。」
　　　　　　　　　マーティン・ガードナー、『秩序と驚き』(1950年)

「現代物理学の偉大な方程式は科学知識の不朽の要素であり、
　　これまで建てられたどんな大聖堂よりも
　　　長く世に残るのかもしれない。」
　　　　　　　　　スティーヴン・ワインバーグ、
　　　　　　　　　グレアム・ファーメロ著『美しくなければならない』(2002年)より

紀元前

1億5000万年ころ

アリの体内距離計

　アリは、約1億5000万年前の白亜紀中期にスズメバチの仲間から進化した社会性昆虫だ。約1億年前の顕花植物の出現後、アリは数多くの種へと多様化した。

　サハラサバクアリは、まったく目印がないことも多い砂地の上で、食物を探しながら膨大な距離を移動する。この生物は、行った道を戻るのではなく、最短経路を通って自分の巣に帰ることができる。空からの光によって方角を知るだけでなく、歩数計のような役割をする「コンピュータ」が体内に組み込まれていて、歩数を計測して正確な距離を算出できるようなのだ。1匹のアリが、160フィート（約50メートル）もの距離を移動して死んだ昆虫を見つけ、食いちぎった獲物を直接自分の巣へ持ち帰ることもある。その巣の入り口は、直径1ミリもないことが多い。

　ドイツとスイスの科学者たちの研究チームは、アリの脚の長さを変えることで歩幅を増やしたり減らしたりして、アリが歩数を「数える」ことによって距離を算出していることを発見した。例えば、アリが目的地に着いた後、脚に棒を継ぎ足して長くしたり、脚を途中で切断して短くしたりしたのだ。その後、研究者たちはアリを放し、巣に帰る道のりをたどらせた。脚を継ぎ足されたアリは遠くまで行き過ぎて巣の入り口を通り越してしまい、脚を切断されたアリは巣にたどり着けなかった。しかし、アリが脚の長さを変えられた状態で巣を出発した場合には、正しい距離を計算することができた。このことは、歩幅が重要な要素であることを示している。それだけでなく、アリの頭脳の中に存在する非常に精巧なコンピュータは道のりを水平面に投射した長さを計算できるため、移動中に砂の山や谷ができて地形が変化しても道に迷うことはない。

▶サハラサバクアリには、歩数を計測して正確な距離を算出できる「歩数計」が体内に組み込まれているらしい。脚に棒（赤い色で示されている）を接着されたアリが遠くまで行き過ぎて巣の入り口を通り越してしまうことは、距離の判断に歩幅が重要な役割を果たしていることを示している。

参照：数をかぞえる霊長類（紀元前3000万年ころ）、セミと素数（紀元前100万年ころ）

紀元前3000万年ころ

数をかぞえる霊長類

　約6000万年前、小型のキツネザルに似た霊長類が世界各地で進化を始め、3000万年前にはサルのような特徴を持つ霊長類が存在するようになった。そのような生物は、数をかぞえることができたのだろうか？ 動物が数をかぞえるということの意味は、動物行動学者の間でも非常に議論の多い問題だ。しかし、多くの学者は動物にも何らかの数の感覚があると考えている。H.カルマスは、「数学者としての動物」という「ネイチャー」誌の記事の中で次のように書いている。

　リスやオウムなどの一部の動物が数をかぞえるように訓練できることには、現在ほとんど疑問は持たれていない……。数をかぞえる能力は、リス、ネズミ、そして花粉媒介昆虫などについて報告されている。これらの動物の一部や、それ以外の動物にも、似たような視覚的パターンから数を区別できるものがいるし、ひとつづきの音声信号を認識し、さらには再現するように訓練できるものもいる。中には、視覚的パターンに含まれる要素(点)の数だけ足踏みするように訓練できる動物さえいる……。動物は数を読みあげたり記号を書いたりすることはできないため、動物が数学者であることを受け入れようとしない人は多い。

　ネズミは、報酬と引き換えに正しい回数の行動を行うことによって、「数をかぞえる」ことがわかっている。チンパンジーは、箱の中に入っているバナナの本数と一致する数字キーを押すことができる。京都大学霊長類研究所の松沢哲郎は、コンピュータ画面に表示された物体の数に相当するキーを押して1から6までの数を区別することを、チンパンジーに教え込んだ。

　ジョージア州アトランタにあるジョージア州立大学の研究者マイケル・ベランは、チンパンジーにコンピュータ画面とジョイスティックの使い方を訓練した。画面には数字と点の並びが短時間表示され、チンパンジーはその2つを結び付ける。1頭のチンパンジーは1から7までの数字を学習し、もう1頭は6までかぞえられるようになった。3年後にチンパンジーを再度テストしてみたところ、チンパンジーは両方とも数を結び付けることはできたが、誤答率は倍になっていた。

◀霊長類は何らかの数の感覚を持っているようであり、高等な霊長類は示された物体の数に相当するコンピュータのキーを押して1から6までの数を区別するように教え込むことができる。

参照：アリの体内距離計(紀元前1億5000万年ころ)、イシャンゴ獣骨(紀元前1万8000年ころ)

紀元前 100万年ころ

セミと素数

　セミは、北米大陸で氷河が消長を繰り返していた約180万年前の更新世に進化した、羽根のある昆虫だ。素数ゼミの仲間のセミは植物の根から樹液を摂取しながら一生の大部分を地中で過ごし、その後地上に現れてつがいを見つけ、すぐに死んでしまう。この生物は、通常は13と17という素数の年数の周期で発生するという、驚くべきふるまいを示す。（素数とは、11, 13, 17のように、それ自身と1の2つしか正の約数を持たない整数を言う。）13年目または17年目の春に、これらの周期ゼミは脱出用トンネルを掘って地上へ出てくる。時には1エーカー(40アール)に150万匹を超える個体が出現することもある。この膨大な個体数は、鳥などの捕食者を数の上で圧倒し、すぐに食べられてしまわないようにするという生き残りのための戦略なのかもしれない。

　この生物が、より寿命の短い捕食者や寄生者から逃れる確率を増加させるため、素数年のライフサイクルを発達させたと考える研究者もいる。例えば、これらのセミのライフサイクルが12年だったとすると、2年、3年、4年、あるいは6年のライフサイクルを持つ捕食者はどれも容易にこの昆虫を見つけることができるはずだ。ドイツのドルトムントにあるマックス・プランク分子生理学研究所のマリオ・マーカスと同僚たちは、捕食者と被食者との相互作用の進化的数理モデルから、この種の素数年サイクルが自然に生起することを発見した。実験のため、彼らはまずコンピュータでシミュレーションされた個体群にランダムな長さのライフサイクルを割り当てた。しばらくすると、一連の突然変異によって、この仮想的なセミは常に素数年の安定したライフサイクルに固定されていった。

　もちろん、この研究は初期段階のものであり、数多くの疑問が残っている。13年と17年だけがなぜ

▲セミの中には、通常は13と17という素数の年数の周期で発生するという、驚くべきふるまいを示すものがいる。時には1エーカーに150万匹を超えるセミの個体が短期間に出現することもある。

特別なのだろうか？ セミをこれらの周期に固定するような捕食者や寄生者が、実際に存在したのだろうか？ また、世界中の1500種のセミのうち、少数の素数ゼミの仲間だけに周期性が知られているというミステリーも残されたままだ。

参照：アリの体内距離計(紀元前1億5000万年ころ)、イシャンゴ獣骨(紀元前1万8000年ころ)、エラトステネスのふるい(紀元前240年ころ)、ゴールドバッハ予想(1742年)、正十七角形の作図(1796年)、ガウスの『数論考究』(1801年)、素数定理の証明(1896年)、ブルン定数(1919年)、ギルブレスの予想(1958年)、シェルピンスキ数(1960年)、ウラムのらせん(1963年)、エルデーシュの膨大な共同研究(1971年)、アンドリカの予想(1985年)

紀元前 10万年ころ

結び目

　結び目は、現代の人類が登場する前から使われていたのかもしれない。例えば、オーカー(酸化鉄を含む黄土)で彩色され、穴が開けられた8万2000年前の貝殻が、モロッコの洞窟で発見されている。穴が開いていることから、ひもが通されていたこと、そしてネックレスのような装身具に貝殻を固定するために結び目が使われたことが推定される。

　装飾用の結び目の典型例は、紀元800年ころにケルトの修道士によって作成された装飾的な挿絵の入った福音書『ケルズの書』に見られる。近代では、3つの交点を持つ三葉結び目などの結び目の研究が、絡み合う輪について研究する数学の大きな分野の一部となっている。1914年には、ドイツの数学者マックス・デーン(1878-1952)が、三葉結び目の鏡像が元の結び目と等価でないことを示した。

　何世紀にもわたって、数学者たちは結び目のように**見える**もつれ(「自明な結び目」と呼ばれる)を真の結び目と区別する方法や、真の結び目同士を区別する方法を編み出そうとしてきた。長い年月をかけて、数学者たちは異なる結び目を表にまとめ上げるという果てしない努力を続けている。これまで特定された交点数16以下の等価でない結び目の数は、170万を超える。

　現在では、結び目だけに特化した国際会議も開催されている。分子遺伝学(DNAのループをほどく方法を理解するため)から素粒子物理学(素粒子の根本的な性質を表現するため)に至るまで、幅広い分野の科学者たちが結び目を研究している。

　結び目は、文明の発達に重要な役割を果たしてきた。衣服を結び付け、武器を身体に固定し、小屋を

▲装飾用の結び目の典型例は、紀元800年ころにケルトの修道士によって作成された装飾的な挿絵の入った福音書『ケルズの書』("The Book of Kells")に見られる。この挿絵には、さまざまな結び目のような形が見て取れる。

作り、そして船の帆を張り世界探検を可能とするために用いられてきたからだ。現代では、数学の結び目理論はあまりにも高度に発達したため、人類がその深遠な目的を理解するのは難しいのかもしれない。数千年かけて、人類は結び目を単純なネックレスの留め具から、現実の構造そのもののモデルへと進化させてきたのだ。

参照：キープ(紀元前3000年ころ)、ボロミアン環(834年)、ペルコの結び目(1974年)、ジョーンズ多項式(1984年)、マーフィーの法則と結び目(1988年)

紀元前1万8000年ころ

イシャンゴ獣骨

　1960年、ベルギーの地質学者で探検家のジャン・ド・アンズラン・ド・ブロクール(1920-98)が、何かの印が刻まれたヒヒの骨を現在のコンゴ民主共和国で発見した。このイシャンゴ獣骨には一連の刻み目があり、最初は石器時代のアフリカ人によって使われた単純な数え棒だと思われていた。しかし、一部の科学者によれば、この刻み目は単に数をかぞえる以上の数学的能力を示しているらしい。

　この骨は、ナイル川の源流に近いイシャンゴで発見された。火山の噴火によって埋まってしまうまで、その一帯には後期旧石器時代の人々が大勢暮らしていた。骨の刻み目の1つの列は、3つの刻み目で始まり、倍に増えて6つになっている。4つの刻み目は倍に増えて8つになり、10個の刻み目は5個と半分になっている。これは、2倍や半分という概念の単純な理解を示すものかもしれない。さらに衝撃的な事実は、別の列の数がすべて奇数(9, 11, 13, 17, 19, そして21)になっていることだ。1つの列には10から20までの範囲の素数が含まれ、各列の数の合計は60または48であり12の倍数となっている。

　イシャンゴ獣骨よりも古い数え棒は、これまでにいくつか発見されている。例えば、スワジランドのレボンボ獣骨は3万7000年前のヒヒの腓骨で、29個の刻み目がある。3万2000年前の、5グループに分かれた57個の刻み目のあるオオカミの脛骨は、チェコスロバキアで発見された。根拠のない推測ではあるが、イシャンゴ獣骨の刻み目は石器時代のある女性が月経周期を記録した一種の太陰暦のカレンダーになっているという仮説を立てている人もいて、「月経が数学を作り出した」というスローガンが生み出された。イシャンゴ獣骨が単純な計数の目的に使われたものであったとしても、これらの数え棒はわれわれ人類を動物から区別し、記号数学への最初の一歩を記すものであるように思われる。イシャンゴ獣骨のミステリーの完全な解明は、他の類似した獣骨の発見を待たなければならないだろう。

▶イシャンゴのヒヒの骨には一連の刻み目があり、最初は石器時代のアフリカ人によって使われた単純な数え棒だと思われていた。しかし一部の科学者は、この刻み目が数をかぞえることをはるかに超えた数学的能力を示すものだと信じている。

参照：数をかぞえる霊長類(紀元前3000万年ころ)、セミと素数(紀元前100万年ころ)、エラトステネスのふるい(紀元前240年ころ)

紀元前3000年ころ

キープ

　古代インカ人が数を記録するのに使っていたキープは、ひもと結び目からなる記憶装置だ。最近まで、最も古いキープとして知られていたのは紀元650年ころのものだった。しかし2005年になって、ペルーの海岸沿いにあるカラル遺跡から、おおよそ5000年前のキープが発見された。

　南米のインカ人は、宗教と言語を共有する複雑な文明を発達させていた。彼らは文字を持たなかったが、さまざまな情報をキープ上の論理・数理体系に当てはめることによって記録した。その複雑さはひもの数にして3本から1000本にも及ぶ。不幸なことに、南米へやってきたスペイン人たちはこの奇妙なキープを見て、悪魔の所業であると考えた。スペイン人たちが神の名のもとに何千ものキープを破壊したため、現在まで残っているキープは600ほどしかない。

　結び目の種類と位置、ひもの方向、ひものレベル、そして色と間隔が、現実世界の物体に対応する数を表している。十進法の位取りは、結び目をグループ分けすることによって行われた。結び目はおそらく、人的・物的資源や暦の情報を記録するために使われていたのだろう。またキープには、建築設計図、ダンスのパターン、さらにはインカの歴史の一部など、さらなる情報が含まれていたのかもしれない。キープの重要性は、文明が文字を発達させた後でなければ数学は発展しないという通念を否定し、発達した文字記録を持たなくても社会は高度な状態に到達できることを示している点にある。興味深いことに現代のコンピュータシステムには、この非常に有用な古代のデバイスに敬意を表して、キープという名前のファイルマネージャーを持つものが存在する。

　インカ人は、キープを不吉な目的にも利用していた。そのひとつに、死の計算がある。毎年、一定の人数の大人と子供を生贄に捧げる儀式が行われ、その計画にキープが使われていたのだ。キープの中には帝国を表現したものがあり、ひもは道路を、そして結び目は生贄を表していた。

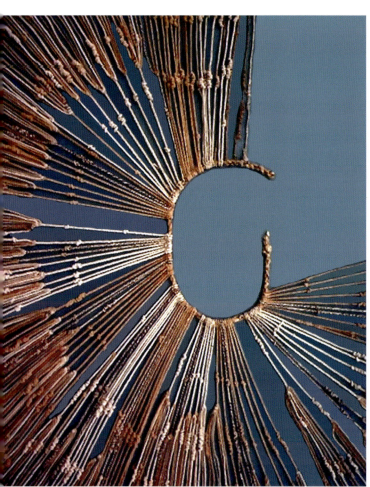

◀古代インカ人は、結び目のあるひもでできたキープを使って数を記録していた。結び目の種類と位置、ひもの方向、ひものレベル、そして色は、多くの場合、日付や人・物の数を表現していた。

参照：結び目（紀元前10万年ころ）、そろばん（1200年ころ）

紀元前3000年ころ

サイコロ

乱数の存在しない世界が想像できるだろうか。1940年代には、核爆発をシミュレーションする物理学者にとって統計的乱数の生成が重要だったし、現在では多くのコンピュータネットワークが通信ネットワークの輻輳を回避するために乱数を役立てている。世論調査では、有権者の偏りのないサンプルを抽出するために乱数が利用されている。

元々は有蹄類の距骨から作られていたサイコロは、乱数を作り出すための最古の手法のひとつだ。古代文明では、神々がサイコロの出目をコントロールしていると信じられていたため、サイコロは統治者の選抜から遺産の分配に至るまで、重要な決定を行う際に用いられるようになった。現在でも、例えば宇宙物理学者のスティーブン・ホーキングの「神はサイコロ遊びをするだけでなく、見えない場所にサイコロを投げてわれわれを混乱させることもある」という発言に見られるように、神とサイコロのたとえはよく用いられている。

知られている中で最古のサイコロは、イラン南東部のシャフレ・ソフテ遺跡から5000年前のバックギャモンのセットと共に発掘されたものだ。この都市は4期にわたって文明を発展させたが火災によって破壊され、紀元前2100年に放棄された。同じ遺跡では、知られている中で最古の義眼も考古学者によって発見されている。この義眼は、古代の巫女か女性預言者の眼窩にはめ込まれ、妖しい視線を投げかけていた。

何世紀にもわたって、サイコロは確率を教えるために利用されてきた。各面に異なる数字の振られたn面のサイコロを1回振ると、任意の目が出る確率は$1/n$となる。i個の数字からなる特定のシーケンスが出る確率は、$1/n^i$だ。例えば、通常のサイコロで1の後に4の目が出る確率は、$1/6^2=1/36$となる。通常のサイコロを2個振って、その目の合計が任意の数値になる確率は、その目が出る場合の数を組合せの総数で割ったものとなる。そのため、合計が7になる確率は2になる確率よりもずっと高い。

▲元々は有蹄類の距骨から作られていたサイコロは、乱数を作り出すための最古の手法のひとつだった。古代文明では、神々がサイコロの出目をコントロールしていると信じられていたため、未来を予測するためにサイコロが使われた。

参照：大数の法則(1713年)、ビュフォンの針(1777年)、最小二乗法(1795年)、ラプラスの『確率の解析的理論』(1812年)、カイ二乗検定(1900年)、超空間で迷子になる確率(1921年)、乱数発生器の発達(1938年)、ビッグ・ゲームの戦略(1945年)、フォン・ノイマンの平方採中法(1946年)

紀元前2200年ころ

魔方陣

ベルナール・フレニクル・ド・ベシー（1602-75）

一説によると、魔方陣の起源は中国にあり、皇帝禹の時代の紀元前2200年ころに書かれた写本に最初の記述があるという。**魔方陣**は、すべて異なる整数の入ったN^2個の**マス目**から構成され、横の行、縦の列、そして対角線上の合計がすべて等しい。

魔方陣に含まれる整数が1からN^2までの連続した整数である場合、N次の魔方陣と呼ばれ、**定和**つまり各行の和は$N(N^2+1)/2$となる。ルネサンス期の画家アルブレヒト・デューラーは、この素晴らしい4×4の魔方陣を1514年に作成した。

16	3	2	13
5	10	11	8
9	6	7	12
4	15	14	1

最下行の中央の2つの数字が、この魔方陣が作られた年と同じ「1514」と読めることに注意してほしい。行、列、そして対角線の和は34だ。さらに、隅のマス目の合計16＋13＋4＋1と、中央の2×2の正方形の合計10＋11＋6＋7も34になっている。

1693年の昔から、880通りの4次の魔方陣が存在することが知られていた。これは、著名なフランスのアマチュア数学者であり、史上最も重要な魔方陣研究者の1人でもあるベルナール・フレニクル・ド・ベシーの死後に出版された『魔の正方形あるいは数表』に掲載されている。

最もシンプルな3×3の魔方陣は古くから知られており、マヤ文明のインディオたちからアフリカのハウサ人に至るまで、ほぼすべての時代と大陸の文明で尊ばれてきた。現代の数学者たちは、例えばすべての方向の和が一定となる四次元超立方体など、高次元の魔方陣を研究している。

◀スペインのバルセロナにあるサグラダ・ファミリア教会には、定和が33となる4×4の魔方陣がある。この33という数字は、多くの聖書の解釈でイエス・キリストが処刑された際の年齢とされている。数字が重複しているため、これは伝統的な魔方陣ではないことに注意してほしい。

参照：フランクリン魔方陣（1769年）、四次元完全魔方陣（1999年）

紀元前1800年ころ

プリンプトン322

ジョージ・アーサー・プリンプトン(1855-1936)

　プリンプトン322は、4列15行の表に楔形文字で数字が書かれたミステリアスなバビロニアの粘土板だ。科学史家のエレナ・ロブソンは、これを「世界で最も有名な数学遺物のひとつ」と評している。紀元前1800年ころに書かれたこの粘土板には、ピタゴラスの3数、つまりピタゴラスの定理 $a^2+b^2=c^2$ の解となる直角三角形の3辺の整数の長さが列挙されている。例えば、(3, 4, 5)はピタゴラスの3数だ。表の4番目の列は、単純に行番号を示している。この表の数値の正確な意味の解釈には幅があり、代数や三角法のような問題を勉強している生徒に与えられた課題ではないかと考えている研究者もいる。

　プリンプトン322という名前は、1922年にこのタブレットを業者から10ドルで購入し、その後コロンビア大学に寄贈したニューヨークの出版業者ジョージ・プリンプトンにちなんだものだ。この粘土板は、メソポタミアに栄えた古代バビロニア文明のものと考えられている。メソポタミアは、チグリス川とユーフラテス川の流域にあり、現在のイラクの一部だ。プリンプトン322を書いた無名の筆記者は、「目には目を、歯には歯を」のハンムラビ法典で有名なハンムラビ大王とほぼ同じ世紀に生きていた。聖書によればユーフラテス川の岸にあったウルの街から西方に人々を率いてカナンの地に至ったと言われるアブラハムもまた、この筆記者とほぼ同時代の人であっただろう。

　バビロニア人は、尖筆やくさびを粘土に押し付けて、湿った粘土に文字を書いた。バビロニアの記数法では、1は1つのくさびで、2から9までの数字は複数のくさびを組み合わせることによって表記された。

▶プリンプトン322(ここでは横向きに置かれている)は、楔形文字で数字が書かれたバビロニアの粘土板だ。これらの整数は、ピタゴラスの定理 $a^2+b^2=c^2$ の解となる直角三角形の3辺の長さを示している。

参照：ピタゴラスの定理とピタゴラス三角形(紀元前600年ころ)

紀元前 1650年ころ

リンド・パピルス

アーメス（紀元前1680年ころ～前1620年ころ）、アレクサンダー・ヘンリー・リンド（1833-63）

　リンド・パピルスは、古代エジプトの数学に関する情報源として知られている中では最も重要なものとみなされている。この巻物は、高さが約1フィート（30センチ）、幅が18フィート（5.5メートル）あり、ナイル川の東岸にあるテーベの墓から発見された。書記アーメスは、これをヒエログリフの草書体である神官文字で書いている。この筆記が紀元前1650年ころに行われたことを考えれば、アーメスは数学史上で最初に名前の知られた人物ということになる！　またこの巻物には、知られている中では最も古い数学の演算記号が含まれている。プラスは、足される数へ向かって歩いて行く1対の脚で表現されている。

　1858年、静養のためエジプトを訪れていたスコットランドの弁護士でエジプト学者でもあったアレクサンダー・ヘンリー・リンドが、ルクソールの市場でこの巻物を購入した。ロンドンの大英博物館がこの巻物を購入したのは1864年のことだった。

　アーメスは、この巻物によって「事物を調査するための正確な認識、そしてすべての事物、神秘、……すべての秘密の知識」が得られると書いている。その内容は、分数、数列、代数、そしてピラミッドの幾何学に関する数学の問題や、測量、建築、そして会計に役立つ実用的な数学に関するものだ。私にとって最も興味深い問題は問題79で、その解釈は当初は全く不可解なものだった。

　現在では、問題79をパズルとする解釈が多い。翻訳すると以下のようになるだろう。「7軒の家に、7匹ずつ猫がいる。1匹の猫は、ネズミを7匹ずつ捕る。1匹のネズミは、小麦の穂を7本ずつ食べてしまった。1本の小麦の穂には、小麦が7ヘカト（古代エジプトの体積の単位）ずつ実ったはずだ。これらをすべて合計すると、いくつになる？」興味深いことに、7という数字と動物を含むこの不滅のパズルの遺伝子は、何千年も受け継がれているようなのだ！　きわめてよく似た問題は1202年に出版されたフィボナッチの『計算の書』や、さらに後の時代のセント・アイヴズのパズルという、7匹の猫の登場する古英語のわらべ歌にも見られる。

◀リンド・パピルスは古代エジプトの数学に関する最も重要な情報源であり、分数、数列、代数、幾何、そして会計に関する数学の問題が含まれている。

参照：『ガニタサーラサングラハ』(850年)、フィボナッチの『計算の書』(1202年)、『トレヴィーゾ算術書』(1478年)

三目並べ

紀元前1300年ころ

　三目並べは、人類の最も有名な、最も古くからあるゲームのひとつだ。現在のルールの三目並べが生まれたのは比較的最近かもしれないが、考古学者は三目並べのようなゲームのルーツを紀元前1300年ころの古代エジプトまでたどることができており、同様のゲームは人間社会のごく初期に起源があるのではないかと私は考えている。三目並べでは、2人のプレイヤーが3×3のマス目に○と×を交互に書き込んで行く。先に自分のマークを縦、横、または斜めの直線上に3つ並べたプレイヤーが勝ちだ。3×3のボードでは、常に引き分けに持ち込むことができる。

　古代エジプトの偉大なファラオたちの時代には、ボードゲームが日常生活に重要な役割を演じており、そのような古代にも三目並べのようなゲームがプレイされていたことが知られている。三目並べを「原子」として、より進化した陣取りゲームという「分子」が数世紀かけて作り出されていったと考えることもできるかもしれない。ほんのわずかな変更や拡張を施せば、三目並べのようなシンプルなゲームも挑戦しがいのある魅力的なゲームとなり、マスターするにはそれなりの時間が必要となる。

　数学者やパズル愛好者たちは、三目並べをさらに大きな盤面や高い次元に拡張したり、長方形や正方形のボードの端をつなげてトーラス形状(ドーナツの形)やクラインのつぼ(裏も表もない曲面)にしたような奇妙なボードでプレイしたりしてきた。

　三目並べの興味を引きそうな点をいくつか考えてみよう。プレイヤーが三目並べのボードに×と○を書き込む場合の数は9!＝362880だ。すべてのゲームは5手から9手で終わることを考えると、三目並

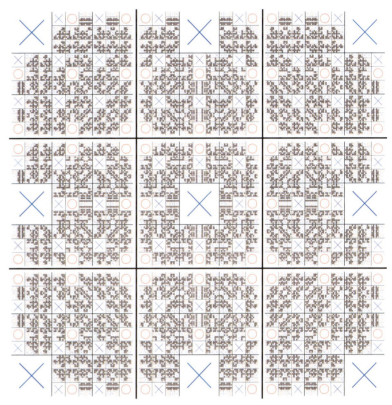

▲哲学者のパトリック・グリムとポール・セント・デニスが、三目並べでゲームとしてあり得るすべての場合を示す分析結果を提供してくれた。三目並べのボードのマス目がさらに分割されて、選択可能なさまざまなパターンを示している。

べでゲームとしてあり得る場合の数は255168となる。1980年代初頭、コンピュータの天才ダニー・ヒリスとブライアン・シルバーマンと仲間たちが、三目並べをプレイするティンカートイ(組立玩具)のコンピュータを作り上げた。このデバイスには、1万個の組み立て式玩具のパーツが使われていた。1998年、トロント大学の研究者や学生たちは、人間と3次元(4×4×4)の三目並べをプレイするロボットを作製した。

参照：囲碁(紀元前548年)、イコシアン・ゲーム(1857年)、オワリ・ゲームの解決(2002年)、チェッカーの解決(2007年)

紀元前600年ころ

ピタゴラスの定理とピタゴラス三角形

バウダーヤナ(紀元前800年ころ)、サモスの
ピタゴラス(紀元前580年ころ～前500年こ
ろ)

　今の子供たちは、カカシの口から初めてこの有名なピタゴラスの定理のことを聞くのかもしれない。1939年のMGM映画『オズの魔法使い』に出てくるカカシが、ついに知恵を授かった後にピタゴラスの定理のことを話すからだ。残念なことに、この有名な定理についてのカカシの解釈は完全に間違っているのだが！

　ピタゴラスの定理は、どんな直角三角形でも斜辺cの長さの平方が他の(より短い)2辺aとbの平方の和に等しいことを述べている。数式で書くと$a^2+b^2=c^2$だ。この定理は、他のどんな定理よりも多くの証明が発表されており、イライシャ・スコット・ルーミスの著書『ピタゴラスの命題』には367通りの証明が掲載されている。

　ピタゴラス三角形とは、辺の長さがすべて整数の直角三角形のことだ。(3, 4, 5)のピタゴラス三角形(直角を挟む2辺の長さが3と4、斜辺の長さが5の三角形)は、3辺の長さが連続した整数となる唯一のピタゴラス三角形であり、また辺の長さが整数であって各辺の和(12)が面積(6)の倍と等しい唯一の三角形でもある。(3, 4, 5)の次に、直角を挟む2辺の長さが連続した整数となるのは(21, 20, 29)だ。同じ性質を持つ10番目の三角形は、(27304197, 27304196, 38613965)という非常に大きなものになる。

　1643年、フランスの数学者ピエール・ド・フェルマー(1607年ころ～65年)が、斜辺cと他の2辺の和($a+b$)が両方とも平方数となるピタゴラス三角形を見つけよ、という問題を出した。驚くべきことに、これらの条件を満たす最小の3数は(4565486027761, 1061652293520, 4687298610289)であることがわか

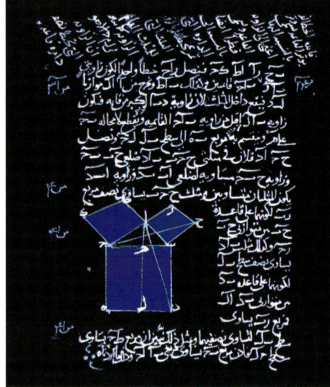

▲ペルシアの数学者ナシール・アッ＝ディーン・アッ＝トゥースィー(1201-74)がピタゴラスの定理のユークリッドによる証明のひとつを示している。アッ＝トゥースィーは多才な人物であり、数学者、天文学者、生物学者、化学者、哲学者、医者、そして神学者でもあった。

っている。同様の性質を持つ次の三角形はあまりにも「大きい」ため、フィートを単位とすれば短辺の長さが地球から太陽までの距離よりも長くなってしまう！

　ピタゴラスの定理を公式化したのはピタゴラスとされることが多いが、それに先立つ紀元前800年ころにインドの数学者バウダーヤナが著書『バウダーヤナシュルバスートラ』の中でこの定理を説明しているらしい。ピタゴラス三角形は、さらに昔のバビロニア人にもおそらく知られていた。

参照：プリンプトン322(紀元前1800年ころ)、ピタゴラス教団の誕生(紀元前530年ころ)、弓形の求積法(紀元前440年ころ)、余弦定理(1427年ころ)、ヴィヴィアーニの定理(1659年)

紀元前548年

囲碁

囲碁は、紀元前2000年ころの中国に始まる2プレイヤーのボードゲームだ。このゲームへの最初の言及は中国の最初期の歴史書である『春秋左氏伝』にあり、紀元前548年に囲碁を打った人物のことが書かれている。このゲームは日本に伝わり、13世紀に普及した。2人のプレイヤーが、黒石と白石を交互に19×19の碁盤の交点へ打つ。1個の石や石のグループは、相手方の石によって隙間なく取り囲まれた場合に取られ、盤面から取り除かれる。このゲームの目的は、対戦相手よりも大きな領域を支配することだ。

囲碁は複雑なゲームであり、その理由には盤面が大きいこと、多方面にわたる戦略が要求されること、そしてゲームとしてあり得る場合の数が膨大であることなどが挙げられる。単純に相手よりも多くの石を取ったからといって、勝利が約束されるわけではない。対称性を考慮に入れても最初の2手には3万2490通りあり、そのうち992通りが有力な着手だ。あり得る盤面の状態の数は通常10^{172}のオーダーであると見積もられており、ゲームとしてあり得る場合の数は約10^{768}となる。熟練したプレイヤー同士の典型的なゲームには約300手かかり、自分と相手の着手には平均して約250の選択肢が存在する。強いチェスのソフトウェアはトップレベルのチェスプレイヤーに勝つことができるが、最強の囲碁のプログラムでも上手な子供に負けることは多い。

囲碁をプレイするコンピュータは、ゲームの「先を読んで」その結果を判断することを苦手としている。囲碁ではチェスよりも、考慮すべき合理的な手の数がはるかに多いためだ。また局面の有利不利を判断するプロセスも、きわめて難しい。たった1か所のダメが詰まっているかどうかで、大石の死活が決まることもある。

2006年には、2人のハンガリーの研究者がUCTというアルゴリズムで囲碁のプロ棋士と互角に戦えたと報告している(ただし9×9の盤面のみ)。UCTは、コンピュータが最も有望な着手に的を絞って探索するために役立つ。(訳注:2016年にはAlphaGoというプログラムが世界トップクラスのプロ棋士に4勝1敗で勝利して、囲碁界に衝撃を与えた。)

▶囲碁は複雑なゲームであり、その理由には盤面が大きいこと、多方面にわたる戦略が要求されること、そしてゲームとしてあり得る場合の数が膨大であることなどが挙げられる。強いチェスのソフトウェアはトップレベルのチェスプレイヤーに勝つことができるが、最強の囲碁のプログラムでも上手な子供に負けることは多い。

参照:三目並べ(紀元前1300年ころ)、オワリ・ゲームの解決(2002年)、チェッカーの解決(2007年)

紀元前530年ころ

ピタゴラス教団の誕生

サモスのピタゴラス（紀元前580年ころ～前500年ころ）

紀元前530年ころ、ギリシアの数学者ピタゴラスが現在のイタリアのクロトーネへ移住して、数学、音楽、そして霊魂の転生について教え始めた。ピタゴラスの業績とされるものは、実際には彼の弟子によるものが多いと思われるが、彼の教団のアイディアは数世紀にわたって数秘学と数学の両方に影響を及ぼした。ピタゴラスは、音楽の和声に数学的関係を発見したとされることが多い。例えば、彼は弦の長さが整数比である場合、それらの弦が振動すると協和音程が作り出されると述べた。また彼は、三角数（三角形のパターンに並べた点の数）や完全数（自分自身の正の真の約数の和が自分自身と等しい整数）についても研究した。直角三角形の直角を挟む2辺 a と b と斜辺 c について $a^2+b^2=c^2$ が成り立つという、彼の名前で呼ばれる有名な定理はそれよりもはるか前からインド人やバビロニア人には知られていたようだが、それを証明した最初のギリシア人の中にピタゴラスや彼の弟子たちがいたのではないかと考えている研究者もいる。

ピタゴラスや彼の門人たちにとって、数は神のような純粋で不滅の存在であった。1から10までの数をあがめることは、ピタゴラス教団にとって一種の多神教であった。彼らは数には生命や、精神感応的な意識が宿っていると信じていた。人間は、さまざまな形態の瞑想を利用して、3次元の生命から離脱してこれらの数の存在と精神感応することが可能だとされていた。

これらの一見奇妙なアイディアの多くは、現代の数学者にも無縁ではない。彼らはしばしば、数学は人間の精神が作りだしたものなのか、あるいは人間の思考とは無関係に宇宙に存在するものなのか、という議論を行っている。ピタゴラス教団の人々にとって、数学は忘我の啓示であった。数学と神学との融合はピタゴラス学派で盛んであり、その影響はギリシアの宗教哲学の多くや中世の宗教、さらには近代のイマヌエル・カントにも及んでいる。バートランド・ラッセルは、もしピタゴラスが存在しなかったら、神学者がこれほどまでに神や不滅性について論理的な証明を行おうとはしなかっただろう、と評している。

◀ルネサンス期イタリアの著名な画家・建築家であったラファエロ（1483-1520）の描いた「アテネの学堂」の中で、ピタゴラス（左下に描かれている本を持ったあごひげのある男性）が音楽を若者に教えている。

参照：プリンプトン322（紀元前1800年ころ）、ピタゴラスの定理とピタゴラス三角形（紀元前600年ころ）

紀元前445年ころ

ゼノンのパラドックス

エレアのゼノン（紀元前490年ころ～前430年ころ）

1000年以上の長きにわたって、哲学者や数学者たちが理解しようとしてきたゼノンのパラドックスとは、物体の運動が不可能であるか、幻想であることを示す一連の謎めいた議論だ。ゼノンはソクラテスよりも前のギリシアの哲学者で、イタリア南部の出身だった。彼の最も有名なパラドックスはギリシアの英雄アキレスとのろまなカメに関するもので、競走でカメが最初にスタートしてしまうと絶対にアキレスは追いつけない、というものだ。実は、このパラドックスはあなたが今いる部屋を出られないことを示しているとも解釈できる。ドアにたどり着くまでに、あなたはまずそこまでの距離の半分を進まなくてはならない。その次は残りの距離の半分を進む必要があり、さらに半分、半分と続いていく。有限回の動きではドアにたどり着くことはできないのだ！ 数学的には、この無限に続く一連の動きの極限は数列 1/2＋1/4＋1/8＋… の和として表現できる。ゼノンのパラドックスを解決しようとする最近の傾向のひとつは、この無限数列 1/2＋1/4＋1/8＋… の和が1に等しい、としてしまうことだ。各ステップにかかる時間がそれぞれ半分になるとすれば、この無限数列を完了するのにかかる実際の時間は、部屋を出て行くのにかかる実際の時間と違わないことになる。

しかし、このアプローチは満足の行く解決法ではないかもしれない。どうすれば**無限個**の数の点を次々に経由し**尽くす**ことができるのか、説明されていないからだ。現在では、数学者たちは無限小（想像できないほど小さな量で、ほとんどゼロだがゼロではないもの）を利用して、このパラドックスの顕微鏡的な分析を行っている。超準解析と呼ばれる数学の一分野、特に内的集合論と呼ばれるものと組み合わせることによって、このパラドックスは解決されたのかもしれないが、論争はその後も続いている。時空が**離散的**であるならば、1点から別の1点へ移動する動きの総数は有限になる**はずだ**、と論じている人もいる。

▼ゼノンの最も有名なパラドックスによれば、カメが最初にスタートしてしまうとウサギは絶対にカメに追いつくことはできない。実は、このパラドックスは両者ともゴールラインに到達できないことを示しているとも解釈できる。

参照：アリストテレスの車輪のパラドックス（紀元前320年ころ）、調和級数の発散（1350年ころ）、円周率の級数公式の発見（1500年ころ）、微積分の発見（1665年ころ）、サンクトペテルブルクのパラドックス（1738年）、床屋のパラドックス（1901年）、バナッハ＝タルスキのパラドックス（1924年）、ヒルベルトのグランドホテル（1925年）、誕生日のパラドックス（1939年）、海岸線のパラドックス（1950年ころ）、ニューカムのパラドックス（1960年）、パロンドのパラドックス（1999年）

紀元前440年ころ

弓形の求積法

キオスのヒポクラテス(紀元前470年ころ～前400年ころ)

古代ギリシアの数学者たちは、幾何学の美と対称性、そして秩序に魅せられていた。この情熱のとりことなったギリシアの数学者キオスのヒポクラテスは、ある特定の月形と面積の等しい正方形を作図する方法を示した。月形とは二つの円弧に挟まれた凹状の三日月形をした図形であり、この弓形の求積法は数学でもっとも古くから知られている証明のひとつでもある。別の言い方をすれば、ヒポクラテスはこれらの弓形の面積が直線で囲まれた図形の面積として正確に表現できること(これを「求積」という)を示したのだ。ここで示した例では、直角三角形の2辺と関連付けられた黄色い二つの弓形の面積を合計すると、その三角形の面積と等しくなる。

古代ギリシア人にとって、求積とは直定規とコンパスを使って所与の図形と面積の等しい正方形を作図することを意味していた。そのような作図が可能であるとき、その図形は「求積可能」であるという。ギリシア人は多角形の求積は成し遂げたが、曲線図形はそれよりも難しかった。実際、そもそも曲線図形が求積可能であることはありそうにないと思われていたに違いない。

ヒポクラテスは、ユークリッドよりもほぼ1世紀前に、知られている中で最初の幾何学に関する整理された著作を編纂したことでも著名である。ユークリッドは、彼自身の著作である『原論』にヒポクラテスのアイディアをいくつか利用したかもしれない。ヒポクラテスの著作が重要なのは、他の数学者たちが利用できる共通の枠組みが提供されているためだ。

ヒポクラテスの月形の研究は、実際には「円積問題」の達成、つまり円と同じ面積の正方形を作図す

▲直角三角形の2辺と関連付けられた2つの弓形(黄色い三日月形の図形)の面積を合計すると、その三角形の面積と等しくなる。古代ギリシアの数学者たちは、このような幾何学的な発見の妙に魅せられていた。

るための研究の一部だった。数学者たちは2000年以上にわたってこの「円積問題」の解決に取り組んできたが、1882年になってフェルディナント・フォン・リンデマンが不可能であることを証明した。現在では、求積可能な弓形は5種類しかないことが知られている。これらのうち3種類はヒポクラテスによって発見され、その他の2種類は1770年代半ばに見つけられた。

参照:ピタゴラスの定理とピタゴラス三角形(紀元前600年ころ)、ユークリッドの『原論』(紀元前300年)、デカルトの『幾何学』(1637年)、超越数(1844年)

紀元前350年ころ

プラトンの立体

プラトン（紀元前428年ころ～前348年ころ）

プラトンの立体とは、凸で複数の面を持つ3次元物体であって、すべての面が同一の、辺の長さと角度の等しい多角形でできていて、すべての頂点が同一の数の面で囲まれているものをいう。最もよく知られたプラトンの立体の例は立方体であり、これは同一の正方形の面6つでできている。

古代ギリシア人たちは、正四面体、立方体、正八面体、正十二面体、正二十面体という5種類のプラトンの立体しか存在しないことを認識し、証明した。例えば正二十面体には20の面があり、すべて正三角形でできている。

プラトンは、紀元前350年ころ『ティマイオス』で5つのプラトンの立体について説明している。彼はその美と対称性に畏敬の念を抱いただけでなく、宇宙を構成していると考えられていた四大元素の構造をこれらの立体が説明していると信じていた。中でも、正四面体は火を表す形とされていた。おそらく、この多面体の角が鋭いためだろう。正八面体は空気だった。水は、他のプラトンの立体よりもなめらかな形をしている正二十面体からできていると考えられた。立方体は頑丈で安定しているので、土を構成するものとされた。プラトンは、神が正十二面体を使って天の星座を配置していると結論付けた。

紀元前550年ころ、ブッダや孔子と同時代を生きた著名な数学者であり神秘主義者でもあったサモスのピタゴラスは、5種類のプラトンの立体のうちおそらく3種類を知っていた（立方体、正四面体、そして正十二面体）。石でできた、プラトンの立体のわずかに丸みを帯びたバージョンが、プラトンよりも少なくとも1000年前、スコットランドの後期新石器時代の人々の居住地から発見されている。ドイツの天文学者ヨハネス・ケプラー（1571-1630）は、太陽の周りの惑星の軌道を記述しようとして、入れ子になったプラトンの立体のモデルを作成した。ケプラーの理論は間違っていたものの、彼は天体現象に幾何学的な説明を行った最初の科学者の1人であった。

▶通常の正十二面体は、12個の五角形の面を持つ多面体だ。ここに示したのは双曲十二面体を近似したボール・ナイランダーによるグラフィックで、各面が球面の一部となっている。

参照：ピタゴラス教団の誕生（紀元前530年ころ）、アルキメデスの半正多面体（紀元前240年ころ）、オイラーの多面体公式（1751年）、イコシアン・ゲーム（1857年）、ピックの定理（1899年）、ジオデシック・ドーム（1922年）、チャーサール多面体（1949年）、シラッシ多面体（1977年）、スパイドロン（1979年）、ホリヘドロンの解決（1999年）

紀元前350年ころ

アリストテレスの『オルガノン』

アリストテレス（紀元前384年～前322年）

　アリストテレスはギリシアの哲学者であり、科学者であり、プラトンの生徒でアレキサンドロス大王の教師だった。『オルガノン』(道具)は、論理に関するアリストテレスの6冊の著作（「カテゴリー論」「分析論前書」「命題論」「分析論後書」「ソフィスト的論駁について」「トポス論」）を指している。紀元前40年ころ、ロードスのアンドロニコスがこれら6つの著作の順番を定めた。プラトン（紀元前428年ころ～前348年ころ）やソクラテス（紀元前470年ころ～前399年ころ）も論理を探究していたが、アリストテレスが体系化した論理学は、その後2000年にわたって西洋世界の科学的推論を支配することになった。

　『オルガノン』の目標は、何が真実であるかを読者に伝えることではなく、どのようにして真実を探究するか、そしてどのように世界を解明するかというアプローチを読者へ提示することにある。アリストテレスのツールキットにある主要なツールは、例えば「すべての女性は死を逃れ得ない。クレオパトラは女性である。したがって、クレオパトラは死を逃れ得ない」といった三段論法である。2つの前提が真であれば、結論も真でなくてはならない。またアリストテレスは、特称と全称（一般的なカテゴリー）との区別を行った。「クレオパトラ」は、特称的な言葉である。「女性」や「死を逃れ得ない」は、全称的な言葉である。全称が用いられる際には、「すべての」「一部の」あるいは「…は存在しない」という言い方をする。アリストテレスは三段論法にあり得る数多くの場合を分析し、それらのどれが妥当であるかを示した。

　またアリストテレスは自分の分析を、様相論理（「おそらく」や「必ずしも」といった言葉を含む言明）に関する三段論法へ拡張した。現代の数理論理学は、アリストテレスの方法論から離れたり、彼の業績を他の種類の文の構造へ拡張して、さらに複雑な関係を表現したり、例えば「一部の女性を嫌うすべての女性を好きな女性は存在しない」など、2つ以上の量化詞を含むものを取り扱ったりしている。それでもなお、アリストテレスの体系的な論理展開の試みは人類の成し遂げた最大の成果のひとつであるとみなされており、論理と密接な関係を持つ数学の分野の発達を促すとともに、現実を理解しようとする神学者にも影響を与えた。

◀ イタリアルネサンス期の画家ラファエロが描いたアリストテレス（右）。著書『倫理学』を手に持ち、プラトンと並んで描かれている。このヴァチカンのフレスコ画「アテネの学堂」は1510年から1511年にかけて描かれた。

参照：ユークリッドの『原論』(紀元前300年)、ブール代数(1854年)、ベン図(1880年)、『プリンキピア・マテマティカ』(1910-13年)、ゲーデルの定理(1931年)、ファジィ論理(1965年)

紀元前320年ころ

アリストテレスの車輪のパラドックス

アリストテレス（紀元前384年〜前322年）

アリストテレスの車輪のパラドックスは、古代ギリシアのテキスト『機械論』で言及されている。この問題は、偉大な数学者たちを数世紀にわたって悩ませてきた。同心円をなすように、大きな車輪に小さな車輪が取り付けられていると考えてほしい。大きな円周上の点と小さな円周上の点との間には、1対1対応が存在する。つまり、大きな円周上の点それぞれについて、小さな円周上の点がちょうど1個存在し、その逆もまた成り立つ。そうすると、このように組み立てられた車輪は、小さな車輪が接している棒の上で回転するにせよ、大きな車輪が接している地面の上で回転するにせよ、同一の水平距離だけ移動することが期待できるだろう。しかし、どうすればそんなことが可能となるのだろうか？ 結局のところ、2つの円周の長さが異なることはわかっているのだから。

現在、数学者たちは点が1対1対応していても、2つの曲線が同じ長さになるとは言えないことを知っている。ゲオルク・カントール(1845-1918)は、任意の長さの線分上の点の数、あるいは濃度が等しいことを示した。彼はこの**超限数**の個数の点を「連続体」と呼んだ。例えば、0から1までの線分上のすべての点を、無限の長さの直線上のすべての点と1対1対応させることだってできる。もちろん、カントールがこのことを示すまで、数学者たちはこの問題に悪戦苦闘していた。また物理的な観点からは、大きな車輪が実際に地面に接して回転したとすれば、小さな車輪はそれが接している直線の上を引きずられて行くことになることに注意してほしい。

『機械論』の書かれた正確な日付や著者について

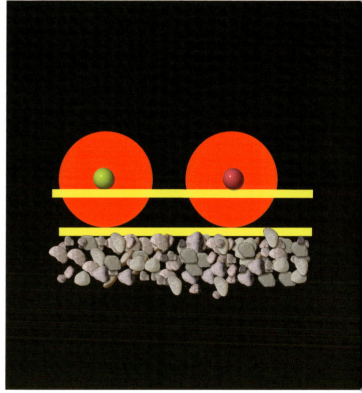

▲大きな車輪に小さな車輪が取り付けられていると考えてほしい。小さな車輪が棒に接しながら、そして大きな車輪が地面に接しながら、右から左へと移動する場合、車輪はどのような動きになるだろうか。

は、永遠に謎のままかもしれない。知られている中で最古の工学の教科書である『機械論』はアリストテレスの著作とされることが多いが、多くの研究者は実際にアリストテレスによって書かれたのではないだろうと考えている。著者として名前の挙がるもう一人の人物は、アリストテレスの生徒であり、紀元前270年ころに没したラムプサコスのストラトン（自然学者のストラトンとも呼ばれた）である。

参照：ゼノンのパラドックス（紀元前445年ころ）、サンクトペテルブルクのパラドックス（1738年）、カントールの超限数（1874年）、床屋のパラドックス（1901年）、バナッハ-タルスキのパラドックス（1924年）、ヒルベルトのグランドホテル（1925年）、誕生日のパラドックス（1939年）、海岸線のパラドックス（1950年ころ）、ニューカムのパラドックス（1960年）、連続体仮説の非決定性（1963年）、パロンドのパラドックス（1999年）

紀元前300年

ユークリッドの『原論』

アレクサンドリアのユークリッド（紀元前325年ころ～前270年ころ）

　幾何学者であったアレクサンドリアのユークリッドはヘレニズム期のエジプトに生きた人で、彼の著書『原論』は数学の歴史上最もよく使われた教科書のひとつだ。彼は平面幾何学を定理に基づいて提示したが、その定理はすべて、たった5つのシンプルな公理、あるいは公準から導き出すことができる。その公準のひとつは、「任意の2点の間には、ちょうど1本の直線を引くことができる」というものだ。もうひとつの有名な公準は、1つの点と1本の直線があった場合、その点を通ってその直線と平行な直線は1本しかないことを示している。1800年代、数学者たちはついに**非ユークリッド幾何学**の研究に至った。非ユークリッド幾何学では、平行線の公準が必ずしも必要とされない。論理的推論によって数学定理を証明するというユークリッドの組織的なアプローチは幾何学の基礎を築いただけではなく、論理と数学的証明に関連した数え切れないほど多くの他の分野も形成することになった。

▲ここに示したのは、バースのアデラードが翻訳したユークリッドの『原論』の口絵(1310年ころ)。このアラビア語からラテン語への翻訳は、『原論』のラテン語への翻訳として現存している中では最も古いものである。

　『原論』は13巻からなり、2次元と3次元の幾何学、比例、数論を取り扱っている。『原論』は活版印刷の発明以降、最初に印刷された本のひとつであり、何世紀にもわたって大学のカリキュラムに使われてきた。1482年に初めて印刷されて以来、1000を超える版の『原論』が出版されている。おそらくユークリッドは『原論』に掲載されたさまざまな定理を最初に証明したわけではないが、彼の明確な組織化とスタイルが、この著作を永く価値あるものにした。数学史家のトーマス・ヒースは『原論』を「史上最高の数学教科書」と呼んでいる。ガリレオ・ガリレイやアイザック・ニュートンなどの科学者は、『原論』の影響を強く受けていた。哲学者で論理学者のバートランド・ラッセルは、自伝に次のように書いている。「十一歳の年にわたくしは、兄を教師としてユークリッド幾何学を始めた。このことはわたくしの生涯にとって最初の恋愛と同じようにまぶしい大きな出来事の一つであった。この世界にこんな素晴らしいものがあろうとは、わたくしはそれまで想像したことがなかった。」(ラッセル『ラッセル自叙伝I』日高一輝訳、理想社)詩人のエドナ・セント・ヴィンセント・ミレーは「ユークリッドだけが美そのものを見つめた」と書いている。

参照：ピタゴラスの定理とピタゴラス三角形（紀元前600年ころ）、弓形の求積法（紀元前440年ころ）、アリストテレスの『オルガノン』（紀元前350年ころ）、デカルトの『幾何学』(1637年)、非ユークリッド幾何学(1829年)、ウィークス多様体(1985年)

紀元前 250 年ころ

アルキメデスの『砂粒』『牛』『ストマキオン』

シュラクサイのアルキメデス（紀元前287年ころ～前212年ころ）

1941年に、数学者のG. H. ハーディは次のように書いている。「[劇作家の] アイスキュロスが忘れ去られても、アルキメデスは記憶されるだろう。言葉が滅んでも、数学的な理念は亡びないからである。「不滅」という言葉を使うのは愚かかもしれないが、多分数学者は、いかなる意味にせよ、不滅になる可能性を最も多く有すると言えよう。」（『ある数学者の生涯と弁明』柳生孝昭訳、シュプリンガー・フェアラーク東京）実際、古代ギリシアの幾何学者であったアルキメデスは、古代で最高の数学者であり科学者であるとともに、地球上に今まで存在した最も偉大な4人の数学者の1人とされることも多い（他の3人はアイザック・ニュートン、カール・フリードリッヒ・ガウス、レオンハルト・オイラー）。興味深いことに、アルキメデスは自分のアイディアを盗まれないように、同僚たちに偽りの定理を送ってわなをかけたりもしたようだ。

数多くの数学的アイディア以外に、アルキメデスは非常に大きな数について考察したことでも知られている。著書『砂粒をかぞえるもの』の中で、アルキメデスは 8×10^{63} 粒の砂で宇宙が満たされると見積もった。

さらに驚いたことに、アルキメデスの有名な著書『牛の問題』の1つのバージョンの解答は、$7.760271406486818269530232833213\cdots \times 10^{202544}$ という数となる。これは毛色の違う4つの群れの牛に関する条件から、牛の総数を求めよというパズルだ。この問題を解けた者は「勝利を占めて誇ろうではないか」、そして「この種の知恵にかけて完璧であると判定されるにいたる」（「アルキメデスの科学」、三田博雄訳、中央公論社『世界の名著9 ギリシアの科学』）とアルキメデスは書いている。1880年に至るまで、数学者たちは概略の答えしか求められなかった。精密な数値が初めて計算されたのは1965年のことで、カナダの数学者ヒューC. ウィリアムズ、R. A. ジャーマン、C. ロバート・ザーンケがIBM 7040 コンピュータを使って行った。

2003年、数学史家たちは長く失われていた『アルキメデスのストマキオン』に関する情報を発見した。修道士たちによって千年近く前に上書きされた古代の羊皮紙に、組合せ論に関するパズル『アルキメデスのストマキオン』が書かれていたのだ。**組合せ論**とは、所与の問題が解決できる方法の数を取り扱う数学の一分野だ。ストマキオンの目的は、ここに示す14のピースを組み合わせて正方形を作る方法が何通りあるのかを求めることだ。2003年になって、その数が17152であることを4人の数学者が確認した。

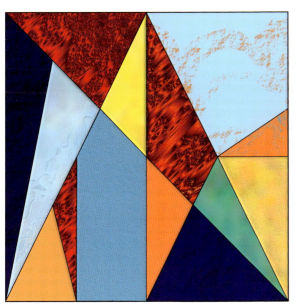

◀アルキメデスのストマキオンというパズルの1つの目的は、ここに示す14個のピースを組み合わせて正方形を作る方法が何通りあるのかを求めることだ。2003年になって、その数が17152であることを4人の数学者が確認した。（レンダリングはテーヤ・クラシェクによる。）

参照：円周率π（紀元前250年ころ）、オイラーの多角形分割問題（1751年）、グーゴル（1920年ころ）、ラムゼー理論（1928年）

紀元前250年ころ

円周率 π

シュラクサイのアルキメデス（紀元前287年ころ～前212年ころ）

　ギリシア文字πの記号で表される円周率は、円の円周と直径との比であり、おおよそ3.14159に等しい。古代の人々は、荷車の車輪が1回転するごとに車輪の直径の約3倍だけ荷車が前に進むことを観察し、円周が直径のほぼ3倍であることを認識していたのかもしれない。古代バビロニアの粘土板には、円周とそれに内接する六角形の外周との比率が1:0.96であるという記述があり、これは円周率の値が3.125であることを示している。ギリシアの数学者アルキメデス（紀元前250年ころ）が、初めて数学的に確実なπの値の範囲（223/71と22/7の間）を示した。ウェールズの数学者ウィリアム・ジョーンズ（1675-1749）が、1706年にπという記号を使い始めた。円周を意味するギリシア語の単語がπという文字で始まることにちなんだものらしい。

　地球上でも、そしておそらく宇宙のどんな進んだ文明でも、数学で最も有名な比率はπだ。πの数字は限りなく無限に続き、またその並びに整然としたパターンを見つけた人は誰もいない。コンピュータがπを計算するスピードはコンピュータの計算能力の指標となり、現在では1兆桁を超えるπの値が求められている。

　πは円と関連付けられるのが通常であり、17世紀以前の人類は確かにそうだった。しかし17世紀になって、πは円から解放されることになった。数多くの曲線（例えば、さまざまなアーチ、内サイクロイド、そして魔女と呼ばれる曲線など）が発明され、研究される過程で、その面積がπを使って表現できることが判明したのだ。ついにπは幾何学から完全に独立したようであり、現在では数論、確率、複素数など数え切れないほど多くの分野、そして例えば $\pi/4 = 1 - 1/3 + 1/5 - 1/7\cdots$ のような、単純な分数の級数にも現れる。2006年に、退職した日本のエンジニア原口證が、πを10万桁暗記して暗唱するという世界記録を打ち立てた。

◀円周率はほぼ3.14に等しく、円の円周と直径との比である。古代の人々は、荷車の車輪が1回転するごとに車輪の直径の約3倍だけ荷車が前に進むことに気付いていたのかもしれない。

参照：アルキメデスの『砂粒』『牛』『ストマキオン』（紀元前250年ころ）、円周率の級数公式の発見（1500年ころ）、地球を取り巻くロープのパズル（1702年）、オイラー数 e（1727年）、オイラー-マスケローニの定数（1735年）、ビュフォンの針（1777年）、超越数（1844年）、ホルディッチの定理（1858年）、正規数（1909年）

紀元前240年ころ

エラトステネスのふるい

エラトステネス（紀元前276年ころ～前194年ころ）

素数とは1よりも大きな整数であって、例えば5や13のように、その数自身と1以外では割り切れない数のことだ。14という数は14＝7×2と書き表せるので、素数ではない。素数は、2000年以上にわたって数学者たちを魅了し続けてきた。紀元前300年ころ、ユークリッドは「最大の素数」が存在しないこと、したがって素数は無限に存在することを示した。しかし、ある数が素数かどうかはどうやって判断できるのだろうか？ 紀元前240年ころ、ギリシアの数学者エラトステネスが、知られている中では最初の素数判定法を開発した。その手法は、現在ではエラトステネスのふるいと呼ばれている。またこの手法は、特定の整数までの素数をすべて見つけるために使うこともできる。（多芸多才のエラトステネスはアレクサンドリアにあった有名な図書館の館長を務めており、また地球の直径の妥当な見積もりを算出した最初の人物でもあった。）

フランスの神学者で数学者でもあったマラン・メルセンヌ（1588-1648）もまた素数に魅せられて、すべての素数を見つけるために使える公式の発見に取り組んだ。そのような公式を見つけることはできなかったが、2^p-1（ここでpは整数）という形をしたメルセンヌ数に関する彼の研究は、現在に至るまでわれわれの興味を引きつけている。pが素数である場合のメルセンヌ数は容易に素数判定が行えるため、これまで人類に知られてきた最大の素数はメルセンヌ数であることが多かった。45番目に見つかったメルセンヌ素数（$2^{43112609}-1$）は2008年に発見されたもので、1297万8189桁の数である！

現代では、秘密のメッセージを送るために使われる公開鍵暗号アルゴリズムに、素数が重要な役割を

▲ポーランドのアーティスト、アンドレアス・グスコスが、何千もの素数を組み合わせ、さまざまな曲面にテクスチャーとして貼り付けて作成した現代アート。この作品は、知られている中で最初の素数判定法を開発したギリシアの数学者にちなんで「エラトステネス」と呼ばれている。

果たしている。純粋数学者にとってさらに重要なのは、数学の歴史上数多くの興味深い未解決問題に素数が中心的な役割を果たしてきたことだ。そのような問題には、素数の分布に関連する**リーマン予想**や、2よりも大きなすべての偶数は2個の素数の和で書き表せることを述べた**ゴールドバッハ予想**が含まれている。

参照：セミと素数（紀元前100万年ころ）、イシャンゴ獣骨（紀元前1万8000年ころ）、ゴールドバッハ予想（1742年）、正十七角形の作図（1796年）、ガウスの『数論考究』（1801年）、リーマン予想（1859年）、素数定理の証明（1896年）、ブルン定数（1919年）、ギルブレスの予想（1958年）、シェルピンスキ数（1960年）、ウラムのらせん（1963年）、エルデーシュの膨大な共同研究（1971年）、公開鍵暗号（1977年）、アンドリカの予想（1985年）

紀元前240年ころ

アルキメデスの半正多面体

シュラクサイのアルキメデス（紀元前287年ころ～前212年ころ）

プラトンの立体と同様に、アルキメデスの半正多面体は凸で複数の面を持つ3次元物体であって、すべての面が正多角形（辺の長さと角度の等しい多角形）でできている。しかしアルキメデスの半正多面体の場合、面は違った種類の正多角形から構成される。例えば、12個の五角形と20個の六角形とで形成される、現代のサッカーボールに似た形の多面体が、他の12種類の多面体と共に、アルキメデスによって記述された。これらの立体のすべての点（角）には、例えば六角形-六角形-三角形のように、同一の多面体が同一の順番で現れる。

13種類の半正多面体を記述したアルキメデスの元の著作は失われており、他の文献からのみ知られている。ルネサンス期、アーティストたちはひとつを除いてすべての半正多面体を発見した。1619年になって、ケプラーが著書『宇宙の調和』で完全なセットを示した。半正多面体は、頂点の周囲の形状を示す数値表記法によって規定できる。例えば、3, 5, 3, 5は三角形、五角形、三角形、五角形がこの順番で現れることを示している。この表記法を使えば、13個の半正多面体は以下のように示せる。3, 4, 3, 4（立方八面体）、3, 5, 3, 5（十二・二十面体）、3, 6, 6（角切り四面体）、4, 6, 6（角切り八面体）、3, 8, 8（角切り立方体）、5, 6, 6（角切り二十面体、サッカーボールの形）、3, 10, 10（角切り十二面体）、3, 4, 4, 4（斜立方八面体）、4, 6, 8（角切り立方八面体）、3, 4, 5, 4（斜方二十・十二面体）、4, 6, 10（角切り十二・二十面体）、3, 3, 3, 3, 4（ねじれ立方体、またはねじれ立方八面体）、3, 3, 3, 3, 5（ねじれ十二面体、またはねじれ十二・二十面体）。（訳注：実際には半正多面体には14種類あり、14番目の半正多面体は斜立方八面体の上の部分を45度ひねった形をしている。）

32面の角切り二十面体は、特に魅力的だ。サッカーボールの形はこのアルキメデスの立体に基づいており、また第二次世界大戦中、日本の長崎市の上空で爆発した「ファットマン」原子爆弾の起爆装置で、爆発衝撃波を集約する爆縮レンズの設計にも利用されていた。1980年代、化学者たちは60個の炭素原子が角切り二十面体の頂点に並んだ形の分子として、世界で最も小さなサッカーボールを作り上げることに成功した。このような、いわゆるバッキーボールは魅力的な化学的・物理的特性を持っており、潤滑剤からエイズの治療に至るまで、幅広い用途が探求されている。

◀スロベニアのアーティスト、テーヤ・クラシェクが13種類のアルキメデスの半正多面体を使って表現したアートワークには、これらの立体を1619年の著書『宇宙の調和』で提示したヨハネス・ケプラーに敬意を表して『宇宙の調和II』というタイトルが付けられている。

参照：プラトンの立体（紀元前350年ころ）、アルキメデスの『砂粒』『牛』『ストマキオン』（紀元前250年ころ）、オイラーの多面体公式（1751年）、イコシアン・ゲーム（1857年）、ピックの定理（1899年）、ジオデシック・ドーム（1922年）、チャーサール多面体（1949年）、シラッシ多面体（1977年）、スパイドロン（1979年）、ホリヘドロンの解決（1999年）

アルキメデスのらせん

シュラクサイのアルキメデス（紀元前287年ころ～前212年ころ）

「らせん」という用語は、中心点または中心軸から離れながらその周りに巻き付いた形を取る、任意のなめらかな幾何学的曲線に対して総称的に用いられることが多い。らせんの例として思い浮かべられるものには、日常的なものもあれば風変わりなものもあり、シダの巻きひげや巻いたタコの脚、ムカデが死んだときの形、らせん状のキリンの腸、チョウの口の形、巻紙を横から見た図などが挙げられる。らせんにはシンプルな美があり、人間はそれをアートやツールにコピーしてきた。また自然界でも生命のさまざまな仕組みがこの形で作られている。

最もシンプルならせん形状であるアルキメデスのらせんが数学的に論じられたのは、紀元前225年のアルキメデスの著書『らせんについて』が最初だった。このらせんは $r=a+b\theta$ という方程式で表現することができる。パラメーター θ の変化によってらせん全体が回転し、b は1巻きごとに離れる距離を決める。固く巻いた巻きひげ、巻き上がったラグ（毛織物）の端、宝飾品の装飾的ならせんなど、最もよく観察されるらせんは、このタイプのものである。アルキメデスのらせんの実用的な用途としては、ミシンで回転運動を直線運動に変換する機構が挙げられる。アルキメデスのらせんの形をしたバネは、平行移動とねじる力の両方に応答する能力があるという点で、特に興味深い。

古代に見られるアルキメデスのらせんの例としては、先史時代のらせん状の迷路、紀元前6世紀の土器に見られるらせん状のデザイン、古代アルタイの装飾（紀元前500年ころ）、アイルランドの青銅器時代の、儀式に用いられた部屋の敷居の石に彫り込まれた模様、アイルランドの写本の渦巻き模様、チベットのタンカ（宗教絵巻）などがある。タンカは仏画が描かれたり刺繍されたりしたもので、僧院に掛けられることもあった。実際、らせんは古代世界のいたるところに見られるシンボルだ。墓地に頻繁に見られるのは、このシンボルが誕生と死と再生のサイクル、そして日の出と日没の繰り返しを表現しているためなのかもしれない。

▶ゼンマイの巻きひげはアルキメデスのらせんの形をしている。この形状は、紀元前225年にアルキメデスの著書『らせんについて』で論じられた。

参照：黄金比（1509年）、航程線（1537年）、フェルマーのらせん（1636年）、対数らせん（1638年）、フォーデルベルクのタイリング（1936年）、ウラムのらせん（1963年）、スパイドロン（1979年）

紀元前180年ころ

ディオクレスのシッソイド

ディオクレス（紀元前240年ころ～前180年ころ）

ディオクレスのシッソイドは紀元前180年ころ、その特異な性質を立方体倍積問題に利用しようと考えたギリシアの数学者ディオクレスによって発見された。「立方体倍積問題」とは、所与の立方体の体積の2倍の体積を持つ立方体を作成せよ、という有名な古代の作図問題であり、大きいほうの立方体は最初の立方体と比べて$\sqrt[3]{2}$倍の長さの辺を持つことになる。ディオクレスがシッソイドと、シッソイドと直線との交点を利用したことは理論的には正しかったが、コンパスと直定規しか使ってはいけないというユークリッドの作図のルールに厳密に従うものではなかった。

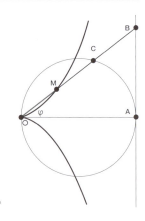

「シッソイド」という名前は、「ツタの形をした」というギリシア語の単語からきている。この曲線のグラフはy軸に沿って上下へ無限に伸び、1個の尖点が存在する。尖点から延びる2本の分枝は両方とも同一の垂直な漸近線に近づいて行く。その漸近線に接し尖点Oを通る円周を描くと、尖点とシッソイド上の点Mを結ぶどんな直線も、延長すると漸近線と点Bで交わることになる。このとき、円周上の点CからBまでの長さは、OからMまでの長さと常に等しい。この曲線は、極座標を使って$r=2a(\sec\theta-\cos\theta)$、あるいは直交座標では$y^2=x^3/(2a-x)$と表現できる。興味深いことにシッソイドは、放物線がそれと同じサイズの別の放物線に沿って滑ることなく転がるとき、その放物線上の点をトレースすることによっても作り出される。

ディオクレスは**円錐曲線**として知られる曲線に魅せられており、著書『火取り鏡について』では放物線の焦点について論じている。彼の目標のひとつは、日光の中に据えられたとき集まる熱の量が最大になるような鏡面を見つけることだった。

◀通信用のパラボラアンテナ。ギリシアの数学者ディオクレスはこのような曲線に魅せられており、著書『火取り鏡について』では放物線の焦点について論じている。ディオクレスは、日光の中に据えられたとき集まる熱の量が最大になるような鏡面を見つけ出そうとしていた。

参照：カージオイド（1637年）、ニールの放物線（1657年）、星芒形（1674年）

150年ころ

プトレマイオスの『アルマゲスト』

クラウディオス・プトレマイオス(90年ころ～168年ころ)

　数学者であり天文学者でもあったアレクサンドリアのプトレマイオスが著した13巻の『アルマゲスト』は、彼の時代に知られていた天文学の実質的にすべての側面を包括的に論じた書物であった。『アルマゲスト』の中で、プトレマイオスは惑星や恒星の見かけの動きについて論じた。地球が宇宙の中心に位置し、その周りを太陽や惑星が公転しているという彼の地球中心モデルは、千年以上にわたってヨーロッパやアラブ世界で正しいものとして受け入れられていた。

　『アルマゲスト』は、アラビア語の al-kitabu-l-mijisti(大著述)という書名をラテン語にしたものであり、三角法を取り扱っているため特に数学者の興味を引いた。これには、0°から90°までの角度を15分刻みにして、その正弦(sin)の値の表と、球面三角法の概要が含まれている。また『アルマゲスト』には、現代の「正弦定理」に相当するものや、合成角や半角に関する定理も含まれていた。ヤン・ガルバーグは次のように書いている。「天文学に関する古代ギリシアの著作の多くが失われてしまったのは、プトレマイオスの『アルマゲスト』の完璧でエレガントな説明が、それ以前の著作すべてを余計なものと思わせてしまうためだったのかもしれない。」ゲルト・グラスホフによれば、「プトレマイオスの『アルマゲスト』は、最も長く利用された科学のテキストという栄誉をユークリッドの『原論』と分かち合っている。この著作は、成立した2世紀からルネサンス後期に至るまで、天文学を科学として裏付けるものだった。」

　『アルマゲスト』は827年ころにアラビア語に翻訳され、その後12世紀にアラビア語からラテン語へ翻訳された。ペルシアの数学者で天文学者でもあ

▲プトレマイオスの『アルマゲスト』では、地球が宇宙の中心に位置し、その周りを太陽や惑星が公転しているという、宇宙の地球中心モデルが説明されている。このモデルは、1000年以上にわたってヨーロッパやアラブ世界で正しいものとして受け入れられていた。

ったアブー・アル=ワファー(940-98)は、『アルマゲスト』を元に、三角法の定理や証明を体系化した。

　興味深いことに、プトレマイオスは周転円と呼ばれる小さな円周上を惑星が動いているという彼の惑星運動のモデルに基づいて、宇宙のサイズを計算しようとした。彼は、遠く離れた「恒星」を含む球面までの距離が地球の直径の2万倍であると見積もっていた。

参照：ユークリッドの『原論』(紀元前300年)、余弦定理(1427年ころ)

250年

ディオファントスの『算術』

アレクサンドリアのディオファントス（200年ころ〜284年ころ）

時に「代数の父」とも呼ばれるギリシアの数学者、アレクサンドリアのディオファントスは、何世紀にもわたって数学に影響を与えた数学のテキスト『算術』(250年ころ) の著者であった。あらゆるギリシア数学の中で代数に関する最も有名な著作である『算術』には、方程式への数値解を求めるさまざまな問題が含まれている。ディオファントスはまた、先進的な数学の表記法と、小数を数として取り扱ったことでも重要である。『算術』への献辞の中で、ディオファントスはディオニュソス（おそらくアレクサンドリアの主教）に宛てて、この本の内容は難しいかもしれないが「あなたの熱意と私の教えがあれば、容易に理解できるものになるだろう」と書いている。

ディオファントスのさまざまな著作はアラブ人によって保存され、16世紀にラテン語に翻訳された。ピエール・ド・フェルマーは、$a^n + b^n = c^n$ の整数解に関する有名なフェルマーの最終定理を、1681年に出版された『算術』のフランス語訳に書き込んでいた。

『算術』の中で、ディオファントスは $ax^2 + bx = c$ のような方程式の整数解を見つけることに興味を持つことが多かった。バビロニア人も、ディオファントスを魅了した種類の線形方程式や2次方程式の解法を多少は知っていたが、J.D.スウィフトによればディオファントスが特別なのは、「彼の前の時代の人々に（そして後の時代の人々の多くにも）使われていた純粋に言葉によるスタイルを大幅に改善する、包括的で一貫性のある代数表記法を最初に紹介したことにある……。ビザンチン帝国を介した『算術』の再発見は、西ヨーロッパにおける数学のルネサンスを大いに助け、数多くの数学者たちを刺激した。その中で最も偉大な数学者が、フェルマーであった。」

ところで、ペルシアの数学者アル＝フワーリズミ

▲フランスの数学者クロード＝ガスパール・ガシェ・ド・メジリアクによってラテン語に翻訳されたディオファントスの『算術』(1621年版) の扉。ヨーロッパでの『算術』の再発見は、西ヨーロッパにおける数学のルネサンスを刺激した。

ー (780年ころ〜850年ころ) もまた、著書『代数学』によって「代数の父」という称号で呼ばれていることに注意してほしい。この本には、線形方程式と2次方程式の体系的な解法が含まれている。アル＝フワーリズミーはインド−アラビア数字と代数の概念をヨーロッパの数学者に伝えた。**アルゴリズム**(algorithm) と**代数**(algebra) という単語は彼の名前と al-jabr という言葉に由来している。al-jabr とは、2次方程式を解くために使われる数学的操作を意味するアラビア語の単語だ。

参照：ヒュパティアの死 (415年)、アル＝フワーリズミーの『代数学』(830年)、『スマリオ・コンペンディオソ』(1556年)、フェルマーの最終定理 (1637年)

パッポスの六角形定理

アレクサンドリアのパッポス(290年ころ～350年ころ)

　ある農夫が、9株のカエデの木を、カエデの木を3株通るような直線を10本引けるように植えたいと思っている。この目標を達成する面白い方法のひとつが、パッポスの定理を利用することだ。3点 A, B, Cがある直線上の**どこ**にあっても、また3点 D, E, Fが別の直線上の**どこ**にあっても、交差した六角形 A, F, B, D, C, Eの交点 X, Y, Zは一直線上にあることがパッポスの定理によって保証されるのだ。農夫は、B, Y, Eが一列に並ぶように木Bの位置を動かして10本目の直線を作り出せば、この問題を解決できる。

　パッポスは、彼の時代で最も重要なヘレニズム文化圏の数学者であり、340年ころに書かれた『数学集成』で有名である。この著作は、多角形、多面体、円、らせん、そしてハチの作る蜂の巣の構造など、幾何学の話題を中心としている。また『数学集成』は、後に失われた古代の著作が引用されている点でも重要である。トーマス・ヒースは『数学集成』について、「明らかに古典的なギリシア幾何学をよみがえらせるという目的で書かれ、実質的にその分野全体をカバーしている」と書いている。

　このパッポスの有名な定理について、マックス・デーンはこう書いている。「幾何学の歴史にとって大きな出来事であった。最初、幾何学は線の長さ、平面図形の面積、立体の体積といった、計測に関わるものだった。ここで初めて、計測の一般理論によって立証されてはいるが、それ自身には一切計測の要素を含まない定理が得られたのだ。」別の言い方をすれば、この定理は点と線の交わりによってのみ定義される図形の存在を示しているとも言える。デーンはまた、この図形が「**射影幾何学の最初の例**」であるとも述べている。

　『数学集成』は、フェデリコ・コマンディーノによるラテン語への翻訳が出版された1588年以降、ヨーロッパで広く知られるようになった。パッポスの図版は、アイザック・ニュートンやルネ・デカルトの興味を引いた。パッポスが『数学集成』を著してから約1300年後、フランスの数学者ブレーズ・パスカルがパッポスの定理の興味深い一般化を成し遂げた。

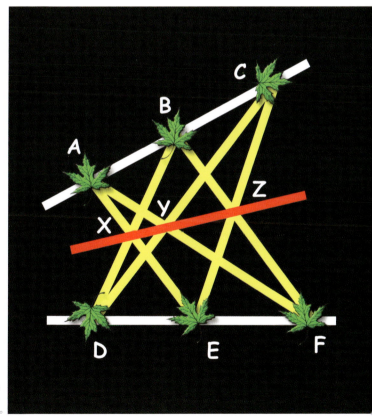

▶3点 A, B, Cがある直線上の**どこ**にあっても、また3点 D, E, Fが別の直線上の**どこ**にあっても、交点 X, Y, Zは一直線上にあることがパッポスの定理によって保証される。

参照：デカルトの『幾何学』(1637年)、射影幾何学(1639年)、シルヴェスターの直線の問題(1893年)

350年ころ

バクシャーリー写本

　バクシャーリー写本は数学の問題集として著名なもののひとつであり、1881年にインド北西部の石棺の中から発見された。その時代は3世紀にまでさかのぼると考えられている。発見された際、写本の大部分は損なわれており、残っていたのは約70枚のカバの樹皮だけだった。バクシャーリー写本では算術、代数、幾何の問題を解くためのテクニックとルールが提供され、また平方根を計算するための公式も与えられている。

　写本の問題のひとつに、次のようなものがある。「あなたの前に、男性、女性、そして子供からなる20人のグループがいる。彼らは全員で20枚のコインを持っている。男性は1人あたり3枚のコインを、女性は1人あたり1.5枚のコインを、そして子供は1人あたり0.5枚のコインを持っている。男性、女性、子供の数は何人か？」あなたにこの問題が解けるだろうか？ 解答は、男性2人、女性5人、子供が13人ということになる。男性、女性、子供の数をそれぞれ m, w, c としてみよう。この問題の状況は、$m+w+c=20$ そして $3m+(3/2)w+(1/2)c=20$ という2つの方程式で表現できる。上に挙げた解答は、唯一の妥当な値だ。

　この写本は、ペシャワール地区（現在のパキスタン）のバクシャーリー村の近くで発見された。写本がいつの時代のものかについては大いに議論のあるところだが、多くの研究者は西暦200年から400年ころに存在した、さらに古い著作への注釈書だろうと考えている。バクシャーリー写本に見られる記法の珍しい特徴は、数値の後に「＋」記号を書くことによって負の数を示していることだ。方程式には、求めるべき未知の値が大きな点で表現されている。同様の点は、ゼロを表現するためにも使われた。ディック・テレシは、次のように書いている。「最も重要なことは、バクシャーリー写本が宗教とは無関係な表現でインドの数学を説明した最初の文書だということだ。」

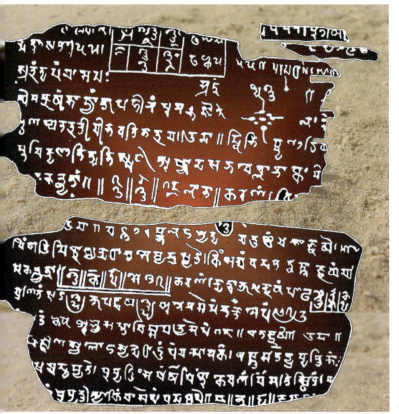

◀インド北西部で1881年に発見された、バクシャーリー写本の断片。

参照：ディオファントスの『算術』（250年）、ゼロ（650年ころ）、『ガニタサーラサングラハ』（850年）

415年

ヒュパティアの死

アレクサンドリアのヒュパティア(370年ころ〜415年)

アレクサンドリアのヒュパティアは、キリスト教徒の群衆によって、肉片に引き裂かれて虐殺された。その一部の原因は、彼女が厳格なキリスト教の教義に従わなかったことにある。彼女は新プラトン主義者であり、異教徒であり、そしてピタゴラス教団の思想に従っていると自認していた。興味深いことに、ある程度確実で詳細な情報が残っている人物としては、ヒュパティアは人類の歴史上初の女性の数学者だ。彼女は魅力的な容貌の、断固とした禁欲主義者だったと言われている。なぜ数学に夢中になっていて結婚しようとしないのかと問われた彼女は、私は真理と結婚しているのだと答えたという。

ヒュパティアの著作には、ディオファントスの『算術』への注釈が挙げられる。彼女が生徒たちに出した数学の問題のひとつに、$x-y=a$ と $x^2-y^2=(x-y)+b$(ここで a と b は既知とする)という1対の連立方程式の整数解を問うものがあった。この2つの方程式が成り立つような、x, y, a, b の整数値を見つけられるだろうか?

キリスト教徒は彼女の最も強力な哲学上の対抗者であり、神の性質と来世に関する彼女のプラトン的な主張を、彼らは公式に取り下げさせた。西暦414年の暖かい3月のある日、キリスト教狂信者の群衆が彼女をとらえ、衣服をはぎ取り、そして鋭い貝殻を使って彼女の骨から肉をえぐり取った。現代の宗教的テロリズムの犠牲者たちと同様に、彼女がとらえられたのは単に宗教的分断の反対側にいる著名人だったからなのかもしれない。マリア・アニェージというもう一人の女性が著名な数学者として名を上げたのは、ルネサンス期になってからのことだった。

▲ 1885年、イギリスの画家チャールズ・ウィリアム・ミッチェルは、教会の中でキリスト教徒の群衆にとらえられ、衣服をはぎ取られて虐殺される直前のヒュパティアの姿を描いた。一説によれば、彼女は生きたまま鋭利な物体で皮をはがれ、焼き殺されたという。

ヒュパティアの死をきっかけに数多くの学者たちがアレクサンドリアを離れ、さまざまな意味で、数世紀にわたるギリシア数学の進歩は終わりを告げた。ヨーロッパの暗黒時代の間、アラブとインドの人々が数学の進歩に主導的な役割を果たすことになった。

参照:ピタゴラス教団の誕生(紀元前530年ころ)、ディオファントスの『算術』(250年)、アニェージの『解析教程』(1748年)、コワレフスカヤの博士号(1874年)

830年

アル＝フワーリズミーの『代数学』

ムハンマド・イブン・ムーサ・アル＝フワーリズミー（780年ころ～850年ころ）

アル＝フワーリズミーはペルシアの数学者・天文学者であり、人生の大部分をバグダッドで過ごした。彼の代数学に関する著書『ジャブルとムカーバラの書』は線形方程式と2次方程式の体系的な解法を示した最初の本であり、『代数学』という短いタイトルで呼ばれることもある。ディオファントスと共に、彼は「代数の父」とみなされている。彼の著作のラテン語への翻訳によって、十進位取り記数法がヨーロッパへもたらされた。興味深いことに、**代数（algebra）** という単語は al-jabr に由来しており、これは彼の著書で2次方程式を解くために利用される2つの操作のひとつを意味する。

アル＝フワーリズミーにとってアル＝ジャブル（al-jabr）とは、各辺に同一の項を加えることによって方程式中の負の項を消し去るための手法だ。例えば、$x^2=50x-5x^2$は、両辺に$5x^2$を加えることによって$6x^2=50x$と簡約できる。アル＝ムカーバラ（al-muqabala）とは、同一の種類の項を方程式の同じ辺に集める手法だ。例えば、$x^2+15=x+5$は$x^2+10=x$となる。

この本では読者に$x^2+10x=39$, $x^2+21=10x$, そして$3x+4=x^2$などの形をした方程式の解き方を示しているが、より一般的に、難しい数学の問題もより小さな一連のステップに分割すれば解くことができる、とアル＝フワーリズミーは確信していた。アル＝フワーリズミーはこの本を、金銭のやり取りや遺産相続、訴訟、貿易、そして運河の掘削などに関わる計算に役立つ実用的なものにすることを目指していた。またこの本には、例題とその解答も含まれている。

アル＝フワーリズミーは生涯の大部分をバグダッドの「知恵の館」で過ごしていた。ここは図書館、翻訳学校、そして学校を兼ねた、イスラム黄金時代の主要な知的センターだった。残念なことに、1258年に「知恵の館」はモンゴル人によって破壊されてしまった。伝説によれば、チグリス川に投げ込まれた本のインクのため、川の水が黒くなるほどだったという。

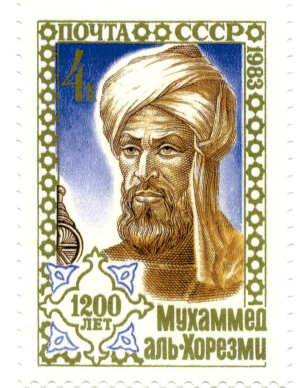

▶ 1983年にアル＝フワーリズミーを記念して発行された旧ソ連の切手。アル＝フワーリズミーはペルシアの数学者・天文学者であり、代数学に関する彼の著書には幅広い方程式の体系的な解法が記載されていた。

参照：ディオファントスの『算術』(250年)、アッ＝サマウアルの『代数の驚嘆』(1150年ころ)

415年

ヒュパティアの死

アレクサンドリアのヒュパティア(370年ころ～415年)

アレクサンドリアのヒュパティアは、キリスト教徒の群衆によって、肉片に引き裂かれて虐殺された。その一部の原因は、彼女が厳格なキリスト教の教義に従わなかったことにある。彼女は新プラトン主義者であり、異教徒であり、そしてピタゴラス教団の思想に従っていると自認していた。興味深いことに、ある程度確実で詳細な情報が残っている人物としては、ヒュパティアは人類の歴史上初の女性の数学者だ。彼女は魅力的な容貌の、断固とした禁欲主義者だったと言われている。なぜ数学に夢中になっていて結婚しようとしないのかと問われた彼女は、私は真理と結婚しているのだと答えたという。

ヒュパティアの著作には、ディオファントスの『算術』への注釈が挙げられる。彼女が生徒たちに出した数学の問題のひとつに、$x-y=a$ と $x^2-y^2=(x-y)+b$(ここで a と b は既知とする)という1対の連立方程式の整数解を問うものがあった。この2つの方程式が成り立つような、x, y, a, b の整数値を見つけられるだろうか?

キリスト教徒は彼女の最も強力な哲学上の対抗者であり、神の性質と来世に関する彼女のプラトン的な主張を、彼らは公式に取り下げさせた。西暦414年の暖かい3月のある日、キリスト教狂信者の群衆が彼女をとらえ、衣服をはぎ取り、そして鋭い貝殻を使って彼女の骨から肉をえぐり取った。現代の宗教的テロリズムの犠牲者たちと同様に、彼女がとらえられたのは単に宗教的分断の反対側にいる著名人だったからなのかもしれない。マリア・アニェージというもう一人の女性が著名な数学者として名を上げたのは、ルネサンス期になってからのことだった。

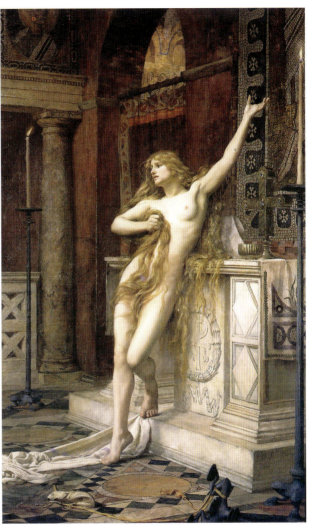

▲ 1885年、イギリスの画家チャールズ・ウィリアム・ミッチェルは、教会の中でキリスト教徒の群衆にとらえられ、衣服をはぎ取られて虐殺される直前のヒュパティアの姿を描いた。一説によれば、彼女は生きたまま鋭利な物体で皮をはがれ、焼き殺されたという。

ヒュパティアの死をきっかけに数多くの学者たちがアレクサンドリアを離れ、さまざまな意味で、数世紀にわたるギリシア数学の進歩は終わりを告げた。ヨーロッパの暗黒時代の間、アラブとインドの人々が数学の進歩に主導的な役割を果たすことになった。

参照:ピタゴラス教団の誕生(紀元前530年ころ)、ディオファントスの『算術』(250年)、アニェージの『解析教程』(1748年)、コワレフスカヤの博士号(1874年)

650年ころ

ゼロ

ブラフマグプタ（598年ころ～668年ころ）、バースカラ（600年ころ～680年ころ）、マハーヴィーラ（800年ころ～870年ころ）

　古代バビロニア人はもともとゼロを表す記号を持っていなかったため、記数法に不確実性が生じた。現在のわれわれも、ゼロを使って12, 102, そして1002という数を区別することができなければ、混乱することになるだろう。バビロニアの書記たちはゼロがあるべき場所にスペースを空けることしかしなかったため、そのスペースが数の中あるいは末尾にいくつあるのかを判断することは簡単ではなかった。最終的にバビロニア人は数字の間にギャップがあることを示す記号を発明したが、おそらくゼロが本物の数という概念は持っていなかっただろう。

　西暦650年ころにはインドの数学で数字が普通に使われるようになった。デリーの南にあるグワーリヤルでは、270と50という数字の書かれた石板が発見されている。西暦876年に書かれたこの石板の数字は現在のものと非常によく似ているが、ゼロは小さく、また上側に寄せて書かれている。ブラフマグプタ、マハーヴィーラ、バースカラといったインドの数学者たちは、ゼロを数値計算に利用していた。例えば、ブラフマグプタは数をそれ自身から引くとゼロになると説明し、またどんな数もゼロをかけるとゼロになると注意している。**バクシャーリー写本**は数学的な目的でゼロが使われた最初の文書証拠かもしれないが、その年代ははっきりしていない。

　西暦665年ころ、中米のマヤ文明でもゼロが使われるようになったが、その利用は他の人々にはあまり広まらなかったようだ。それに対してインドのゼロの概念は、アラブ、ヨーロッパ、中国の人々へと広まって行き、世界を変えることになった。

▲ゼロの概念によって、人類はより容易に大きな数を取り扱うことが可能となり、商業から物理学に至るまでの分野で効率的な計算ができるようになった。

　数学者のホセイン・アルシャムは、以下のように書いている。「13世紀に十進法にゼロが導入されたことは、記数法の発達において最も重大な出来事であり、これによって大きな数の計算が可能となった。ゼロの概念なしでは、……商業、天文学、物理学、化学、産業におけるモデル化プロセスは考えることもできなかっただろう。そのようなシンボルの欠如は、ローマ数字記数法の大きな短所のひとつでもある。」

参照：バクシャーリー写本（350年ころ）、『ガニタサーラサングラハ』（850年）、『算術について（インド式計算について諸章よりなる書）』（953年ころ）、アッ＝サマウアルの『代数の驚嘆』（1150年ころ）、フィボナッチの『計算の書』（1202年）

800年ころ

アルクィンの『青年たちを鍛えるための諸命題』

ヨークのアルクィン（735年ころ～804年ころ）、オーリヤックのジェルベール（946年ころ～1003年ころ）

　ヨークのアルクィンとして知られるフラックス・アルビヌス・アルクィヌスは、イングランドのヨーク出身の学者である。シャルルマーニュ大帝の招きに応じた彼はカロリング朝宮廷随一の教師となり、神学の書物や詩を書いた。796年にはトゥールのサン・マルタン修道院の院長となり、カロリング朝ルネサンスとして知られる学問の復興を主導する学者であった。

　研究者たちは、彼の数学書『青年たちを鍛えるための諸命題』が、「最後の数学者教皇」として知られるオーリヤックのジェルベール（数学に熱心に取り組み、999年にローマ教皇シルウェステル2世に選ばれた）の教育に役立ったと考えている。この教皇は数学的知識に優れていたため、彼の敵の中には彼を邪悪な魔術師と信じるものもいた。

　フランスの都市ランスで、この「数学者教皇」は大聖堂の床を巨大なそろばんに作り替えた。彼はまた、ローマ数字に代えてアラビア数字(1, 2, 3, 4, 5, 6, 7, 8, 9)を採用した。彼は振り子時計の発明に寄与し、惑星の軌道を追跡する装置を発明し、幾何学について本を書いた。自分に形式論理の知識が不足していることに気付くと、彼はドイツの論理学者の下で学んだ。数学者教皇は「正しい人間は信仰によって生きるが、信仰に科学を組み合わせることが望ましい」と言っている。

　アルクィヌスの『諸命題』には約50題の解答付き文章題が含まれており、その中で有名なものには川渡り、階段に止まっているハトの数、ワインの容器を息子に残して死んで行く父親、そして3人の嫉妬深い夫（他の男が自分の妻と2人だけでいることを許さない）の問題などがある。数学ライターのアイヴァース・ピーターソンは、次のように言っている。「『諸命題』に収録された問題（と解答）を読むと、中世の人々の人生のさまざまな側面を垣間見ることができる。そして数学教育において今も昔もパズルが重要な役割を果たしていた証拠ともなっている。」

▶アルクィンの数学の著作は、「最後の数学者教皇」として知られるオーリヤックのジェルベール（数学に熱心に取り組み、999年に教皇シルウェステル2世に選ばれた）の教育に役立ったと考えられている。ここに示したのは、フランスのオーベルニュ地方、オーリヤックにある数学者教皇の銅像。

参照：リンド・パピルス（紀元前1650年ころ）、アル＝フワーリズミーの『代数学』(830年)、そろばん(1200年ころ)

830年

アル=フワーリズミーの『代数学』

ムハンマド・イブン・ムーサ・アル=フワーリズミー（780年ころ～850年ころ）

　アル=フワーリズミーはペルシアの数学者・天文学者であり、人生の大部分をバグダッドで過ごした。彼の代数学に関する著書『ジャブルとムカーバラの書』は線形方程式と2次方程式の体系的な解法を示した最初の本であり、『代数学』という短いタイトルで呼ばれることもある。**ディオファントス**と共に、彼は「代数の父」とみなされている。彼の著作のラテン語への翻訳によって、十進位取り記数法がヨーロッパへもたらされた。興味深いことに、**代数（algebra）** という単語は al-jabr に由来しており、これは彼の著書で2次方程式を解くために利用される2つの操作のひとつを意味する。

　アル=フワーリズミーにとってアル=ジャブル(al-jabr)とは、各辺に同一の項を加えることによって方程式中の負の項を消し去るための手法だ。例えば、$x^2 = 50x - 5x^2$ は、両辺に $5x^2$ を加えることによって $6x^2 = 50x$ と簡約できる。アル=ムカーバラ(al-muqabala)とは、同一の種類の項を方程式の同じ辺に集める手法だ。例えば、$x^2 + 15 = x + 5$ は $x^2 + 10 = x$ となる。

　この本では読者に $x^2 + 10x = 39$, $x^2 + 21 = 10x$, そして $3x + 4 = x^2$ などの形をした方程式の解き方を示しているが、より一般的に、難しい数学の問題もより小さな一連のステップに分割すれば解くことができる、とアル=フワーリズミーは確信していた。アル=フワーリズミーはこの本を、金銭のやり取りや遺産相続、訴訟、貿易、そして運河の掘削などに関わる計算に役立つ実用的なものにすることを目指していた。またこの本には、例題とその解答も含まれている。

　アル=フワーリズミーは生涯の大部分をバグダッドの「知恵の館」で過ごしていた。ここは図書館、翻訳学校、そして学校を兼ねた、イスラム黄金時代の主要な知的センターだった。残念なことに、1258年に「知恵の館」はモンゴル人によって破壊されてしまった。伝説によれば、チグリス川に投げ込まれた本のインクのため、川の水が黒くなるほどだったという。

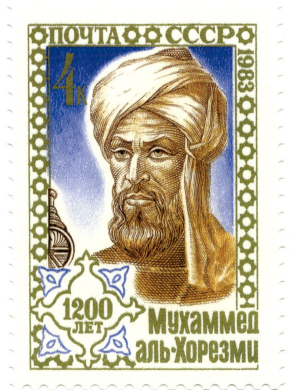

▶ 1983年にアル=フワーリズミーを記念して発行された旧ソ連の切手。アル=フワーリズミーはペルシアの数学者・天文学者であり、代数学に関する彼の著書には幅広い方程式の体系的な解法が記載されていた。

参照：ディオファントスの『算術』（250年）、アッ=サマウアルの『代数の驚嘆』（1150年ころ）

834年

ボロミアン環

ピーター・ガスリー・テイト
（1831-1901）

数学者や科学者にとって興味深い、シンプルだが好奇心をそそられる物体がボロミアン環だ。これは3つの環が互いに絡み合ったもので、15世紀にこれを紋章に用いたイタリアのルネサンス期の一族にちなんで名づけられた。

ボロミアン環ではどの2つの環もリンクしていないため、どれか1つの環を切り離すと3つの環がすべてバラバラになってしまう。この古くからある環の組合せは、かつて政略結婚によって微妙な同盟を結んでいたヴィスコンティ家、スフォルツァ家、ボロメオ家を意味していたのではないかと考える歴史家もいる。またこの環は、1467年にフィレンツェのサン・パンクラツィオ教会にも現れている。さらに古い、三角形のバージョンがバイキングによって用いられており、有名な例としては834年に死んだ良家の女性の寝台の柱に刻まれていたものがある。

この環が数学の文脈に現れたのは、スコットランドの数理物理学者ピーター・テイトによる1876年の結び目に関する論文だった。環の交点ごとに2つの選択（上か下か）が可能なため、可能な絡み合いのパターンとしては$2^6=64$通りが存在する。対称性を考慮すれば、これらのパターンのうち幾何学的に異なるのは10通りのみだ。

現代の数学者たちは、平らな円では本物のボロミアン環を実際に作り上げることはできないことを知っている。実際、針金を使ってこの絡み合った環を作り上げようとしてみれば、環に多少の変形やねじれが必要となることが理解できるだろう。1987年に、

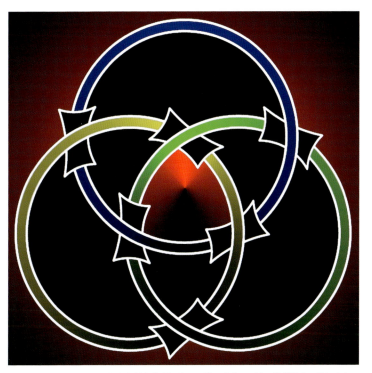

▲ここに示したボロミアン環のモチーフは、13世紀のフランスの写本にあったものだ。元の写本ではボロミアン環がキリスト教の三位一体のシンボルとして用いられており、ラテン語で「三位一体」を示すtrinitasという単語がtri, ni, tasという3音節に分割されて3つの円に書き込まれていた。

マイケル・フリードマンとリチャード・スコラが、平らな円を使ってボロミアン環を作り上げることはできないという定理を証明した。

2004年、UCLAの科学者たちがボロミアン環の形をした分子化合物を作り出した。これは直径が2.5ナノメートルで、6個の金属イオンが含まれている。研究者たちは現在、スピントロニクス（電子のスピンと電荷を利用する技術）や医療用画像などの幅広い分野に、ボロミアン環の形をした分子を利用する方法を検討している。

参照：結び目（紀元前10万年ころ）、ジョンソンの定理（1916年）、マーフィーの法則と結び目（1988年）

850年

『ガニタサーラサングラハ』

マハーヴィーラ（800年ころ～870年ころ）

西暦850年に成立した『ガニタサーラサングラハ』（数学精髄集成）には、注目すべき理由がいくつかある。まず、これはジャイナ教徒の学者による現存する数学の書物としては唯一のものだ。次に、この書には9世紀半ばのインドに知られていた実質的にすべての数学が含まれている。数学のみを扱った書物としては、現存する最古のインドのテキストでもある。

『ガニタサーラサングラハ』は、南インドに住んでいたマハーヴィーラ（「学識あるマハーヴィーラ」という意味のマハーヴィーラーカーリヤと呼ばれることもある）によって書かれた。この本の問題のひとつに、何世紀にもわたって学者たちを楽しませてきたものがあるので、ここで紹介しよう。若い女性が夫と言い争いをして、ネックレスを壊してしまった。ネックレスの真珠の1/3が、女性の目の前に散らばった。1/6が、ベッドの上に落ちた。残ったものの半分が、別の場所に落ちた（さらに「残ったものの半分が別の場所に落ちた」が6回続く）。散らばらずに残った真珠は、全部で1161個だった。もともと真珠は全部で何個あったのだろうか？

驚くことに、この女性のネックレスにあった真珠の数は14万8608個だというのが答えだ！ この問題についてよく考えてみよう。1/6がベッドに落ちた。1/3が彼女の前に散らばった。つまり、ベッドにも落ちず近くに散らばりもしなかった真珠は、全体の半分だということになる。残った真珠がさらに6回にわたって半分にされるため、$(1/2)^7 x = 1161$（ここでxは真珠の総数）となる。したがって、xは148608となるのだ。これだけ巨大なネックレスであれば、争いになるのも無理はない！

▲『ガニタサーラサングラハ』では、夫と言い争いをしてネックレスを壊してしまった女性に関する数学問題について論じている。ある規則に従って散らばった真珠の数から、もともとネックレスに真珠が何個あったのかを求めるという問題だ。

『ガニタサーラサングラハ』は、負の数の平方根は存在しないと明言しているという点でも注目に値する。またマハーヴィーラは、ゼロという数の特性について論じ、10から10^{24}までの数の命名体系や、等差数列の平方を項とする級数の値を求める手法、楕円の面積と周長を求めるためのルール、そして線形方程式と2次方程式の解法などを示している。

参照：バクシャーリー写本（350年ころ）、ゼロ（650年ころ）、『トレヴィーゾ算術書』（1478年）

850年ころ

サービトの友愛数の公式

サービト・イブン・クッラ（826-901）

　古代ギリシアのピタゴラス教団の人々は友愛数、つまり一方の真の約数の和が他方の数に等しくなる数の組に魅せられていた。（真の約数とは、約数からその数自体を除いたものをいう。）そのような数の組で最も小さいものは、220 と 284 だ。220 は 1, 2, 4, 5, 10, 11, 20, 22, 44, 55, そして 110 で割り切れ、その和は 284 となる。一方 284 は 1, 2, 4, 71, そして 142 で割り切れ、その和は 220 となる。

　850 年、アラブの天文学者で数学者でもあったサービト・イブン・クッラが、友愛数を作り出すために使える公式を示した。整数 $n>1$ について、$p=3\times 2^{n-1}-1$, $q=3\times 2^n-1$, そして $r=9\times 2^{2n-1}-1$ を考えてみてほしい。p, q, そして r が素数であれば、2^npq と 2^nr は友愛数の組となる。この公式は $n=2$ の場合に 220 と 284 を与えるが、存在するすべての友愛数を作り出せるわけではない。今までに知られているすべての友愛数は、両方とも偶数であるか、それとも両方とも奇数であるかのどちらかだ。偶数と奇数の友愛数の組は見つかるだろうか？ 友愛数は、とても見つけるのが難しい。例えば 1747 年までに、スイスの数学者であり物理学者でもあったレオンハルト・オイラーが見つけたのは 30 組だけだった。現在では 1100 万を超える組が見つかっているが、そのうち両方の数がともに 3.06×10^{11} 以下のものは 5001 組しかない。

　創世記 32 章 14 節には、ヤコブが 220 頭の山羊を兄に贈ったと書かれている。神秘論者によれば、220 は友愛数の組の片割れであるため、これは「隠された秘密の協定」であり、ヤコブはエサウとの友好を深めたかったのだという。著名な数学・科学ライターのマーティン・ガードナーは、以下のように言っている。「11 世紀、ある貧しいアラブ人が 284 と書かれたものを食べ、同時に別の人に 220 と書かれたものを食べさせて、性的な効果があるかどうか試したと記録している。しかし、彼はその結果については何も書いていない。」

▶創世記には、ヤコブが 220 頭の山羊を兄に贈ったと書かれている。神秘論者によれば、220 は友愛数の組の片割れであるため、これは「隠された秘密の協定」であり、ヤコブはエサウとの友好を深めたかったのだという。

参照：ピタゴラス教団の誕生（紀元前 530 年ころ）

953年ころ

『算術について(インド式計算について諸章よりなる書)』

アル＝ウクリーディシー(920年ころ〜980年ころ)

アル＝ウクリーディシー(「ユークリッドの写字生」)はアラブの数学者であって、彼の『算術について(インド式計算について諸章よりなる書)』は、インド-アラビア数字の位取り表記について述べた、知られている中では最も古いアラビア語の著作である。位取り表記とは、0から9に相当する数字を使って、複数の位が右側から順に10のべき乗(例えば、1, 10, 100, そして1000)に対応する記数法だ。アル＝ウクリーディシーの著作には、アラビア語で現存する最も古い算術も示されている。アル＝ウクリーディシーは生まれも没したのもダマスカスだったが、よく旅をした人であり、インドでインド数学を学んだこともあったのかもしれない。現在、この写本は1部しか残っていない。

またアル＝ウクリーディシーは、以前の数学者の出した問題を新たな記数法で論じることもしている。科学や技術に関して数冊の著書のあるディック・テレシは、以下のように書いている。「彼の名前は、彼がギリシア人たちを尊敬していたことを示している。彼はユークリッドの著作を書き写したので、アル＝ウクリーディシーと名乗ったのだ。彼の遺したもののひとつに、紙とペンを使った数学がある。」アル＝ウクリーディシーの時代、インドやイスラム世界では砂や土の上で数学の計算を行う(片手で終わったステップを消しながらもう片方の手で書く)ことが普通だった。アル＝ウクリーディシーは、その代わりに紙とペンを使うことを提案したのだ。計算を書き留めることによってプロセスが保存され、また彼の方式ではインクで書かれた数字を消すことはできなかったが、より柔軟な計算ができるようになった。ある意味では紙のおかげで、現在のような掛け算や長い割り算を行う筆算の手法が発達したとも言える。

『アラビア科学史エンサイクロペディア』の編者であるレジス・モルロンは、「アル＝ウクリーディシーの算術における最も注目すべきアイディアは、小数の使用」と小数点の使用だと書いている。例えば、19を2で割ることを繰り返して、アル＝ウクリーディシーは19, 9.5, 4.75, 2.375, 1.1875, 0.59375を得ている。このように高度な計算が可能となるため、小数記法がイスラム世界全体、そして全世界で広く使われるようになったのだ。

◀ アル＝ウクリーディシーの時代、インドやイスラム世界では砂や土の上で数学の計算を行う(片手で終わったステップを消しながらもう片方の手で書く)ことが普通に行われていた。アル＝ウクリーディシーの紙とペンのアプローチでは、計算を書き留めることによってプロセスが保存され、より柔軟な計算ができるようになった。

参照：ゼロ(650年ころ)

1070年

オマル・ハイヤームの『代数学』

オマル・ハイヤーム（1048-1131）

　ペルシアの数学者・天文学者であり、哲学者でもあったオマル・ハイヤームは、彼の詩集『ルバイヤート』によって最もよく知られている。しかし、大きな影響を及ぼした彼の著書『代数学（ジャブルとムカーバラに関する諸問題の証明）』によっても、彼は大きな名声を勝ち得ているのだ。この本の中で、彼は3次方程式や一部のさらに高次の方程式の解法を導き出している。彼の解いた3次方程式の一例に、$x^3+200x=20x^2+2000$ というものがある。彼のアプローチは完全に新しいものとは言えないが、すべての3次方程式を解けるように一般化していることは注目に値する。彼の『代数学』には3次方程式の包括的な分類と、交差する円錐曲線を利用した幾何学的な解法が含まれている。

　またハイヤームは、任意の整数 n について2項式 $a+b$ の n 乗を a と b の累乗で表す方法も示している。前提として、式 $(a+b)^n$ が $(a+b)\times(a+b)\times(a+b)\cdots$ と、$a+b$ を n 回繰り返したものに等しいことを考えてみてほしい。二項展開すると、例えば $(a+b)^5=a^5+5a^4b+10a^3b^2+10a^2b^3+5ab^4+b^5$ となる。数値係数(1, 5, 10, 10, 5, そして1)は二項係数と呼ばれ、**パスカルの三角形**の1つの行の値となる。この話題に関するハイヤームの業績の一部は、実際には彼の言及している別の著書に書かれていたが、その著書は現在では失われてしまった。

　ハイヤームが1077年に書いた幾何学に関する著作『ユウクレイデスの書に関する諸問題の解説』では、有名なユークリッドの平行線公準について興味深い見方をしている。この著書の中でオマル・ハイヤームは、**非ユークリッド幾何学**の特性について論じ、1800年代まで広まることのなかった数学の一

▲イランのニーシャープールにある、オマル・ハイヤームの墓。この開放的な構造物には、詩人だった彼の詩が刻み込まれている。

分野にまで踏み込んでいる。

　ハイヤームという名前は文字通りに訳せば「テント作り」であり、彼の父はそのような職業についていたのかもしれない。ハイヤームは「科学のテントを縫う者」と自称したこともあった。

参照：ユークリッドの『原論』(紀元前300年)、カルダノの『アルス・マグナ』(1545年)、パスカルの三角形(1654年)、正規分布曲線(1700年)、非ユークリッド幾何学(1829年)

1150年ころ

アッ＝サマウアルの『代数の驚嘆』

アッ＝サマウアル(1130年ころ～1180年ころ)、アル＝カラジー(953年ころ～1029年ころ)

アッ＝サマウアル(サマウアル・アル＝マグリービーと呼ばれることもある)は、バグダッドのユダヤ人家庭に生まれた。彼は13歳にして数学への情熱に目覚め、インド式の計算方法を学び始めた。彼は18歳になるまでに、その時代に存在した数学の書物で手に入るものはほとんどすべて読んでしまった。アッ＝サマウアルが彼の最も有名な著作『代数の驚嘆』(『代数の輝き』とも訳せる)を書いたのは、弱冠19歳のときであった。『代数の驚嘆』の重要性は、独創性のあるアイディアと、10世紀のペルシアの数学者アル＝カラジーの失われた著作に関する情報を伝えていることにある。

『代数の驚嘆』では、代数の算術化の原則を重視して、未知の算術量、つまり変数を通常の数と同様に取り扱って算術演算を行う方法を説明している。さらにアッ＝サマウアルは、数のべき乗、多項式、そして多項式の根を求める方法について述べている。『代数の驚嘆』が、(現代の記法で書くと)$x^0=1$であることを述べた最初の書物であると考える研究者は多い。別の言い方をすれば、アッ＝サマウアルはどんな数も0乗すれば1になるというアイディアに気付き、それを公表した。また彼は、著書の中で負の数やゼロを普通に受け入れ、(現代の記法で書くと)$0-a=-a$のような概念について考察した。彼は、負の数を含む掛け算の扱い方も理解しており、それ以前の著作には見られない$1^2+2^2+3^2+\cdots+n^2=n(n+1)(2n+1)/6$のような数式を見つけたことを誇りにしていた。

1163年、大いに研究し熟考した後、アッ＝サマウアルはユダヤ教からイスラム教へ改宗した。彼はも

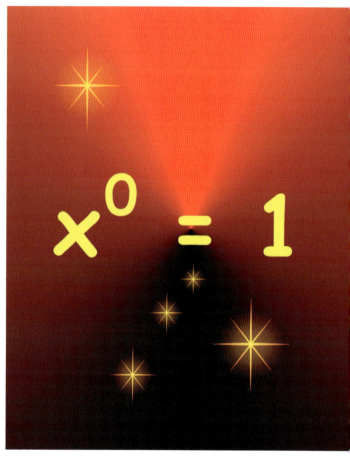

▲アッ＝サマウアルの『代数の驚嘆』は、(現代の記法で書くと)$x^0=1$であることを述べた最初の書物のようだ。別の言い方をすれば、アッ＝サマウアルはどんな数も0乗すれば1になるというアイディアに気付き、それを公表した。

っと早く改宗できたのかもしれないが、自分の父親の気持ちを損ねたくなかったので改宗を遅らせたようだ。彼の著作『キリスト教徒とユダヤ教徒への決定的な反駁』は現存している。

参照：ディオファントスの『算術』(250年)、ゼロ(650年ころ)、アル＝フワーリズミーの『代数学』(830年)、代数学の基本定理(1797年)

1200年ころ

そろばん

　2005年、「フォーブス」誌の読者と編集者、そして専門家の委員が、人類の歴史上文明に最も重要な影響を与えたツールの第2位に選んだのは、そろばんだった。（第1位はナイフ、第3位はコンパス。）

　ビーズとワイヤを使った計算器具である近代のそろばんは、「サラミスのそろばん」（紀元前300年ころにバビロニア人が使っていた、現存する世界最古のそろばん）などの古代のデバイスにルーツがある。これらの古代のそろばんは通常、木材、金属、あるいは石でできており、そこに刻まれた線や溝に沿ってビーズや石を動かすようになっていた。紀元1000年ころ、アステカ人がネポフアルチンチン（そろばんマニアには「アステカの計算機」と呼ばれる）を発明した。これはそろばんに似たデバイスで、木のフレームに通したトウモロコシの粒を使い、計算を補助するために利用された。

　ワイヤに沿ってビーズが動く現在のようなそろばんは、西暦1200年には中国で使われており、算盤と呼ばれていた。日本では「そろばん」と呼ばれる。ある意味そろばんはコンピュータの祖先であり、コンピュータと同じようにそろばんも人類が商業活動や技術分野で素早く計算を行うためのツールとして使われてきた。そろばんは中国や日本、旧ソ連の一部やアフリカではいまだに使われており、また目の不自由な人々にもデザインを多少変えて使われることがある。そろばんは足し算や引き算を素早く行うために使われるのが一般的だが、経験を積んだ使い手は素早く掛け算や割り算を行えるし、平方根を求めることもできる。1946年には東京で、日本のそろばんの使い手と当時の電卓を使う人が競争する計算スピードコンテストが行われた。たいていの場合、勝つのはそろばんのほうだった。

▶そろばんは、人類の歴史上文明に最も重要な影響を与えたツールのひとつだ。何世紀にもわたって、このデバイスは人類が商業活動や技術分野で素早く計算を行うためのツールとして使われてきた。

参照：キープ（紀元前3000年ころ）、アルクィンの『青年たちを鍛えるための諸命題』（800年ころ）、計算尺（1621年）、バベッジの機械式計算機（1822年）、クルタ計算機（1948年）

1202年

フィボナッチの『計算の書』

ピサのレオナルド（フィボナッチとも呼ばれる、1175年ころ～1250年ころ）

　カール・ボイヤーは、フィボナッチとしても知られるピサのレオナルドを、「間違いなく、中世キリスト教世界における最も独創的で最も有能な数学者である」と評している。裕福なイタリアの商人であったフィボナッチは、エジプトやシリア、バーバリー（アルジェリア）を旅し、1202年に『計算の書』を出版した。この本が、インド-アラビア数字と十進記数法を西ヨーロッパに紹介したのである。この記数法は現在では全世界で使われており、フィボナッチの時代には一般的だった、おそろしく面倒なローマ数字は駆逐されてしまった。『計算の書』の中で、フィボナッチは次のように書いている。「インドでは、９８７６５４３２１という９種類の数字が使われている。これらの９個の数字と、０という記号（これはアラビア語ではゼフィラムと呼ばれる）を用いれば、どんな数でも書き表すことができる。そのことをこれからお目に掛けよう。」

　『計算の書』はインド-アラビア数字を説明した最初のヨーロッパの書物ではなく、その出版直後にヨーロッパで十進記数法が広く使われるようになったわけでもないが、それでもこの本は学者と実業家の両方に訴えかけたため、ヨーロッパ人の考え方に強い影響を与えたと考えられている。

　また『計算の書』は、1, 1, 2, 3, 5, 8, 13…という有名な数列を西ヨーロッパに紹介した。これは現在、**フィボナッチ数列**と呼ばれている。最初の2つの数を除いて、それ以降の数はすべてその前の2つの数の和に等しいことに注目してほしい。これらの数は、数学の分野や自然界に驚くほど多く出現する。

　神は数学者なのだろうか？　宇宙が数学を用いて確実に理解できるところを見ると、どうもそうらしい。自然は、数学なのだ。ヒマワリの種の配置は、フィボナッチ数を用いて理解できる。ヒマワリの頭状花は、他の花と同様に、絡み合うらせん状に種が並んでいる。らせんには、時計回りのものと反時計回りのものがある。そのような頭状花のらせんの数や、花の花弁の数は、フィボナッチ数であることが非常に多い。

◀ヒマワリの頭状花は、他の花と同様に、絡み合うらせん状に種が並んでいる。らせんには、時計回りのものと反時計回りのものがある。そのような頭状花のらせんの数や、花の花弁の数は、フィボナッチ数であることが非常に多い。

参照：ゼロ（650年ころ）、『トレヴィーゾ算術書』（1478年）、フェルマーのらせん（1636年）、ベンフォードの法則（1881年）

1256年

チェス盤上の麦粒

**イブン・ハッリカーン（1211-82）、
ダンテ・アリギエーリ（1265-1321）**

シッサのチェス盤の問題は、数学史の中でも特筆すべきものだ。それは何世紀にもわたって等比数列の性質を示すために使われてきたし、パズルの中でチェスが言及された最も早い例のひとつでもある。アラブの学者イブン・ハッリカーンが1256年に、宰相シッサの話を書いたのが最初のようだ。伝説によれば、シッサはチェスのゲームを発明した褒美に何を望むかとインドの王シルハムに問われたという。

シッサは王にこう答えた。「陛下、わたくしがいただきたいのはチェス盤の最初のマス目に小麦を1粒、2番目のマス目に2粒、3番目に4粒、4番目には8粒といった具合に、64個のマス目に置いた小麦の粒でございます。」

「お前の望みはたったそれだけなのか？ 愚かなシッサよ」と、驚いた王は叫んだ。

王は、シッサに与えられる穀物の多さに気付いていなかったのだ！ この答えを求める1つの方法は等比数列の公式を使って最初の64項の和を求めることで、$1+2+2^2+\cdots+2^{63}=2^{64}-1$、つまり 1844 6744 0737 0955 1615 粒の小麦という膨大なものになる。

この話の1つのバージョンを、ダンテも知っていたのかもしれない。ダンテは『神曲』天国篇の中で、「将棋盤の目を倍々するよりも多きこと」（寿岳文章訳、1976年、集英社、第二十八歌の93連）と、天国の光の豊かさを説明するのに同様の概念を使っているから

▲有名なシッリのチェス盤の問題は、等比数列の性質を示している。ここで示したより小さなバージョンで、数列が 1＋2＋4＋8＋16… と続いた場合、おなかをすかせたテントウムシが受け取るキャンディーは何個になるだろうか？

だ。ヤン・ガルバーグは次のように書いている。「100粒の小麦はだいたい1立方センチメートルなので、［シッサの］小麦の総量はほぼ……200立方キロメートル、鉄道貨車20億両分となり、貨物列車に編成すれば地球を千周することになるだろう。」

参照：調和級数の発散（1350年ころ）、地球を取り巻くロープのパズル（1702年）、ルービック・キューブ（1974年）

1350年ころ

調和級数の発散

ニコール・オレム(1323-82)、ピエトロ・メンゴリ(1626-86)、ヨーハン・ベルヌーイ(1667-1748)、ヤーコプ・ベルヌーイ(1654-1705)

もし神が無限だったとすれば、**発散級数**は天使たちが神へ近づこうとより高く飛んで行くことに譬えられるだろう。永遠の命があれば、天使たちは創造主の元へたどり着くはずだ。例えば、1+2+3+4…という無限級数を考えてみよう。この級数の各項を1年に1つずつ足し合わせるとすれば、4年後には和は10になる。最終的に、無限の年数がたつと、和は無限大となる。数学者たちは、そのような級数を「発散」すると呼ぶ。項数が無限になると、無限大へ向かって増加するからだ。ここでは、もっとゆっくりと発散する級数について考える。われわれは、より不思議な級数、より弱い翼を持った天使に心惹かれるのかもしれない。

調和級数 1+1/2+1/3+1/4+…について考えてみよう。これは、各項がゼロへ近づくにもかかわらず発散する級数の、最初の有名な実例だ。もちろん、この級数は先ほどの例よりはずっとゆっくりと増加するが、それでも無限大へ向かって増加して行くことには変わりない。実際、非常にゆっくりと増加するため、1年に1つずつ項を足して行くと、10^{43} 年たっても和は100を超えない。ウィリアム・ダンハムは、次のように書いている。「年季を積んだ数学者たちは、経験の乏しい学生たちにとって、この現象がどれほど驚くべきものに見えるかを忘れてしまいがちだ。どんどん小さくなって行くちっぽけな項を足し合わせて行くことによって、定められたどんな値よりも大きくできるということを。」

中世の有名なフランスの哲学者であるニコール・オレムが、最初に調和級数の発散を証明した(1350

▲ 1360年ころに出版された著書『貨幣論』に掲載されたニコール・オレムの肖像。

年ころ)。彼の業績は数世紀にわたって失われていたが、イタリアの数学者ピエトロ・メンゴリによって1647年に、そしてスイスの数学者ヨーハン・ベルヌーイによって1687年に、再び証明された。彼の兄ヤーコプ・ベルヌーイは、1689年の著書『無限級数論』に証明を示した。彼は、このような言葉で証明を締めくくっている。「つまり、無限の魂は細部に存在する。そしてどんなに厳しい制約であっても、制約とはならないのだ。無限の中に細部を見出すことは、大きな喜びである！ 小さきものに無限を認めるとは、何たる神の思し召しであろうか！」

参照：ゼノンのパラドックス(紀元前445年ころ)、チェス盤上の麦粒(1256年)、円周率の級数公式の発見(1500年ころ)、ブルン定数(1919年)、外接多角形(1940年ころ)

1427年ころ

余弦定理

ギィヤース・アッ=ディーン・アル=カーシー（1380年ころ～1429）、フランソワ・ヴィエート（1540-1603）

　余弦定理は、三角形の2辺とその夾角がわかっている場合、その角の対辺の長さを計算するために使える。この定理は、$c^2 = a^2 + b^2 - 2ab\cos C$（ここで a, b, そして c は三角形の辺の長さ、C は辺 a と b の夾角）と表現できる。余弦定理には汎用性があるため、土地の測量から飛行機の航路の計算まで幅広い分野に応用されている。

　余弦定理は、直角三角形の場合にはピタゴラスの定理（$c^2 = a^2 + b^2$）となることに注意してほしい。C が90度となり、そのコサインはゼロとなるからだ。また、三角形の3辺の長さがすべてわかっている場合には、余弦定理を使って三角形の角度が求められることにも注意してほしい。

　ユークリッドの『原論』（紀元前300年ころ）には、余弦定理に至る概念の萌芽が含まれている。15世紀、ペルシアの天文学者で数学者でもあったアル=カーシーが正確な三角法の表を提供し、現在の利用方法に適した形でこの定理を表現した。フランスの数学者フランソワ・ヴィエートは、アル=カーシーとは独立にこの定理を発見した。

　フランスでは、これに関する既存の研究をアル=カーシーがまとめ上げたことにちなんで、余弦定理はアル=カーシーの定理と呼ばれている。アル=カーシーの最も重要な著作は1427年に完成した『算術の鍵』であり、ここで彼は天文学や測量、建築、会計に用いられる数学について論じている。アル=カーシーは特定のムカルナス（イスラム建築やペルシア建築に用いられる装飾的な構造物）に必要となる表面積の計算に小数を用いている。

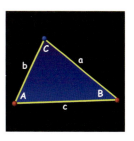

　ヴィエートの人生は魅力的だ。あるとき彼はフランス王アンリ4世のために働き、スペイン王フェリペ2世の暗号の解読に成功した。この非常に複雑な暗号は人間には解読できないとフェリペ2世は信じていたので、フランス人に彼の軍事計画が漏れていることを知ったとき、彼の国に対して黒魔術が使われているとローマ教皇に苦情を言ったという。

▶アル=カーシーを記念して1979年に発行されたイランの切手。フランスでは、既存の研究をアル=カーシーがまとめ上げたことにちなんで、余弦定理はアル=カーシーの定理と呼ばれている。

参照：ピタゴラスの定理とピタゴラス三角形（紀元前600年ころ）、ユークリッドの『原論』（紀元前300年）、プトレマイオスの『アルマゲスト』（150年ころ）、『ポリグラフィア』（1518年）

1478年

『トレヴィーゾ算術書』

　15世紀や16世紀のヨーロッパの算術のテキストには、数学的概念を教えるため商業に関係した数学の文章題が使われることが多かった。生徒へ文章題を出すという一般的なアイディアはさらに世紀をさかのぼるもので、知られている中で最も古い文章題には古代エジプト、中国、インドで出されたものがある。

　『トレヴィーゾ算術書』には文章題がたっぷり含まれており、その多くは資金を投資する商人や、だまされたくない商人を取り上げたものだ。この本はベネチア方言で書かれており、イタリアのトレヴィーゾの町で1478年に出版された。この本の著者は不明だが、次のように書いている。「私は親しい、商人を目指す数名の若者から、算術の基本的な原則を教えてくれる本を書いてほしいと頼まれることが多かった。そこで私は彼らに対する愛情から、そしてこの課題の重要性から、彼らをいささかでも満足させられるよう、浅学も顧みず最善を尽くして引き受けることにした。」そして彼は、共同事業にお金を投資して利益を得ようとするセバスチアーノやジャコモといった名前の商人たちに関する文章題を数多く出題している。またこの本には、掛け算を行ういくつかの方法が示され、フィボナッチの著作『計算の書』(1202年)からの引用も含まれている。

　『トレヴィーゾ算術書』が特に重要なのは、これがヨーロッパで印刷された数学書としては知られている中で最も古いためだ。また、インド-アラビア記数法や計算アルゴリズムの利用を促進した功績もある。当時の商業が広く国際的に発展しつつあったため、実業家を目指す人々は数学をマスターすることに切迫した必要を感じていた。現代の研究者たちは、『トレヴィーゾ算術書』が15世紀のヨーロッパで数学が教えられていた手法を垣間見せてくれることに魅力を感じている。同様に、これらの問題には商品代金の支払いや織物の裁断、サフラン貿易、貨幣に含まれる合金の比率、通貨の両替、そして共同事業から得られた利益の分配方法の計算などが含まれるため、ごまかしや高利貸し、そして利子の取り決めなどについての当時の人々の関心事を読み取ることができる。

▶フランスのシャルトル大聖堂にある15世紀のステンドグラス窓の背後に描かれた、市場で商品の重さを量る商人たち(1400年ころ)。『トレヴィーゾ算術書』はヨーロッパで印刷された数学書としては知られている中で最も古いものであり、商業や投資、貿易に関する問題が取り上げられている。

参照：リンド・パピルス(紀元前1650年ころ)、『ガニタサーラサングラハ』(850年)、フィボナッチの『計算の書』(1202年)、『スマリオ・コンペンディオソ』(1556年)

1500年ころ

円周率の級数公式の発見

ゴットフリート・ヴィルヘルム・ライプニッツ（1646-1716）、ジェームズ・グレゴリー（1638-75）、ニーラカンタ・ソーマストゥヴァン（1444-1544）

無限級数とは無限に多くの数の和のことであり、数学では重要な役割を演じている。1＋2＋3＋…のような級数では和は無限大となり、その級数は発散すると言われる。**交代級数**とは、項が1つおきに負になっているものをいう。あるひとつの交代級数が、何世紀にもわたって数学者たちの興味を引いてきた。

ギリシア文字のπで表される円周率は、円の円周と直径との比であり、π/4＝1－1/3＋1/5－1/7＋…という、驚くほどシンプルな公式で表現できる。三角法のarctan関数が、arctan $x=x-x/3+x/5-x/7+$…と展開できることにも注意してほしい。この級数を使って$x=1$とおけば、π/4の級数が得られる。

ランジャン・ロイは、πの無限級数が「さまざまな環境や文化に生きるさまざまな人々によって」独立に発見されたことは、「普遍的な学問としての数学の性格をわれわれに教えてくれる」と述べている。この級数を発見したのはドイツの数学者ゴットフリート・ヴィルヘルム・ライプニッツ、スコットランドの数学者で天文学者でもあったジェームズ・グレゴリー、そして14世紀または15世紀のインドの数学者で確実には特定できないが、通常はニーラカンタ・ソーマストゥヴァンの業績とされている。ライプニッツがこの公式を発見したのは1673年であり、グレゴリーの発見は1671年だった。ロイは「πの無限級数の発見は、ライプニッツにとって最初の偉大な業績だった」と書いている。ドイツの数学者クリスティアーン・ホイヘンスはライプニッツに、この円の驚くべき性質は数学者の間で永遠にたたえられるだろうと

▲このイラストに近似値を示した円周率πは、π/4＝1－1/3＋1/5－1/7＋…という、驚くほどシンプルな公式でも表現できる。

述べた。ニュートンでさえ、この公式はライプニッツの天才を示すものだと言った。

グレゴリーのarctan公式に関する発見はライプニッツよりも早かったが、グレゴリーはarctan公式の特別な場合がπ/4となることに触れていなかった。このarctan無限級数は、ソーマストゥヴァンの1500年の著書『タントラサングラハ』でも述べられている。ソーマストゥヴァンは、有理数の有限級数ではπを十分に表すことができないことに気付いていた。

参照：円周率π（紀元前250年ころ）、ゼノンのパラドックス（紀元前445年ころ）、調和級数の発散（1350年ころ）、オイラー=マスケローニの定数（1735年）

1509年

黄金比

ルカ・パチョーリ（1445-1517）

1509年、イタリアの数学者ルカ・パチョーリ（レオナルド・ダ・ヴィンチの親しい友人でもあった）が、現在「黄金比」として広く知られている数についての著書『神聖比例論』を出版した。φという記号で表されるこの比は、驚くほど高い頻度で数学や自然界に現れる。この比を最も簡単に理解するには、線分を2つに分割し、全体の長さと長いほうの線分との比が、長い線分と短い線分との比と等しくなるようにすればよい。すると$(a+b)/b=b/a=1.61803$…となる。

長方形の縦横の長さが黄金比であれば、その長方形は「黄金長方形」となる。黄金長方形は、正方形ともう1つの黄金長方形とに分割できる。次に、その小さい黄金長方形をさらに小さな正方形と黄金長方形とに分割できる。このプロセスは無限に続けることができ、次々に小さな黄金長方形が作り出される。

元の長方形の右上から左下へ対角線を引き、次に子供の（次に小さな）黄金三角形の右下から左上へ対角線を引くと、その交点はすべての子供の黄金長方形が収束する点を示すことになる。さらに、対角線の長さも互いに黄金比となっている。すべての黄金長方形が収束する点は、「神の目」と呼ばれることもある。

黄金長方形は、残った長方形が元の長方形と常に相似となるように正方形を切りだすことのできる、

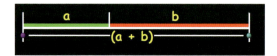

▲黄金比をアーティスティックに表現したもの。2つの対角線が交わる点へ、すべての子供の黄金長方形が収束することに注目してほしい。

唯一の長方形だ。この図の点を次々に結んで行くと、神の眼を「包絡」する対数らせんが近似的に得られる。対数らせんは、貝殻、動物の角、内耳蝸牛など、自然が経済的に規則正しく空間を埋める必要のある場所には、いたるところに見られる。このらせんは強靭で、素材を最小限しか使わないからだ。対数らせんを拡大しても、サイズは変化するが形状は全く変化しない。

参照：アルキメデスのらせん（紀元前225年）、フェルマーのらせん（1636年）、対数らせん（1638年）、長方形の正方分割（1925年）

1518年

『ポリグラフィア』

ヨハンネス・トリテミウス（1462-1516）、アル＝キンディー（801年ころ～873年ころ）

現代では、数学理論が暗号技術の中心的存在となっている。しかし古代には、メッセージの中のひとつの文字を他の文字で置き換える、シンプルな換字式暗号がよく使われていた。例えばCATは、それに含まれる文字をアルファベットの次の文字で置き換えると、DBUとなる。もちろん、このようにシンプルな暗号は、例えば9世紀にアラブの学者アル＝キンディーによる頻度分析が発見された後では、簡単に破られるようになってしまった。この手法は、ある言語でどの文字がよく使われるか（英語ではETAOIN SHRDLUの順番）を分析し、この情報を利用して換字式暗号を解くというものだ。例えば文字のペアの度数を考慮するといった、より複雑な統計を用いることもできる。例えば、英語ではQの次にはほとんど常にUが来る。

暗号技術に関して最初に印刷された本である『ポリグラフィア』は、ドイツの修道院長ヨハンネス・トリテミウスによって書かれ、彼の死後1518年に出版された。『ポリグラフィア』には何百列ものラテン語の単語が、ページごとに2列ずつ印刷されている。各単語は、アルファベットの1文字を表している。例えば、最初のページの最初の部分は以下のようになっている。

a: Deus　　　　a: clemens
b: Creator　　　b: clementissimus
c: Conditor　　 c: pius

メッセージを暗号化するには、文字に対応する単語を使う。素晴らしいことに、暗号化された文章が本物のお祈りとしても通用するようにトリテミウスはこの表を作った。例えば、メッセージの最初の2文字がCAだったとすると、お祈りはConditor clemens（慈悲深い創造主）という2つの単語で始まるラテン語の文章になる。『ポリグラフィア』のそれ以外の部分には、さらに洗練された暗号化手法と表を利用して情報を隠すための独創的な方法が書かれている。

トリテミウスの著名な著作には、他にも『ステガノグラフィア』（1499年に書かれ、1606年に出版された）がある。この本は、黒魔術に関する本のように思われたためカトリック教会の禁書目録に掲載されたが、実際にはこれも暗号書だった。

▶アンドレ・テヴェ（1502-90）による、ドイツの修道院長ヨハンネス・トリテミウスの版画。暗号技術に関して最初に印刷された本であるトリテミウスの著書『ポリグラフィア』には、盗み見られた際には普通のお祈りに見えるように秘密のメッセージを暗号化するために使える、さまざまなラテン語の単語が掲載されていた。

参照：余弦定理（1427年ころ）、公開鍵暗号（1977年）

1537年

航程線

ペドロ・ヌネシュ (1502-78)

地球上の航路として使われる場合、航程らせん（球状つる巻き線や航程線、斜航線とも呼ばれる）は、地球の南北方向の経線を一定の角度で横切ることになる。航程線は巨大な蛇のように地球を取り巻き、両極の周囲を取り巻くが極に到達することはない。

地球上を航行するひとつの方法は、2点間の最短距離をたどることであり、これは地球を取り巻く大円の弧に沿って進むことになる。しかし、これは最短経路であっても、コンパスの読みに基づいて航路を常に修正し続けるという、初期の航海者にとってはほとんど不可能なタスクが要求される。

一方、航程線に沿った経路では、目的地までの経路は長くなるものの、航海者は常にコンパスが同じ方向を向くように操船すればよい。例えば、この航法でニューヨークからロンドンまで航海したとすると、航海者は進路を北東73°一定に保てばよい。航程線は、メルカトール図法の地図では直線で表される。

航程線は、ポルトガルの数学者で地理学者のペドロ・ヌネシュによって発明された。ヌネシュは、異端審問がヨーロッパの中心部を恐怖に陥れた時代に生きていた。スペインに住んでいたユダヤ人の多くは強制的にローマカトリックへ改宗させられ、ヌネシュが改宗したのは子供のころだった。その後、スペインの異端審問の主なターゲットは彼ら改宗者たちの子孫となり、例えばヌネシュの孫は1600年代初頭に審問を受けている。フランドルの地図製作者ヘラルドゥス・メルカトール (1512-94) は、プロテスタントの信仰と遠距離の旅行のため異端審問によって投獄され、かろうじて死刑を免れている。

北米のムスリムのグループの中には、キブラ（礼拝の方角）として伝統的な最短経路の代わりにメッカへの航程線を使っている人たちがいる。2006年には、マレーシア国家宇宙局 (MYNASA) が宇宙ステーション内のムスリムが正しいキブラを求めるための国際会議を後援した。

◀コンピュータグラフィックスアーティストのポール・ナイランダーは、航程線に平射図法を適用して、この引き込まれるような二重らせんを作成した。（平射図法は、球面を平面に投影する1つの方法だ。）

参照：アルキメデスのらせん（紀元前225年）、メルカトール図法（1569年）、フェルマーのらせん（1636年）、対数らせん（1638年）、フォーデルベルクのタイリング（1936年）

1545年

カルダノの『アルス・マグナ』

ジェロラモ・カルダノ(1501-76)、ニコロ・タルタリア(1500-57)、ロドヴィコ・フェッラリ(1522-65)

イタリアのルネサンス期の数学者、医者、占星術師、そしてギャンブラーであったジェロラモ・カルダノは代数に関する著作『アルス・マグナ』で有名だ。この本の売れ行きは良かったものの、ヤン・ガルバーグは次のように書いている。「カルダノの『アルス・マグナ』ほど代数に関する興味をかきたてた本は他にないとはいえ、現代の読者にとっては非常に退屈な読み物であり、解答に関する冗長な記述が延々と続く……。疲れを知らない街頭の手回しオルガン弾きのように、カルダノはほとんど同一の十数題の問題に同じ解答を単調に繰り返す。たったひとつで足りるのに。」

それでもこのカルダノの印象的な著作では、さまざまな3次と4次方程式の解法が明らかにされている。実はカルダノに3次方程式 $x^3+ax=b$ の解法を教えたのはイタリアの数学者ニコロ・タルタリアであり、彼はカルダノがその解法を公開しないように神に誓わせて秘密を守ろうとした。それでもカルダノがその解法を公表したのは、根号を使って3次方程式を解いたのはタルタリアが最初ではないことを知った後だったらしい。4次方程式を一般的に解いたのは、カルダノの生徒のロドヴィコ・フェッラリだった。

『アルス・マグナ』の中で、カルダノは現在虚数と呼ばれているもの(-1の平方根)の存在について考察しているが、彼はその性質をあまり気に入っていなかった。実際、彼は複素数の計算を最初に示した際、次のように書いている。「精神的な苦痛を退

▲イタリアの数学者ジェロラモ・カルダノの有名な著書、『アルス・マグナ』。

けて、$5+\sqrt{-15}$ に $5-\sqrt{-15}$ を掛けると、$25-(-15)$ が得られる。すなわち、その積は40である。」

1570年、異端審問の結果としてカルダノは異端の罪で数か月間投獄された。イエス・キリストのホロスコープを作ったためだった。伝説によれば、カルダノは自分が死ぬ正確な日付を予言し、その予言を成就させるため、その日に自殺したという。

参照：オマル・ハイヤームの『代数学』(1070年)、虚数(1572年)、群論(1832年)

1556年

『スマリオ・コンペンディオソ』

フアン・ディエス（1480-1549）

1556年にメキシコシティで出版された『スマリオ・コンペンディオソ』は、アメリカ大陸で印刷された最初の数学書だ。『スマリオ・コンペンディオソ』が新大陸で出版されたのは、北アメリカ大陸へ清教徒が移民しバージニア州ジェームズタウンに定住する何十年も前のことだった。著者のブラザー・フアン・ディエスは、スペインのコンキスタドール、エルナンド・コルテスのアステカ帝国征服に随行していた。

ディエスがこの本を書いたのは主に、ペルーやメキシコの鉱山から採掘された金や銀を購入する人々のためだった。商人たちの計算の手間を省き数値を簡単にはじき出せるような表の他にも、この本では2次方程式（$ax^2+bx+c=0$ の形をした方程式、ここで $a \neq 0$）に関連する代数が説明されていた。例えば、次のような問題がある。「ある数の2乗から15と3/4を引き算すると、その結果がその数の平方根になるような数を求めよ。」この問題は、$x^2 - 15\frac{3}{4} = x$ という方程式を解くことに帰着する。

ディエスの著書の完全な書名は、『ペルー王国において商人とすべての種類の取引に必要とされる銀と金の計量に関する包括的な概要』というものだった。印刷機と紙はスペイン本国から発送され、メキシコシティへと運ばれた。現存する『スマリオ・コンペンディオソ』は4部しか知られていない。

シャーリー・グレイとC.エドワード・サンディファーによれば、「英語で書かれた新世界で最初の数学書が出版されたのは1703年のことだった……。植民地時代の数学書すべての中で、スペイン語で書かれたものが最も興味深い。そのような本は大部分がアメリカ大陸の中で、アメリカ大陸に住む人々のために書かれたためである。」

▶『スマリオ・コンペンディオソ』は、アメリカ大陸で印刷された最初の数学書だ。

参照：ディオファントスの『算術』（250年）、アル＝フワーリズミーの『代数学』（830年）、『トレヴィーゾ算術書』（1478年）

1569年

メルカトール図法

ヘラルドゥス・メルカトール（1512-94）、エドワード・ライト（1558年ころ～1615）

球体の地球を平面の地図で表現するという古代ギリシアのアイディアの多くは、中世の間に失われてしまった。ジョン・ショートは、15世紀には「海賊船の船長たちにとって、海図は黄金にも匹敵する貴重な略奪品だった。その後、地図は裕福な商人たちの間でステータス・シンボルとなった。彼らが莫大な富を築いたのは、信頼できる航海術によって実現した交易路の繁栄のおかげだったのである」と説明している。

歴史上、最も有名な地図投影法のひとつがメルカトール図法（1569年）であり、航海者に広く用いられるようになったこの図法は、フランドルの地図作成者ヘラルドゥス・メルカトールにちなんで名づけられた。ノーマン・スロワーは次のように書いている。「他のいくつかの投影法と同様に、メルカトール図法は正角（ある点の周囲の形状が正しく表現される）だが、同時に地図上の直線が航程線（一定の方位へ向かって進んだ場合の線）になるという他にはない特性を持っている。」これは、選んだ航路に対してコンパスなどの機器を使って地理的な方角を知り船を操っていた航海者たちにとっては、重要なことだった。メルカトール図法は、正確な経線儀（天測航法を利用して経度を知るために用いられた計時機器）の発明以降、1700年代には盛んに利用されるようになった。

メルカトールは、方位線が子午線と一定の角度で交わる図法を最初に作り上げた地図作成者だったが、おそらく彼はほとんど数学を使わずに図式的な手法を用いていた。英国の数学者エドワード・ライトは、彼の著書『航海におけるいくつかの誤り』（1599年）の中で、この図法の魅力的な性質について分析を行っている。数学好きの読者のために説明すると、メルカトール図法の座標 x および y は、緯度 φ と経度 λ の値を使って以下のように表現できる。$x = \lambda - \lambda_0$, $y = \sinh^{-1}(\tan\varphi)$。ここで λ_0 は地図の中心点の経度だ。メルカトール図法も完全ではなく、例えば赤道から遠く離れた地域の面積が誇張されるという欠点がある。

▶メルカトール図法は、航海者に広く利用されてきた。しかし、この地図にはひずみが生じる。例えば、グリーンランドはアフリカとほぼ同じ大きさに見えるが、実際にはアフリカのほうがグリーンランドよりも面積が14倍も大きいのだ。

参照：航程線（1537年）、射影幾何学（1639年）、三稜鏡分度器（1801年）

1572年

虚数

ラファエル・ボンベッリ（1526-72）

虚数とは、2乗すると負の値となる数だ。偉大な数学者ゴットフリート・ライプニッツは虚数を「驚くべき神霊の顕現であり、ほとんど存在と非存在を兼ね備えたものだ」と言っている。どんな実数も2乗すると正になるため、何世紀もの間、多くの数学者は負の数が平方根を持つことは不可能だと断言していた。それまでにもさまざまな数学者が虚数について示唆してきたとはいえ、虚数の歴史が花開き始めたのは16世紀のヨーロッパだった。当時は沼地の排水で有名だったイタリアのエンジニア、ラファエル・ボンベッリは、現在では1572年に出版された彼の著書『代数学』で有名となっている。この本では$x^2+1=0$の有効な解となり得る数として、$\sqrt{-1}$の記法が紹介された。彼は「これは突飛な考えだが、多くの判断に基づくものである」と書いている。数多くの数学者が虚数を「信じる」ことに躊躇した。デカルトもその1人であり、彼が採用した「虚数」という用語には実際には一種の侮辱が込められていたという。

18世紀のレオンハルト・オイラーは、$\sqrt{-1}$の記号としてi（ラテン語のimaginariusの頭文字）を導入した。われわれは現在でも、オイラーの記号を使い続けている。現代物理学の重要な進展は、虚数の利用なしにはあり得なかっただろう。虚数は物理学の幅広い分野の計算を支えてきた。交流電流、相対性理論、信号処理、流体力学、量子力学に関する計算を効率的に行うには、虚数が欠かせない。さらには、ゴージャスなフラクタル美術（倍率を上げるとさまざまなディテールが現れる）の制作にも虚数が重要な役割を果たしている。

量子論やひも理論など、物理学は深く学ぶほど純粋数学へと近づいて行く。マイクロソフトのオペレ

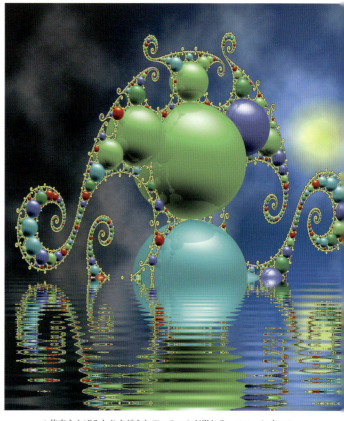

▲倍率を上げるとさまざまなディテールが現れる、ヨス・レイスのゴージャスなフラクタル美術の制作にも、虚数が重要な役割を果たしている。初期の数学者たちは虚数の有用性について懐疑的であり、その存在を示唆した人を侮辱することもあった。

ーティングシステムがコンピュータを動かしているのと同じように、数学が現実世界を「動かして」いるのだ、と言う人もいるほどだ。基本的な現実世界の出来事を波動関数と確率の形で記述したシュレーディンガーの波動方程式は、われわれ全員の存在を支えるはかない土台としてとらえることもできる。その方程式もまた、虚数を使って表現されているのだ。

参照：カルダノの『アルス・マグナ』(1545年)、オイラー数e(1727年)、四元数(1843年)、リーマン予想(1859年)、ブールの『代数の哲学と楽しみ』(1909年)、フラクタル(1975年)

1611年

ケプラー予想

ヨハネス・ケプラー(1571-1630)、トーマス・ヘールズ(1958-)

大きな箱に、できるだけ多くのゴルフボールを詰め込むことを考えてみよう。詰め終わったら、ふたをきっちりと閉める。ボールの密度は、ボールの入っている箱の体積との比率で表される。箱の中に詰め込むボールの数を最大にするには、最も高い密度を達成できる配置を見つけ出す必要がある。単純にボールを箱の中に落とし込むだけでは、約65パーセントの密度しか達成できない。慎重に作業して、最初の層を六角形の配置になるように作ってから、その層にできたくぼみに次の層のボールを置くようにして、それ以降の層についても同じことを続ければ、$\pi/\sqrt{18}$(約74パーセント)という充填密度が達成できる。

1611年、ドイツの数学者で天文学者でもあったヨハネス・ケプラーが、他の配置ではこれよりも高い充填密度は達成できないと書いた。特に、彼は著書『新年の贈り物あるいは六角形の雪について』の中で、面心立方充填や六方最密充填構造よりも高い密度で同一の球を3次元に詰め込むことは不可能である、と予想した。19世紀、カール・フリードリッヒ・ガウスが、伝統的な六角形の配置が**正則な**3次元格子としては最も効率的であることを証明した。しかし、ケプラー予想は未解決のままであり、より稠密な詰め込みが**非正則な**充填構造で達成できるかどうかは誰にも分からなかった。

ついに1998年になって、アメリカの数学者トーマス・ヘールズが、ケプラーは正しかったという証明を発表して世界中を驚かせた。150個の変数を持つヘールズの方程式が、50個の球のあらゆるあり得る配置を表現している。コンピュータによって、74パーセントよりも高い充填密度を達成できる変数の組合せが存在しないことが確認された。

プリンストン大学およびプリンストン高等研究所発行の数学紀要は、12名の査読委員によって受容されるという条件付きで、この証明の出版に合意した。2003年、委員たちはこの証明の正しさを「99パーセント確信している」と報告した。完全な形式的証明を行うには約20年の研究が必要となるだろう、とヘールズは見積もっている。

▶有名なケプラー予想に魅了されたプリンストン大学の科学者ポール・チャイキン、サルバトーレ・トルカントと同僚たちは、M&Mチョコレートキャンディーの充填について研究した。彼らは、このキャンディーの充填密度が68パーセントであり、ランダムに充填した球よりも4パーセント大きいことを発見した。

参照:算額の幾何学(1709年ごろ)、四色定理(1852年)、ヒルベルトの23の問題(1900年)

1614年

対数

ジョン・ネイピア (1550-1617)

スコットランドの数学者ジョン・ネイピアは、1614年の著書『不思議なる対数規則の記述』で対数を発明し提唱したことで知られている。それ以降、この手法は難しい計算を可能とし、科学と技術に数え切れないほどの進歩をもたらしてきた。電子計算機が普及する以前は、対数と対数表が測量や航海に利用されていた。またネイピアは、乗算表を刻み込んだ棒を並べて計算の補助とする「ネイピアの骨」の発明者でもある。

数 x の (b を底とする) 対数は $\log_b x$ と表記され、$x=b^y$ を満たす指数 y と等しい。例えば、$3^5=3\times3\times3\times3\times3=243$ だから、(3を底とする) 243 の対数は 5、つまり $\log_3 243 = 5$ であることが言える。もうひとつの例は、$\log_{10} 100 = 2$ だ。実用的には、例えば $8\times16=128$ といった乗算が $2^3\times2^4=2^7$ と書き換えられることを考えると、この計算はべき乗のシンプルな加算 (3+4=7) に変換できることになる。計算機の登場以前には、2つの数を乗算する場合、対数表から求めた両方の数の対数を足し合わせ、その数を対数表と照らし合わせて積を求めるということをエンジニアはよく行っていた。これは筆算による乗算よりも速いことが多く、また計算尺も同じ原理に基づいている。

現在では、科学のさまざまな量やスケールが、他の量の対数として表現されている。例えば、化学で用いられる pH スケール、音響の測定単位であるベル、地震の強さを示すマグニチュードは、すべて 10 を底とする対数スケールだ。興味深いことに、アイザック・ニュートンの時代の直前に発見された対数が科学に与えた影響は、20 世紀のコンピュータの発明にも匹敵する。

◀対数の発見者であるジョン・ネイピアは、「ネイピアの骨」と呼ばれる計算デバイスを作り出した。このネイピアの骨を使えば、一連のシンプルな加算で乗算を実行できる。

参照：計算尺 (1621 年)、対数らせん (1638 年)、スターリングの公式 (1730 年)

1621年

計算尺

ウィリアム・オートレッド（1574-1660）

1970年代以前に高校へ通っていた人なら、計算尺がタイプライターと同じくらい普通に使われていたことを覚えているかもしれない。ほんの数秒で、エンジニアは乗除算や開平など、数多くの計算をすることができた。計算尺の最も初期のバージョンは、1621年に英国の数学者であり英国国教会の牧師でもあったウィリアム・オートレッドが、スコットランドの数学者ジョン・ネイピアの**対数**に基づいて発明したものだ。当初オートレッドは、自分の発明の価値を認識していなかったのかもしれない。その発明をすぐには発表しなかったからだ。一説によれば、彼の学生の1人がそのアイディアを盗用して計算尺のパンフレットを発行し、計算尺の携帯性を強調して「馬上でも、歩きながらでも使える」と宣伝したという。オートレッドは、その学生の不実に激怒した。

1850年、19歳のフランスの砲兵士官が設計に手を加えた計算尺を利用して、フランス軍は弾道計算を行いプロシア軍と戦った。第二次世界大戦中、アメリカ軍の爆撃手は専用の計算尺を使っていた。

計算尺オタクのクリフ・ストールは、次のように書いている。「2本の棒をスライドさせることによって成し遂げられた、エンジニアリングの業績について考えてみよう。エンパイアステートビルディング、フーバーダム、ゴールデンゲートブリッジの曲線、自動車の油圧トランスミッション、トランジスタラジオ、ボーイング707航空機。」ドイツのV-2ロケットの設計者であるヴェルナー・フォン・ブラウンは、ドイツ企業ネスラーの製造した計算尺を使っており、アルベルト・アインシュタインもそうだった。ピケット計算尺は、コンピュータが故障した場合に備えて、アポロ宇宙船に搭載されていた！

▲産業革命から近代に至るまで、計算尺は重要な役割を演じていた。20世紀には、世界中で4000万本の計算尺が生産され、数え切れないほどの工業用途に利用された。

20世紀には、世界中で4000万本の計算尺が生産された。産業革命から近代に至るまで、このデバイスの演じた重要な役割を考慮すれば、計算尺はこの本に取り上げる価値が十分にあるだろう。オートレッド協会の発行した文書には、こう書かれている。「3世紀半にわたって、この地球上に建設された実質的にすべての主要な構造物の設計計算を行うために計算尺が利用されてきた。」

参照：そろばん（1200年ごろ）、対数（1614年）、クルタ計算機（1948年）、最初の関数電卓HP-35（1972年）、Mathematica（1988年）

1636年

フェルマーのらせん

ピエール・ド・フェルマー（1607年ころ ～65年）、ルネ・デカルト（1596-1650）

1600年代初頭、フランスの弁護士であり数学者でもあったピエール・ド・フェルマーが、数論やその他の数学分野で数々の目覚ましい発見を成し遂げた。彼の1636年の手稿「平面および立体の軌跡入門」では、解析幾何学におけるルネ・デカルトの業績を踏まえて、サイクロイドやフェルマーのらせんなど、数多くの重要な曲線が定義され考察されている。

フェルマーのらせん（放物らせんとも呼ばれる）は、$r^2 = a^2 \theta$ という極座標方程式を用いて作り出すことができる。ここで、r は曲線の原点からの距離、a はらせんの巻きのきつさを決める定数、そして θ は角度だ。任意の正の θ の値に対して正と負の r の値が存在し、原点に対して対称な曲線となる。フェルマーは、このらせんの腕と x 軸とで囲まれた領域の面積と、らせんの回転との関係について考察している。

現在では、コンピュータグラフィックスの専門家が花頭の配置をモデル化するために、この曲線を利用することがある。例えば、極座標 $r(i) = ki^{1/2}$ および $\theta(i) = 2i\pi/\tau$ で定まる位置を中心として種を描くことができる。ここで τ は黄金数 $(1+\sqrt{5})/2$ であり、i は単純に1, 2, 3, 4, …と増加するカウンターの値だ。

このグラフィックスのアプローチを用いると、どちらかの方向に巻いたさまざまならせんが作り出される。パターンの中心から放射状に広がる8組、13組、あるいは21組といった対称的ならせんの組をトレースすることもできる。これらの数はすべてフィボナッチ数だ（フィボナッチの『計算の書』を参照し

▲フェルマーのらせん（放物らせんとも呼ばれる）は、$r^2 = a^2 \theta$ という極座標方程式を用いて作り出すことができる。任意の正の θ の値に対して正と負の r の値が存在するため、このアーティスティックな表現に見られるように、原点に対して対称な曲線となる。

てほしい）。

マイケル・マホーニィは次のように書いている。「フェルマーはしばらくの間らせんを研究した後、ガリレオの『天文対話』に出会った。1636年6月3日付の手紙の中で、彼はらせん $r^2 = a^2 \theta$ についてメルセンヌに説明している……。」

参照：アルキメデスのらせん（紀元前225年）、フィボナッチの『計算の書』（1202年）、黄金比（1509年）、航程線（1537年）、フェルマーの最終定理（1637年）、対数らせん（1638年）、フォーデルベルクのタイリング（1936年）、ウラムのらせん（1963年）、スパイドロン（1979年）

1637年

フェルマーの最終定理

ピエール・ド・フェルマー(1607年ころ～65年)、アンドリュー・ジョン・ワイルズ(1953-)、ヨハン・ディリクレ(1805-59)、ガブリエル・ラメ(1795-1870)

1600年代初頭、フランスの弁護士ピエール・ド・フェルマーが、数論で数々の目覚ましい発見を成し遂げた。彼は「アマチュア」の数学者だったが、数々の数学の難題を提起した。その1つ、フェルマーの最終定理は1994年になって、英国の数学者アンドリュー・ワイルズによって解決された。ワイルズは、この定理の証明に7年間を費やした。おそらく他のどんな定理よりも、この有名な定理に対してなされた証明の試みは多かっただろう。

フェルマーの最終定理は、$n>2$の場合に$x^n+y^n=z^n$が0以外の整数解x, y, zを持たないと述べている。フェルマーがこの定理をディオファントスの『算術』の本の余白に書き込んだのは1637年のことで、「私はこの予想の本当に驚くべき証明を得たが、この余白はそれを書くには狭すぎる」とも書いていた。現在では、フェルマーはそのような証明を得ていなかったと信じられている。

フェルマーは、実に非凡な弁護士だった。彼はブレーズ・パスカル(1623-62)と共に、確率論の創始者とされている。またフェルマーはルネ・デカルト(1596-1650)と並ぶ解析幾何の共同発明者であり、最初の近代的な数学者の1人と考えられている。彼は、斜辺も他の2辺の和も、ともに平方数となる直角三角形を見つけることができるだろうか、と考えた。現在では、これらの条件を満たす最小の3数は(4565486027761, 1061652293520, 4687298610289)という、非常に大きな数となることがわかっている。

フェルマー以降、重要な数学の研究や完全に新しい手法がフェルマーの最終定理の研究から生み出された。1832年、ヨハン・ディリクレは$n=14$の場合のフェルマーの最終定理の証明を公表した。ガブリエル・ラメは、$n=7$の場合を1839年に証明した。アミール・アクゼルはフェルマーの最終定理が「全世界で最も難解な数学のミステリーとなるであろう。シンプルであり、エレガントであり、また[一見したところ]完全に証明が不可能に思えるフェルマーの最終定理は、3世紀にわたってアマチュアとプロの数学家のイマジネーションをかき立ててきた。一部の人にとっては、すばらしい情熱を生みだした。別の人々にとっては、欺瞞、陰謀、あるいは狂気をもたらす強迫観念であった」と書いている。

▶ フランス人の画家ロベール・ルフェーヴル(1756-1831)の描いたピエール・ド・フェルマー。

参照：ピタゴラスの定理とピタゴラス三角形(紀元前600年ころ)、ディオファントスの『算術』(250年)、フェルマーのらせん(1636年)、デカルトの『幾何学』(1637年)、パスカルの三角形(1654年)、カタラン予想(1844年)

1637年

デカルトの『幾何学』

ルネ・デカルト（1596-1650）

　1637年、フランスの哲学者で数学者でもあったルネ・デカルトが『幾何学』を出版し、幾何的な形状や図形が代数学を用いて解析できることを示した。デカルトの著作は解析幾何学の発展に影響を与えた。解析幾何学とは、座標系による位置の表現を用い、その位置を代数的に解析する数学の一分野だ。また『幾何学』では、数学の問題を解く方法を示し、実数を使って平面上の点を表現し、方程式を利用して曲線を表現し分類する方法を論じている。

　興味深いことに、実際には『幾何学』ではいわゆる「デカルト」座標など、一切の座標系は用いられていない。この本では、幾何を代数の形式で表現することと同じくらい、代数を幾何の形式で表現することに関心が払われている。デカルトは、証明中の代数的ステップが、幾何的な表現と対応していることが望ましいと信じていた。

　ヤン・ガルバーグは、次のように書いている。「『幾何学』は、旧式の記法につまずくことなく現代の数学の学生が読むことのできる、最初の数学書である……。ニュートンの『プリンキピア』と並んで、この本は最も大きな影響を与えた17世紀の科学書のひとつである。」カール・ボイヤーによれば、デカルトは代数的手続きによって図の利用から「幾何学を解放」し、幾何的な解釈によって代数演算に意味づけすることを望んでいたのだという。

　より一般的に言えば、デカルトは代数と幾何を1つの主題に統一するという提案をしたことで画期的だった。ジュディス・グラビナーは次のように書いている。「西洋哲学の歴史がプラトンへの一連の脚注とみなせるのと同様に、過去350年の数学はデカルトの『幾何学』と……問題解決のデカルト的手法の勝利への一連の脚注とみなすことができる。」

　ボイヤーは、「数学的能力の点では、おそらくデカルトは彼の時代で最も有能な思索家であっただろうが、彼は本質的に真の数学者ではなかった」と締めくくっている。彼にとって幾何学は、科学、哲学、宗教の周囲をめぐる人生全体のたった1つの側面でしかなかったのだ。

◀ウィリアム・ブレイクのエッチング水彩画、「日の老いたる者」(1794)。中世ヨーロッパの学者たちは、幾何学や自然法則を神と関連付けることが多かった。何世紀にもわたって、幾何学で重視されたコンパスと直定規を使った作図は、次第により抽象的に、そして解析的になっていった。

参照：ピタゴラスの定理とピタゴラス三角形（紀元前600年ころ）、ユークリッドの『原論』（紀元前300年）、弓形の求積法（紀元前440年ころ）、パッポスの六角形定理（340年ころ）、射影幾何学（1639年）、フラクタル（1975年）

1637年

カージオイド

アルブレヒト・デューラー(1471-1528)、エティエンヌ・パスカル(1588-1651)、オーレ・レーマー(1644-1710)、フィリップ・ド・ラ・イール(1640-1718)、ヨハン・カスティヨン(1704-91)

ハートの形をしたカージオイドは、その数学的特性と図形的な美しさ、そして実用性のため、何世紀にもわたって数学者たちを魅了してきた。この曲線は、固定された円の周りを転がる同じ半径の別の円上の1点の軌跡として得られる。カージオイドという名前はギリシア語で心臓を意味する単語から派生したもので、極座標方程式は$r=a(1-\cos\theta)$と書き表せる。カージオイドの面積は$(3/2)\pi a^2$であり、周囲の長さは$8a$だ。

カージオイドを生成する方法は他にもある。円Cを描き、その上に点Pを定める。次に、円周C上に中心を持ちPを通るさまざまな円を描く。これらの円の軌跡が、カージオイドとなる。カージオイドは、光学の火線や**フラクタル幾何学のマンデルブロー集合**といった、一見すると関係のなさそうな幅広い数学分野に出現する。

カージオイドには、さまざまな日付を関連付けることができる。フランスの弁護士でありアマチュア数学者でもあったエティエンヌ・パスカル(数学者ブレーズ・パスカルの父)は、この曲線の一般的な形(パスカルの蝸牛形と呼ばれる)を1637年ころ定式的に研究した。しかし、さらに時代をさかのぼる1525年に出版された『測定法教則』で、ドイツの画家で数学者でもあったアルブレヒト・デューラーがこの蝸牛形を描く手法を示している。1674年には、デンマークの天文学者オーレ・レーマーが歯車の形と関連してカージオイドを考察している。フランスの数学者フィリップ・ド・ラ・イールがカージオイドの長さを求めたのは1708年のことだった。興味深い

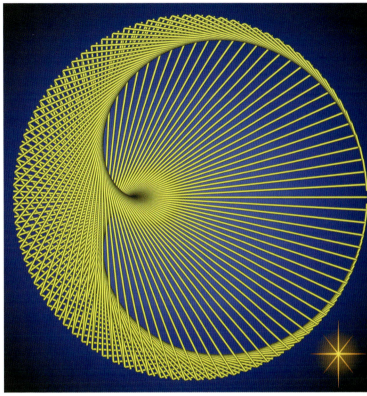

▲カージオイドの形は、円周上の2点を結ぶ線分が、前方の端点が後方の端点の2倍の速度で移動する際の軌跡としても描かれる。(この描画はヨス・レイスによる。)

ことに、カージオイドという印象深い名前がこの曲線に与えられたのは1741年のことで、ヨハン・カスティヨンが王立協会の「フィロソフィカル・トランザクション」誌に掲載された論文の中でその名を付けたのだった。

グレン・ヴェッキオーネはカージオイドの実用的な側面について、以下のように説明している。「1点から同心円状に放射される波の干渉や同調のパターンは、カージオイドによって示すことができる。それに伴って、マイクロフォンやアンテナの最も感度の高い領域を示すことも可能だ……。カージオイド特性のマイクロフォンは、正面からの音に感度が高く、後方からの音を最小化する。」

参照:ディオクレスのシッソイド(紀元前180年ころ)、ニールの放物線(1657年)、星芒形(1674年)、フラクタル(1975年)、マンデルブロー集合(1980年)

1638年

対数らせん

ルネ・デカルト (1596-1650)、ヤーコプ・ベルヌーイ (1654-1705)

▲オウムガイの貝殻は、対数らせんの形状を取る。この貝殻の内部はいくつかの部屋に分かれており、その数は大人のオウムガイだと30以上に及ぶこともある。

対数らせんは自然界では普遍的であり、さまざまな植物や動物の形態に見られる。おそらく最も身近な例は、オウムガイなどの貝殻や、さまざまな哺乳類の角、多くの植物の種の配列(ヒマワリやデイジーなど)、そして松ぼっくりの鱗片などに見られる対数らせんだろう。マーティン・ガードナーは、ある種のクモの作るクモの巣の横糸が、中心の周りに対数らせんを描くことに注目している。

対数らせん(等角らせん、ベルヌーイのらせんともいう)は、r を中心からの距離として $r = ke^{a\theta}$ と表現できる。この曲線の接線と、(r, θ) へ引いた放射線とのなす角 θ は、一定となる。このらせんを最初に論じたのはフランスの数学者で哲学者でもあったルネ・デカルトであり、フランスの神学者であり数学者でもあったマラン・メルセンヌへ宛てて1638年に書いた手紙の中で触れられていた。その後、このらせんはスイスの数学者ヤーコプ・ベルヌーイによって、より詳細に研究された。

最も強い印象を与える対数らせんは、渦巻き銀河の腕の形状だろう。伝統的な見方によれば、そのような巨大な構造を作り出すには重力のような長距離の相互作用が必要とされる。渦巻き銀河の腕の部分は、活発に新しい星が作り出されている領域でもある。

らせんのパターンは、サイズの変化(成長)と回転という対称的な変形によって形成される物体には自然に現れることが多い。機能から形が生まれるのであり、らせんの形はコンパクトに比較的長いものを収められる。軟体動物や蝸牛にとって、長いけれどもコンパクトなチューブには物理的な強度や表面積の大きさなどの利点がある。生物は成長し成熟するにしたがって、体の部位を互いにほぼ同じ比率を保ちながら形を変えていくのが一般的であり、おそらくそのために自然界には自己相似的ならせん状の成長が多く見られるのだろう。

参照：アルキメデスのらせん(紀元前225年)、黄金比(1509年)、航程線(1537年)、対数(1614年)、フェルマーのらせん(1636年)、ニールの放物線(1657年)、フォーデルベルクのタイリング(1936年)、ウラムのらせん(1963年)、スパイドロン(1979年)

1639年

射影幾何学

レオン・バッティスタ・アルベルティ（1404-72）、ジェラール・デザルグ（1591-1661）、ジャン＝ヴィクトル・ポンスレ（1788-1867）

射影幾何学は、図形とそのマッピング、つまり図形を平面に射影して得られる「イメージ」との関係について調べるものだ。射影は、視覚的には物体の作る影にたとえられる。

射影幾何学の実験を行った最初の人物の1人がイタリアの建築家レオン・バッティスタ・アルベルティで、彼は絵画の遠近法に興味を持っていた。全般的にルネサンス期の画家や建築家は、3次元物体を2次元の絵として表現する手法を必要としていた。アルベルティはある時、自分と風景との間にガラスのスクリーンを置き、片目を閉じて、画像に見られたいくつかの点をガラスの上にマーキングした。こうして得られた2次元の絵は、3次元の風景を忠実に再現するものだった。

フランスの数学者ジェラール・デザルグは、ユークリッド幾何学の拡張を模索する中で射影幾何学を定式化した最初のプロの数学者だ。1636年、デザルグは著書の中で物体の透視図を作成するための幾何学的な手法を示した。またデザルグは、透視変換によって保存される図形の性質についても調べている。画家や彫刻家が、彼の手法を利用した。

1639年に出版されたデザルグの最も重要な著書である『円錐曲線が平面と交わって得られる結果に関する試論』では、射影幾何学を用いて円錐曲線の理論を取り扱っている。1882年には、フランスの数学者でありエンジニアでもあったジャン＝ヴィクトル・ポンスレの論文が出版され、射影幾何学への関心が再び高まった。

射影幾何学では、点、直線、平面といった要素は、射影された際にも点、直線、平面の性質を保つのが普通だ。しかし、長さや長さの比率、そして角度は射影によって変化することがある。射影幾何学では、ユークリッド幾何学における平行線は射影空間の中の無限遠点で交差する。

▶ルネサンス期オランダの建築家・エンジニアで遠近法の原則を作品の中で実験した、ヤン・フレーデマン・デ・フリース（1527年～1607年ころ）による作図。射影幾何学は、ヨーロッパのルネサンス期に確立された遠近法絵画の原則から発展した。

参照：パップスの六角形定理（340年ころ）、メルカトール図法（1569年）、デカルトの『幾何学』（1637年）

1641年

トリチェリのトランペット

エヴァンジェリスタ・トリチェリ
（1608-47）

友達があなたに1ガロンの赤いペンキを手渡して、無限の表面をこの1ガロンのペンキで完全に塗りつくしてほしい、と頼んだとしよう。どんな表面を選べばよいだろうか？　この問題には多くの答えが存在するが、トリチェリのトランペットは考慮すべき有名な形状のひとつだ。これはラッパの形状をした物体で、$f(x)=1/x$（ここで$x\in[1,\infty)$）をx軸の周りに回転させて作られる。標準的な微積分の手法を用いれば、トリチェリのトランペットは**有限の体積を持つ**が**無限の表面積を持つ**ことが示される！

ジョン・デピリスは以下のように説明している。数学的に言うと、赤いペンキをトリチェリのトランペットへ注ぎ込むとラッパを満たすことができ、またそれによって内部の無限の表面全体を塗りつくすことができる（ペンキの分子の数は有限個しかないにもかかわらず）。この見かけ上のパラドックスは、トリチェリのトランペットが実際には数学的な構造物であり、ラッパを「満たす」有限個の個数のペンキの分子はラッパの実際の有限の体積を近似するものであることに注意すれば、一応は解決できる。

どんな値のaについて、$f(x)=1/x^a$が有限の体積と無限の表面積を持つラッパになるのだろうか？　この問題はぜひ、数学好きの友達と一緒に考えてみてほしい。

ガブリエルのラッパと呼ばれることもあるトリチェリのトランペットは、これを1641年に発見したイタリアの物理学者で数学者でもあったエヴァンジェリスタ・トリチェリにちなんで名づけられた。彼は、このトランペットが無限に長い立体であって無限の表面積を持ち、有限の体積を持つことに気付いて愕然とした。トリチェリと彼の同僚たちは、これを深遠なパラドックスと考えたが、残念なことに微積分というツールを持っていなかったため、この物体を十分に評価し理解することができなかった。現在では、トリチェリはガリレオと共に行った望遠鏡天文学と、気圧計の発明によって知られている。「ガブリエルのラッパ」という名前は、大天使ガブリエルがラッパを吹き鳴らして最後の審判の日を告げる光景を思い起こさせ、神の無限の力を連想させる。

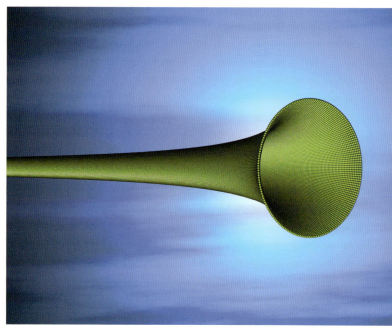

▲トリチェリのトランペットが取り囲む体積は**有限**だが、**無限**の表面積を持つ。この形状はまた、ガブリエルのラッパと呼ばれることもあり、大天使ガブリエルがラッパを吹き鳴らして最後の審判の日を告げる光景を思い起こさせる。（この描画はヨス・レイスによるもので、180°回転されている。）

参照：微積分の発見（1665年ころ）、極小曲面（1774年）、ベルトラミの擬球面（1868年）、カントールの超限数（1874年）

1654年

パスカルの三角形

ブレーズ・パスカル(1623-62)、オマル・ハイヤーム(1048-1131)

数学の歴史上、最も有名な整数パターンのひとつがパスカルの三角形だ。ブレーズ・パスカルがこの数列について最初の論文を書いたのは 1654 年のことだったが、このパターンはペルシアの詩人であり数学者でもあったオマル・ハイヤームにはすでに西暦 1100 年には知られていたし、さらに昔からインドや古代中国の数学者たちにも知られていた。パスカルの三角形の最初の 7 列を左上の図に示してある。

この三角形の中の数字はそれぞれ、上にある 2 つの数字の和になっている。数学者たちは長年、確率論や $(x+y)^n$ の形の二項展開、そしてさまざまな数論への応用にパスカルの三角形が演じる役割について論じてきた。数学者のドナルド・クヌース(1938-)は、パスカルの三角形にはあまりにも多くの関係やパターンが存在するため、何か新しい発見があっても発見者以外にはあまり驚く人はいなくなってしまった、という意味のことを言っている。それにもかかわらず、魅力的な研究によって数え切れないほどの驚異が明らかにされてきた。その中には、斜め方向の数字から幾何学的な意味を持つパターンの存在、1 つの数字をとり囲む 6 つの数字について、それらの積がある数の平方数になるなどの性質、そしてパスカルの三角形の負の整数や高次元への拡張などがある。

三角形の中の奇数を点で、偶数を空白で置き換えると、**フラクタル**なパターン、つまりさまざまなスケールで入り組んだ繰り返しパターンが現れる。これらのフラクタルな図形には、実用的な重要性があるのかもしれない。材料科学者にとっては、新奇な特性を持つ新しい構造物を作るモデルが得られる。例えば 1986 年には、ほぼパスカルの三角形と同じ形のマイクロメートルサイズのワイヤガスケット(偶数の部分に穴がある)を研究者たちが作り上げた。最も小さな三角形の面積は約 1.38 平方マイクロメートルで、科学者たちはこの超電導ガスケットが磁場中で示す数多くの奇妙な特性を研究した。

▶右上：ジョージ W. ハートは、**選択的レーザー焼結**と呼ばれる物理プロセスを利用して、ナイロンでこのパスカルのピラミッドのモデルを作成した。
下：本文中で論じたフラクタルなパスカルの三角形。真ん中の赤い三角形の中の数字はすべて偶数であり、すべての完全数(自分自身の正の真の約数の和に等しい数)が含まれる(6, 28, 120, 496, 2016…)。

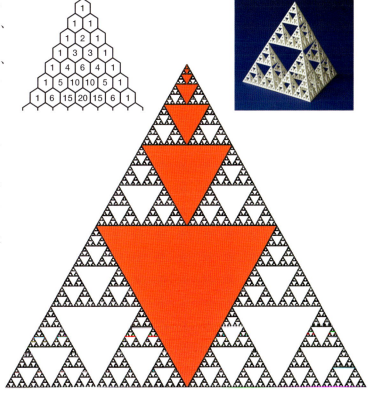

参照：オマル・ハイヤームの『代数学』(1070 年)、正規分布曲線(1733 年)、フラクタル(1975 年)

1657年

ニールの放物線

ウィリアム・ニール(1637-70)、ジョン・ウォリス(1616-1703)

1657年、英国の数学者ウィリアム・ニールは自明でない代数曲線の「求長」(弧の長さを求めること)を行った最初の人物となった。この特別な曲線は、**半立方放物線**と呼ばれ、$x^3 = ay^2$ と定義される。$y = \pm ax^{3/2}$ と書けば、この曲線に「半立方」という名前が付いた理由がわかるだろう。ニールの業績の報告は、1659年に発表されたジョン・ウォリスの『サイクロイドについて』に記されている。興味深いことに、対数らせんやサイクロイドなどの超越曲線の弧の長さだけは、1659年以前にも計算されていた。

楕円や双曲線の長さを求める試みが失敗に終わったため、フランスの哲学者で数学者でもあったルネ・デカルト(1596-1650)など一部の数学者は、長さが求められる曲線はほとんどないだろうと予測した。しかし、イタリアの物理学者であり数学者でもあったエヴァンジェリスタ・トリチェリ(1608-47)は対数らせんの長さを求めた。これは(円以外では)長さが求められた最初の曲線であった。次に長さが求められた曲線はサイクロイドであり、英国の幾何学者であり建築家でもあったクリストファー・レン(1632-1723)が1658年に行った。

1687年ころ、オランダの数学者で物理学者でもあったクリスティアーン・ホイヘンス(1629-95)が、半立方放物線に沿って重力の下で降下する粒子は同一時間で同一の垂直距離を移動することを示した。半立方放物線は、$x = t^2$ および $y = at^3$ という1対の方程式で表現することもできる。このように表したとき、曲線の長さは t の関数として、$a = 1$ の場合は、$(1/27) \times (4 + 9t^2)^{3/2} - 8/27$ と表現される。別の言い方をすれば、この曲線の0から t までの区間はこの長さとなる。文献によっては、ニールの放物線を $y^3 = ax^2$ なる曲線としている場合もある。この場合、この曲線の尖点は x 軸の左側を向くのではなく、y 軸に沿って下側を向くことになる。

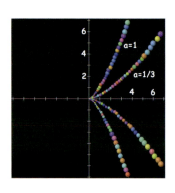

▲フランドルの画家ベルナール・ヴァイアン(1632-98)によるクリスティアーン・ホイヘンスの肖像画。ホイヘンスは、重力の下で半立方放物線に沿って降下する粒子のふるまいを考察した。

◀$x^3 = ay^2$ と定義される半立方放物線を、2つの異なる a の値について描いたもの。

参照:ディオクレスのシッソイド(紀元前180年ころ)、デカルトの『幾何学』(1637年)、対数らせん(1638年)、トリチェリのトランペット(1641年)、等時曲線問題(1673年)、超越数(1844年)

1659年

ヴィヴィアーニの定理

ヴィンチェンツォ・ヴィヴィアーニ(1622-1703)

　正三角形の内部に1点を置く。この点から、各辺に3本の垂線を引く。すると、どこにこの点を置いたとしても、この点から3辺への垂直距離の和は三角形の高さと等しくなる。この定理は、イタリアの数学者であり科学者でもあったヴィンチェンツォ・ヴィヴィアーニにちなんで名づけられた。ガリレオはヴィヴィアーニの才能に感服し、彼を共同研究者としてイタリアのアルチェトリにあった自分の家に招いたという。

　研究者たちは、ヴィヴィアーニの定理を三角形の外側に置かれた点に関する問題へ拡張する方法を見つけ出し、またこの定理を任意の正 n 角形へ応用することを研究してきた。この場合、内部の点から n 本の辺への垂直距離の和は、辺心距離の n 倍となる。(辺心距離とは、中心から辺までの距離のことだ。)この定理は、より高次元において研究することもできる。

　ガリレオが死んだとき、ヴィヴィアーニはガリレオの伝記を書き、ガリレオの著作の全集を出版することを望んだが、残念なことに、教会によってその出版は禁じられた。このことはヴィヴィアーニの評判を傷つけたと同時に、科学全般にも打撃を与えた。ヴィヴィアーニは、ユークリッドの『原論』のイタリア語版を1690年に出版している。

　この定理は、数多くの異なる証明が存在するため数学的に興味深いといっただけでなく、幾何学のさまざまな側面を子供たちへ教えるためにも使われている。正三角形の形をした島に取り残されたサーファーになぞらえて、この問題を現実世界に設定している教師もいる。このサーファーは、3つの浜でそれぞれ同じ時間だけサーフィンをするため、各辺への距離の和が最小となるような位置に小屋を建てたい。どこに小屋を建てても同じになると知った生徒たちは、不思議に思うことだろう。

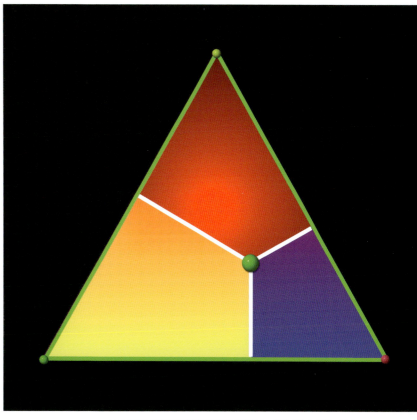

▲正三角形の内部の任意の場所に点を置く。図示するように、三角形の各辺へ垂線を下ろす。この点から各辺への垂直距離の和は、常に三角形の高さと等しくなる。

参照：ピタゴラスの定理とピタゴラス一角形(紀元前600年ころ)、ユークリッドの『原論』(紀元前300年)、余弦定理(1427年ころ)、モーリーの一等分線定理(1899年)、n 次元球体内の二角形(1982年)

1665年ころ

微積分の発見

アイザック・ニュートン（1642-1727）、ゴットフリート・ヴィルヘルム・ライプニッツ（1646-1716）

通常、微積分の発明者は英国の数学者アイザック・ニュートンとドイツの数学者ゴットフリート・ヴィルヘルム・ライプニッツとされるが、それ以前にもさまざまな数学者が流率や極限の概念を探究していた。その源流は、ピラミッドの体積を計算し円の面積を近似するためのルールを編み出した古代エジプト人にあるのかもしれない。

1600年代、ニュートンとライプニッツは、接線、変化の速度、最小値、最大値、そして無限小（想像を絶するほど小さな量で、ほとんど0だが0ではない）などの問題に困惑していた。そして2人とも、微分（ある点における曲線への接線、つまり、その点のみで曲線に接する直線を求めること）と積分（曲線の下の面積を求めること）が逆のプロセスであることを理解していた。ニュートンの発見（1665-66）は無限和に関する興味から生まれたものだが、彼はなかなか自分の発見を公表しなかった。ライプニッツは微分法の発見を1684年に、積分法の発見を1686年に公表した。彼は次のように言っている。「卓越した人物にとって、計算の労力のためにまるで奴隷のように時間を失うことはふさわしくない……。私の新しい微積分の手法では……一種の解析によって、まったく創造力を費やすことなく、真実が得られるのである。」ニュートンは激怒した。微積分の発見の功績をどのように分かち合うかについて長年にわたる論争が巻き起こり、その結果として、微積分の発展は遅れることになった。ニュートンは微積分を物理学の問題に適用した最初の人物であり、現代の微積分の書物に見られる記法の多くを開発したのはライプニッツだ。

現在では、微積分は科学のすべての分野に浸透し、生物学、物理学、化学、経済学、社会学、エンジニアリングなど、速度や温度といった変化する量を取り扱うあらゆる分野で重要な役割を演じている。微積分は虹の構造を説明するために使うこともできるし、株式市場でより多くのお金を儲け、宇宙船を誘導し、天気を予報し、人口増加を予測し、建物を設計し、感染症の広がりを分析する方法を教えてくれる。微積分は革命をもたらした。われわれの世界の見方は、微積分によって変わったのだ。

◀ウィリアム・ブレイクの「ニュートン」（1795）。詩人であり画家であったブレイクは、神の幾何学者としてニュートンを描いた。彼は数学と宇宙について考えながら、地面に描かれた図面を見つめている。

参照：ゼノンのパラドックス（紀元前445年ころ）、トリチェリのトランペット（1641年）、ロピタルの『無限小解析』（1696年）、アニェージの『解析教程』（1748年）、ラプラスの『確率の解析的理論』（1812年）、コーシーの『微分積分学要論』（1823年）

1669年

ニュートン法

アイザック・ニュートン（1642-1727）

漸化式によって、数列の各項をそれ以前の項の関数として定義するという計算テクニックは、数学の黎明期にまでさかのぼる。バビロニア人はそのようなテクニックを用いて正数の平方根を計算していたし、ギリシア人は円周率の近似値を計算していた。現在、数理物理学の重要な特殊関数の多くは、漸化式によって計算される。

数値解析では、難しい問題の近似解を得ることが必要となる場合が多い。ニュートン法は、$f(x)=0$ という形式の方程式の数値的解法として最も有名なもののひとつであり、その解を単純な代数的手法を用いて求めることが困難な場合に用いられる。この種の手法によって関数の零点（根）を求めるという問題は、科学や工学では頻繁に現れる。

ニュートン法を適用するには、まず根の場所を数値的に予測し、次に関数をその接線で近似する。接線とは、その点でだけ関数のグラフと接する直線のことだ。この直線と x 軸との交点を求めると、最も近い根について最初の予測よりも良い近似となっていることが多い。この手法を繰り返して、次々とより正確な近似を得ることができる。ニュートン法の正確な公式は、$x_{n+1}=x_n-f(x_n)/f'(x_n)$ だ。ここでプライム記号（´）は、関数 f の1次導関数を意味する。

複素数を値として取る関数へこの手法を適用する場合、コンピュータグラフィックスの描画を用いて、この手法が使える場所や奇妙なふるまいを示す場所の見当を付けることがある。このとき得られるグラフィックスは、カオス的なふるまいや美しい**フラクタル**なパターンを示すことが多い。

ニュートン法の数学的なアイディアは、アイザック・ニュートンによって『無限個の項を持つ方程式による解析について』の中で説明されている。この本は1669年に書かれ、ウィリアム・ジョーンズによって1711年に出版された。1740年には英国の数学者トーマス・シンプソンがこの手法を洗練し、微積分を用いて非線形方程式一般を解くための反復法としてニュートン法を記述した。

▶方程式の複素数解を求めるために適用される場合、ニュートン法の微妙なふるまいを明らかにするためコンピュータグラフィックスが役立つことがある。ポール・ナイランダは $z^5-1=0$ の解を求めるための手法を利用して、この画像を作成した。

参照：微積分の発見（1665年ころ）、カオスとバタフライ効果（1963年）、フラクタル（1975年）

1673年

等時曲線問題

クリスティアーン・ホイヘンス（1629-95）

　1600年代、数学者と物理学者は特別な種類の斜面の形状を規定する曲線を探し求めていた。具体的には、その斜面上のさまざまな位置に置いた物体が斜面を滑り落ちるまでの時間が、斜面上の開始位置にかかわらず、常に同一となるような曲線だ。物体は重力によって加速され、斜面には摩擦がないものと仮定する。

　オランダの数学者、天文学者、そして物理学者であったクリスティアーン・ホイヘンスが1673年にその解を発見し、著書『振り子時計』の中で発表した。厳密に言えば、等時曲線はサイクロイド、つまり円が直線に沿って転がる際に円周上の1点の描く経路として定義される曲線だ。等時曲線は最速降下線とも呼ばれる。摩擦のない物体が、ある点から別の点へと滑り落ちる際に、最も速く滑り落ちる曲線だからだ。

　ホイヘンスは自分の発見を利用して、より正確な振り子時計を作ろうとした。その時計には振り子が糸でつるされていて、支点の近くが部分的に等時曲線となっており、振り子の振れはじめの位置にかかわらず、糸が最適な曲線をたどるようになっていた。（残念なことに、表面での摩擦によってかなりの誤差が生じた。）

　等時曲線の特別な性質は、『白鯨』の製油釜（脂身から油を抽出するために使われるボウル）に関する議論の中でも触れられている。「それ［製油釜］はまた深遠な数学的瞑想にふけるのにふさわしい場所でもある。ピークオッド号の左側の製油釜のなかでわたしが自分を軸に石鹼石をせっせと回転させながら作業しているときのこと、幾何学で言うサイクロイドの軌跡をえがいて滑降するあらゆる物体が――わたしの石鹼石がそういう物体だったのだが――任意の

参照：ニールの放物線（1657年）

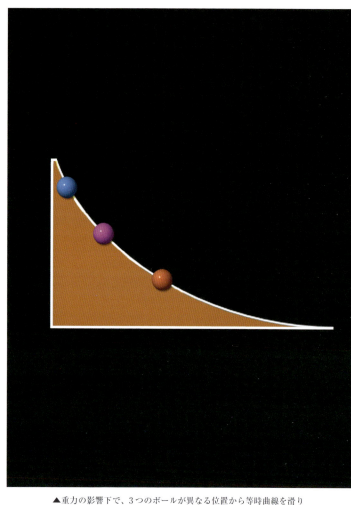

▲重力の影響下で、3つのボールが異なる位置から等時曲線を滑り落ちると、すべてのボールは終点に同じ時間で到達する。（ボールは斜面上に1つずつ置かれる。）

一点からもっとも低い一点に達するのに要する時間はつねに一定である、という驚くべき事実に、わたしは初めて気づいた。」（メルヴィル『白鯨』下巻、八木敏雄訳、岩波文庫）

1674年

星芒形

オーレ・クリステンセン・レーマー (1644-1710)

星芒形は4つの尖点を持つ曲線で、大きな円の内部をギアのように転がる小さな円の円周上の1点の軌跡として得られる。この大きな円の直径は、小さな円の4倍だ。この星芒形は、さまざまな著名な数学者たちがその興味深い性質を研究したことで注目に値する。この曲線を最初に研究したのはデンマークの天文学者オーレ・レーマーで、1674年にギアの歯の形状を改良しようとして、この図形に行き着いた。スイスの数学者ヨーハン・ベルヌーイ(1691)、ドイツの数学者ゴットフリート・ライプニッツ(1715)、フランスの数学者ジャン・ダランベール(1748)なども、この曲線に魅せられた人物である。

星芒形を表す方程式は $x^{2/3}+y^{2/3}=R^{2/3}$ であり、ここで R は外側の固定された円の半径、そして $R/4$ が内側の転がる円の半径だ。星芒形の周囲の長さは $6R$ であり、面積は $3\pi R^2/8$ となる。星芒形は円の回転によって作り出されるにもかかわらず、$6R$ という周囲の長さに π が関係していないことは興味深い。

1725年、数学者ダニエル・ベルヌーイは固定円の3/4の直径を持つ内円の軌跡によっても星芒形が作り出されることを発見した。別の言い方をすれば、この場合にも大きい円の1/4の直径しかない内円と同一の曲線が作り出されるのである。

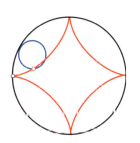

物理学では、ストーリー=ウォールファールト星芒形が、エネルギーと磁気のさまざまな特性を説明するために用いられている。米国特許4987984号では、機械式ローラークラッチへの星芒形の利用が説明されている。「星芒形は、同等の円弧と同様に良好な応力分散特性を有するが、削り取られるカムレース材料が少ないため、より強固な構造を与える。」

興味深いことに、星芒形に沿った接線を x 軸と y 軸まで延長した長さは、常に同一となる。これを理解するためには、はしごをさまざまな角度で壁に立てかけることを想像してみてほしい。このはしごの軌跡は、星芒形の一部となるのだ。

▲楕円群の「包絡線」としてアーティスティックに描かれた星芒形。(幾何学でいう曲線群の包絡線とは、その曲線群のすべての曲線とどこかの点で接しているような曲線を意味する。)

参照：ディオクレスのシッソイド(紀元前100年ごろ)、カーンオイド(1637年)、ニールの放物線(1657年)、ルーローの三角形(1875年)、スーパーエッグ(1965年ごろ)

1696年

ロピタルの『無限小解析』

ギヨーム・ド・ロピタル (1661-1704)

1696年、フランスの数学者ロピタルが、ヨーロッパで最初の微積分の教科書『無限小解析』を出版した。彼がこの本で意図したのは、微積分のテクニックの理解を促進することだった。微積分はその数年前に、アイザック・ニュートンとゴットフリート・ライプニッツによって発明され、ヤーコプとヨーハンのベルヌーイ兄弟によって改良されている最中だった。キース・デブリンは「実際、ロピタルの著書が世に出るまで、地球上には微積分を深く理解した人物はニュートン、ライプニッツ、ベルヌーイ兄弟しかいなかった」と書いている。

1690年代初頭、ロピタルはヨーハン・ベルヌーイを雇って微積分を教わった。ロピタルはとても微積分に興味を持っていたので呑み込みが早く、すぐに自分の知識を包括的な教科書にまとめ上げるほどになった。ラウズ・ボールは、ロピタルの著書についてこう書いている。「この手法の原理と利用方法を説明した最初の書物をまとめ上げた功績は、ロピタルによるものである……。この著作は広く読まれ、微分の記法はフランスで一般的に使われるようになり、ヨーロッパ中に知られるようになった。」

教科書以外にも、ロピタルは分母と分子が両方ともゼロ、あるいは両方とも無限大になってしまうような分数の極限を計算するための「ロピタルの定理」をこの本の中で示したことでも知られている。もともと彼は軍隊に入る予定だったが、視力が悪かったため数学者へ転向したのだった。

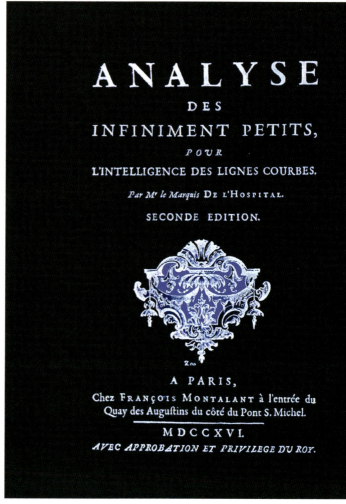

▲ヨーロッパで最初の微積分の教科書、『無限小解析』の口絵。

現在では、1694年にロピタルがベルヌーイに年300フランを支払ってベルヌーイの発見を教えてもらい、それを著書の中で説明していたことがわかっている。1704年、ロピタルの死後にベルヌーイがその取引について公言を始め、『無限小解析』の成果の多くは彼のものだと主張した。

参照：微積分の発見(1665年ころ)、アニェージの『解析教程』(1748年)、コーシーの『微分積分学要論』(1823年)

1702年

地球を取り巻くロープのパズル

ウィリアム・ホイストン(1667-1752)

本書中の他の大部分の項目に匹敵するほど重大な出来事ではないが、まるで小さな宝石のようなこの1702年のパズルは、2世紀以上にわたって学童や大人たちを悩ませてきたこと、そして直観を超えて分析的推論を行うためにシンプルな数学が役に立つという象徴として、取り上げる価値があるだろう。

バスケットボールの赤道にきつく巻き付いたロープを手渡されたと想像してみてほしい。このロープを、すべての点でバスケットボールの表面から1フィート(約30センチ)離れるようにするためには、どれだけ長くすればよいだろうか? 考えてみてほしい。

次に、地球サイズの球体の赤道に巻き付いたロープがあると想像しよう。このロープの長さは約2万5000マイル(4万キロメートル)になる! このロープを、赤道の周りのすべての地点で地面から1フィート離れるようにするためには、どれだけ長くすればよいだろうか?

答えは(大部分の人はこれを聞いて驚くが)、バスケットボールの場合も地球の場合も2πフィート、つまり約6.28フィートになる。成人男性の身長程度に過ぎないのだ。Rを地球の半径とし、$1+R$を(フィートを単位とする)のばしたロープの半径とすると、ロープの長さはのばす前では$2\pi R$、のばした後では$2\pi(1+R)$となる。つまり、地球だろうがバスケットボールだろうが半径に関係なく、差は2πだ。

これに非常に良く似たパズルは、ウィリアム・ホイストンが学生向けに1702年に書いた『ユークリッドの原論』という本に掲載されている。英国の神学者、歴史学者、数学者だったホイストンの最も有名な業績は、おそらく『地球の新説』(1696)を書いたことだろう。彼はこの本で、ノアの洪水が彗星によって引き起こされたと示唆した。

▶地球サイズの球体の赤道の周りに(またはその他の大円に沿って)、ロープか金属のバンドがきつく巻かれている。この円を少し大きくして、すべての点で地面から1フィート離れるようにするためには、どれだけ長くすればよいだろうか?

参照:ユークリッドの『原論』(紀元前300年)、円周率π(紀元前250年ごろ)、チェス盤上の麦粒(1256年)

1713年

大数の法則

ヤーコプ・ベルヌーイ（1654-1705）

1713年、スイスの数学者ヤーコプ・ベルヌーイによる大数の法則の証明が、彼の死後に出版された『推論術』に掲載された。大数の法則は確率論の定理であり、確率変数の長期的な安定性を説明する。例えば、実験（コイントスなど）を観測する回数が十分に大きければ、ある結果（例えば表の出る回数）の割合はその確率に近くなる（この場合には0.5）。より定式的に述べれば、有限の母平均および分散を持つ独立かつ同一分布の確率変数の系列が与えられた場合、これらの観測結果の平均は理論的な母平均に近づいて行く。

通常の6面のサイコロを振ることを想像してみてほしい。サイコロを振って出る目の値の平均は、3.5になることが期待できる。最初の3回で出た目が1, 2, 6だったとしよう。この平均を取ると3になる。もっとたくさんサイコロを振ると、平均値は最終的に期待値3.5に落ち着いていく。カジノの経営者は大数の法則が大好きだ。長い目で見れば安定した結果が期待でき、それに合わせて計画を立てられるからだ。保険業者は、損失の変動に対抗し計画を立てるために、大数の法則を利用している。

『推論術』の中で、ベルヌーイは個数のわからない白い球と黒い球の入ったつぼの中の白い球の割合を推測している。つぼから球を取り出し、そのたびに「ランダムに」球を戻すことによって、白い球が取り出された割合から白い球の割合を推測する。これを十分な回数だけ行えば、任意の精度の見積もりが得られる。ベルヌーイは次のように書いている。「すべての出来事の観測が永遠に続く（したがって、最終的な確率が完全に確かなものへ近づいて行く）としたら、世界中のすべてのことが一定の比率で起こると感じられることだろう……。最も偶発的な……出来事でさえ、……当然の結果であると認識することになるであろう。」

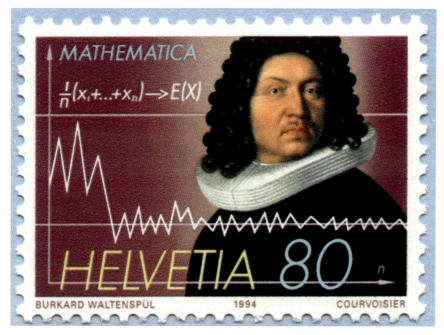

◀ 1994年に発行された、ヤーコプ・ベルヌーイを記念したスイスの切手。この切手には、大数の法則に関するグラフと公式が取り上げられている。

参照：サイコロ（紀元前3000年ころ）、正規分布曲線（1733年）、サンクトペテルブルクのパラドックス（1738年）、ベイズの定理（1761年）、ビュフォンの針（1777年）、ラプラスの『確率の解析的理論』（1812年）、ベンフォードの法則（1881年）、カイ二乗検定（1900年）

1727年

オイラー数 e

レオンハルト・オイラー（1707-83）

英国の科学ライター、デヴィッド・ダーリングは、eという数が「もしかすると数学で最も重要な数なのかもしれない。一般人にはπのほうがなじみ深いが、高度な数学に達するほどeのほうがはるかに重要となり、より多く出現するようになる」と書いている。

ほぼ2.71828に等しいeという数は、さまざまな方法で計算できる。例えばeは、$(1+1/n)$のn乗という式でnを無限に増加させたときの極限値だ。ヤーコプ・ベルヌーイやゴットフリート・ライプニッツなどの数学者もこの定数に気付いていたが、レオンハルト・オイラーはこの数を初めて詳細に研究した人々の1人であり、またeという記号を使ったのも彼が最初だった（1727年に書かれた手紙の中で使われている）。1737年に、彼はeが無理数であること、つまり2つの整数の比として表せないことを示した。1748年、彼は18桁までその値を計算した。現在ではeの値は1000億桁以上まで計算されている。

懸垂線（ロープの両端を持って吊り下げたときの形）の公式や複利計算、そして確率や統計への数多くの応用など、eは幅広い分野で利用されている。またこの数は、これまで発見された最も驚異的な数式$e^{i\pi}+1=0$の中にも現れる。数学で最も重要な5つの記号$1, 0, \pi, e,$そしてi（マイナス1の平方根）を結び付けているこの数式についてハーバード大学の数学者ベンジャミン・パースは、「われわれには［この公式を］理解できないし、何を意味しているのかも分からないが、われわれはそれを証明したのだから、真実に違いないことは分かっている」と言った。カスナーとニューマ

▲セントルイスにあるゲートウェイ・アーチは、懸垂線の上下をひっくり返した形になっている。懸垂線は$y=(a/2)(e^{x/a}+e^{-x/a})$という数式で記述できる。ゲートウェイ・アーチは世界で最も背の高いモニュメントであり、高さは630フィート（192メートル）だ。

ンは、次のように書いている。「我々にできることは、この数式を書き写し、その深い意味を探り続けることだけだ。この数式は、神秘主義者、科学者、数学者にとって、等しく訴えかけるものがある。」

参照：円周率π（紀元前250年ころ）、虚数（1572年）、オイラー-マスケローニの定数（1735年）、超越数（1844年）、正規数（1909年）

1730年

スターリングの公式

ジェームズ・スターリング (1692-1770)

最近、階乗が数学のあらゆる分野に姿を見せる。非負の整数 n について、「n の階乗」($n!$ と表記する)とは n 以下のすべての正の整数の積のことだ。例えば、$4!=1\times2\times3\times4=24$ となる。$n!$ という表記は、フランスの数学者クリスティアン・クランプによって 1808 年に導入された。階乗は、例えば組合せ論の世界では、物事を順番に並べる場合の数を求める際に重要だ。また、数論や確率論、微積分でも使われる。

階乗の値は急速に大きくなる(例えば、$70!$ は 10^{100} よりも大きく、$25206!$ は 10^{100000} よりも大きい)ので、大きな階乗の値を概略で簡単に求めることができれば、非常に便利だ。スターリングの公式 $n! \approx \sqrt{2\pi}\, e^{-n} n^{n+1/2}$ は、n の階乗の正確な概算値を与えてくれる。ここで $\approx$ という記号は「ほぼ等しい」を意味し、e と π は $e \approx 2.71828$ と $\pi \approx 3.14159$ という数学定数だ。大きな n の値については、この式はさらに単純な $\ln(n!) \approx n \ln n - n$ と近似でき、これはまた $n! \approx n^n e^{-n}$ と書くこともできる。

1730 年、スコットランドの数学者ジェームズ・スターリングが $n!$ の概略値を求める方法を、彼の最も重要な著書『微分法』の中で提示した。スターリングが数学の道を歩み始めたのは、政治的・宗教的な対立の真っただ中だった。彼はニュートンの友人だったが、1735 年以降は生涯のほとんどを工業経営に費やしている。

キース・ボールは次のように書いている。「私の

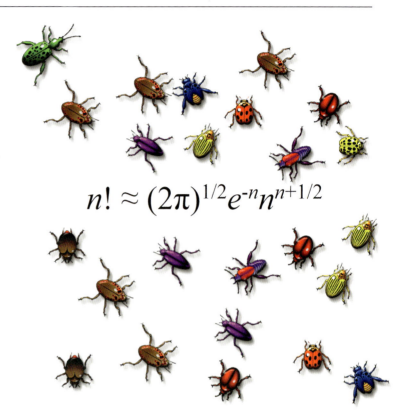

▲スターリングの公式が、ちょうど $4!$ 匹、つまり 24 匹の甲虫に取り囲まれている。

考えでは、これは 18 世紀の数学における最も重要な発見のひとつだ。このような公式は、17 世紀と 18 世紀に起こった数学の驚くべき変革について、いくつかの示唆を与えてくれる。対数が発明されたのは、1600 年ころになってからだった。微積分の原則を確立したニュートンの『プリンキピア』は、その 90 年後に現れた。その後さらに 90 年の間に、数学者たちはスターリングの公式など、微積分の定式化なしでは想像もできなかったような精緻な公式を生み出した。もはや数学は、アマチュアの手遊びではなく、専門家の仕事となったのだ。」

参照:対数(1614 年)、鳩の巣原理(1834 年)、超越数(1844 年)、ラムゼー理論(1928 年)

1733年

正規分布曲線

アブラーム・ド・モアブル(1667-1754)、カール・フリードリッヒ・ガウス(1777-1855)、ピエール=シモン・ラプラス(1749-1827)

1733年、最初の正規分布(誤差の法則)についての記述がフランスの数学者アブラーム・ド・モアブルの論文「級数として展開された二項式$(a+b)^n$の項の和の近似」の中で説明されている。生涯を通してド・モアブルは貧しく、副業としてコーヒーハウスでチェスをプレイして収入を得ていた。

正規分布(後にこの曲線を研究したカール・フリードリッヒ・ガウスにちなんでガウス分布とも呼ばれる)は、連続確率分布の重要な1グループであり、観測が行われる無数の分野に応用されている。その中には、人口統計学や保健統計、天文測定、遺伝、知能、保険統計など、実験データや観測された特性にばらつきが存在するようなあらゆる分野が含まれる。実際18世紀初頭には、膨大な数のさまざまな測定結果が、似通った形状の散乱あるいは分布を示す傾向があることに数学者たちは気付き始めていた。

正規分布は、平均と標準偏差という2つの重要なパラメーターによって規定される。標準偏差とは、データの広がり(ばらつき)を定量化したものだ。正規分布のグラフは**釣鐘曲線**と呼ばれることが多い。曲線の両側の周辺よりも中心に多くの値が集中した、対称的な釣り鐘の形をしているからだ。

ド・モアブルは二項分布の研究の中で、正規分布を研究した。二項分布は、例えばコイントスの実験に現れる。ピエール=シモン・ラプラスは1783年にこの分布を使って測定誤差について研究した。ガウスは1809年に天文学のデータに正規分布を適用した。

人類学者のフランシス・ゴルトンは正規分布について、次のように書いている。「『誤差の頻度の法則』によって表現される宇宙の秩序の素晴らしさほど、想像力をかき立ててくれるものを私は他に知らない。もしこの法則を古代ギリシア人たちが知っていたならば、人格化され神格化されたことだろう。この法則は静穏を支配し、大混乱の中にあっては完全に姿を隠してしまう。」

▶カール・フリードリッヒ・ガウスと、正規分布関数のグラフと公式を図案としたドイツマルク紙幣。

参照:オマル・ハイヤームの『代数学』(1070年)、パスカルの三角形(1654年)、大数の法則(1713年)、ビュフォンの針(1777年)、ラプラスの『確率の解析的理論』(1812年)、カイ二乗検定(1900年)

1735年

オイラー–マスケローニの定数

レオンハルト・オイラー(1707-83)、ロレンツォ・マスケローニ(1750-1800)

　ギリシア文字γで表記されるオイラー–マスケローニの定数は、0.5772157…という数値を持つ。この定数は指数と対数を数論と結びつけるもので、$1+1/2+1/3+\cdots+1/n-\log n$ で n を無限大としたときの極限として定義される。γの応用範囲は幅広く、無限級数や無限積、定積分の表現など、さまざまな分野に現れる。たとえば、1から n までのすべての数の約数の平均値は、$\ln n+2\gamma-1$ に非常に近い。

　γの計算はπの計算ほど人々の興味を引いてこなかったが、γにも熱心な探究者は数多く存在する。2008年時点でπの正確な値は1兆2411億桁までわかっているが、γは約100億桁に過ぎない。γを求めることは、πよりもかなり難しいと考えられている。最初の数十桁は以下のとおりだ。0.57721566490153286060 65120900824024310421593359 3992…。

　この数学定数には、有名なπや e と同じくらい、長く魅力的な歴史がある。スイスの数学者レオンハルト・オイラーは1735年に発表された論文「調和数列に関する考察」の中でγについて考察しているが、彼は当時その値を6桁までしか計算できなかった。1790年、イタリアの数学者で司祭でもあったロレンツォ・マスケローニが、さらに精密な値を計算した。現在でも、この数が分数として(0.1428571428571…のような数が1/7と表記できるように)表せるかどうかはわかっていない。まるまる1冊γに関する本を書いたジュリアン・ハヴィルが紹介している逸話によれば、誰かγが分数として表現できないことを証明した人がいたら、その人にオックスフォード大学の教授職を譲ってもいいと英国の数学者G. H. ハーディが言ったという。

◀ヨーハン・ゲオルク・ブルッカーによる1737年のレオンハルト・オイラーの肖像画。

参照：円周率π(紀元前250年ころ)、円周率の級数公式の発見(1500年ころ)、オイラー数 e (1727年)

1736年

ケーニヒスベルクの橋渡り

レオンハルト・オイラー（1707-83）

グラフ理論は、物事がどのようにつながっているかについて研究する数学の一分野であり、線で結ばれた点として問題を表現することによって単純化することが多い。グラフ理論で最も古い問題のひとつに、ドイツ（現在はロシア領）のケーニヒスベルクにあった7つの橋に関するものがある。ケーニヒスベルク旧市街の住民たちは、川辺や橋や島々の散歩を楽しんでいた。1700年代初頭、どの橋も一度しか通らずに7つの橋すべてを渡り、出発点に戻ることはできるか、という話題で人々はもちきりになった。結局1736年になって、スイスの数学者レオンハルト・オイラーがそのような散策は不可能であることを証明した。

オイラーはこの問題を、土地の領域を点で、橋を線で表すグラフとして表現した。また彼は、そのようなグラフが一筆書きできるのは、**度数**が奇数の点が2個以下の場合だけであることを示した。（点の度数とは、その点から出て行く、またはその点に入ってくる線の数のこと。）ケーニヒスベルクの橋には、そのようなグラフの特性がない。したがって、どれかの線を二度以上通らなくてはすべての点をたどることはできない。オイラーは、この結論を任意の橋のネットワーク上の経路に一般化した。

ケーニヒスベルクの橋の問題が数学史で重要なのは、オイラーの解がグラフ理論の最初の定理に対応しているからだ。

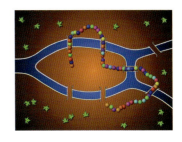

現在、グラフ理論は化学反応経路や自動車の交通流量からインターネット利用者のソーシャルネットワークに至るまで、数え切れないほどの分野で利用されている。グラフ理論は、性感染症の広がりを説明することさえできるのだ。オイラーによる、橋の長さなどの詳細を抜きにした非常にシンプルな橋の接続性の表現は、トポロジー（形状とその相互関係について研究する数学の一分野）の先駆けでもあった。

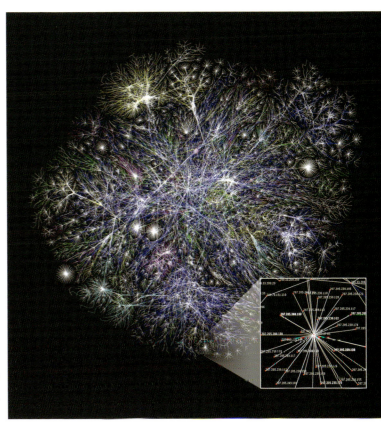

▲ケーニヒスベルクの7つの橋のうち、4つの橋を通る経路。
▶マット・ブリットによる、インターネットの部分的なマップ。線の長さは2つのノード間の遅延に対応する。色は、たとえば企業、政府機関、軍、学校などのノードの種別を示している。

参照：サイコロの多面体公式（1751年）、イコシアン・ゲーム（1857年）、メビウスの帯（1858年）、ポアンカレ予想（1904年）、ジョルダン曲線定理（1905年）、スプラウト・ゲーム（1967年）

1738年

サンクトペテルブルクのパラドックス

ダニエル・ベルヌーイ（1700-82）

オランダで生まれスイスで育ったダニエル・ベルヌーイは、数学者であり、物理学者であり、医者でもあった。彼が書いた確率論に関する魅力的な論文が最終的にサンクトペテルブルク帝国科学アカデミー紀要で発表されたのは、1738年のことだ。この論文は、現在ではサンクトペテルブルクのパラドックスとして知られるパラドックスについて説明している。これはコインをはじいた結果に応じてギャンブラーがもらえる金額が決まるという賭けの形で表現できる。この賭けに参加するために妥当な金額はいくらかということについて、哲学者や数学者たちは長い議論を続けてきた。あなたなら、この賭けに参加するためにどのくらいなら払ってもよいと思うだろうか？

サンクトペテルブルクのシナリオのひとつを見てみよう。1セント銅貨を、裏が出るまで繰り返しはじく。はじいた回数 n によってもらえる賞金が決まり、その金額は 2^n ドルとなる。したがって、最初に1セント銅貨をはじいた際に裏が出たら、賞金は $2^1=2$ ドルであり、ここでゲームは終わりだ。最初に1セント銅貨をはじいた際に表が出たら、もう一度はじく。二度目に裏が出たら、賞金は $2^2=4$ ドルであり、ここでゲームは終わり、という具合に続いていく。このゲームのパラドックスの詳細な議論はこの本の範囲を超えてしまうが、ゲーム理論によれば「理性的なギャンブラー」がゲームに参加するのは、受け取る金銭の期待値よりも参加費が低い場合であり、またその時に限るということになっている。このサンクトペテルブルクのゲームを分析すると、どんな有限の参加費であってもゲームの期待値より小さいため、理性的なギャンブラーならば有限の参加料がどれほど高額に設定されていてもこのゲームに参加したいと望むかもしれない！

ピーター・バーンスタインは、このベルヌーイのパラドックスの奥深さについて、次のようにコメントしている。「彼の論文はリスクという観点からだけでなく人間行動という観点からも、それまで書かれた論文の中で最も深遠な内容を持つものだった。測定と直観との間の複雑な関係についてのベルヌーイの強調は、人間生活のあらゆる局面に関連している。」（『リスク――神々への反逆』青山護訳、日本経済新聞社）

▶ 1730年代以降、哲学者や数学者たちはサンクトペテルブルクのパラドックスについて考察を重ねてきた。ある分析によれば参加者の儲けの期待値には上限がないそうだが、あなたなら**実際に**いくら払ってこのゲームに参加するだろうか？

参照：ゼノンのパラドックス（紀元前445年ころ）、アリストテレスの車輪のパラドックス（紀元前320年ころ）、大数の法則（1713年）、床屋のパラドックス（1901年）、バナッハ＝タルスキのパラドックス（1924年）、ヒルベルトのグランドホテル（1925年）、誕生日のパラドックス（1939年）、海岸線のパラドックス（1950年ころ）、ニューカムのパラドックス（1960年）、パロンドのパラドックス（1999年）

1742年

ゴールドバッハ予想

クリスティアン・ゴールドバッハ(1690-1764)、レオンハルト・オイラー(1707-83)

時には数学で最も困難な問題が、非常にシンプルで簡単に言い表せる場合もある。1742年、プロシアの歴史家で数学者だったクリスティアン・ゴールドバッハが、5よりも大きなすべての整数は3つの素数の和として書き表せる（例えば21＝11＋7＋3）という予想を立てた。（素数とは、例えば5や13のように、1よりも大きな整数で自分自身と1でしか割り切れないものをいう。）スイスの数学者レオンハルト・オイラーによって再提示された同等の予想（「強い」ゴールドバッハ予想と呼ばれる）は、2よりも大きなすべての正の偶数は2つの素数の和として表せることを主張している。『ペトロス伯父と「ゴールドバッハの予想」』（早川書房から2001年に日本語版が出版されている）という小説のプロモーションとして、イギリスの出版社フェイバー・アンド・フェイバーは2000年3月2日から2002年3月2日までの間にゴールドバッハ予想を証明した人に100万ドルの賞金を出すことにした。しかしこの賞金の受取人は現れず、予想は未解決のままとなっている。2008年、ポルトガルのアヴェイロ大学の研究者トマス・オリヴェイラ・エ・シルヴァが分散コンピュータによる検索を行って、この予想が $12 \cdot 10^{17}$ まで正しいことを検証した。

もちろん、どれほど計算パワーがあったとしても、この予想をすべての数について確かめることは不可能だ。したがって、数学者たちはゴールドバッハの直観が正しいという現実の証明を待ち望んでいる。1966年、中国の数学者である陳景潤が、すべての十分に大きな偶数が高々2つの素数の積である数と素数との和であることを証明し、多少の進歩を成し遂げた。例えば、18は $3+3\times5$ と等しい。1995年には、フランスの数学者オリヴィエ・ラマレが、4以上のすべての偶数が高々6つの素数の和であることを示した。

▲この「ゴールドバッハの彗星」は、偶数 n (y 軸) を2つの素数の和として書き表す方法の数 (x 軸) を示している ($4 \leq n \leq 1000000$)。左下の星の座標は $(0,0)$ だ。x 軸の範囲は0から約15000まで。

参照：セミと素数（紀元前100万年ころ）、エラトステネスのふるい（紀元前240年ころ）、正十七角形の作図（1796年）、ガウスの『数論考究』（1801年）、リーマン予想（1859年）、素数定理の証明（1896年）、ブルン定数（1919年）、ギルブレスの予想（1958年）、ウラムのらせん（1963年）、エルデーシュの膨大な共同研究（1971年）、公開鍵暗号（1977年）、アンドリカの予想（1985年）

1748年

アニェージの『解析教程』

マリア・ガエタナ・アニェージ(1718-99)

イタリアの数学者マリア・アニェージの著書『解析教程』は、微分と積分の両方を取り扱った最初の包括的な教科書であり、また現存するものとしては最古の女性によって書かれた数学書でもある。オランダの数学者D.J.ストルイクは、アニェージを「ヒュパティア(5世紀)以来、最初の重要な女性数学者」と評している。

アニェージは天才児で、13歳にして少なくとも7か国語を話した。彼女は社会とのかかわりを避け、生涯の大部分を数学と宗教の研究だけに費やした。

クリフォード・トゥルーズデルは次のように書いている。「彼女は父親に、修道女になる許可を求めた。最愛の娘が自分の元を離れようとしていることにショックを受けた父親は、彼女に考え直すよう懇願した。」彼女は父親と暮らし続けることに同意したが、世間から隔絶して生活できることが条件だった。

『解析教程』の出版は、数学界にセンセーションを巻き起こした。パリ王立科学アカデミーの委員会は、次のように書いている。「現代の数学者たちの著作に散在し、また互いに大きく異なる手法で提示されることの多いこれらの発見を、ほとんど均一な手法に……還元するには、多大なスキルと賢明さが必要とされる。秩序、明快さ、正確さが、この著書全体を支配している……。われわれは、これを最も完全で、最もよく書かれた著作であると評価する。」またこの本には、現在では「アニェージの魔女」として知られ、$y=8a^3/(x^2+4a^2)$と表現される3次曲線の議論も含まれている。

ボローニャ・アカデミーの総裁は、アニェージをボローニャ大学の数学科の主任教授に招聘した。一説によれば、そのとき完全に宗教と奉仕活動に専念していた彼女が実際にボローニャへ行くことはなかったという。それにもかかわらず、これによって彼女は大学教授に任命された2人目の女性となった。ちなみに最初の女性教授はラウラ・バッシ(1711-78)である。アニェージは自分の財産をすべて貧者の救済のために使い、自分自身は救貧院で完全な貧困の中で息を引き取った。

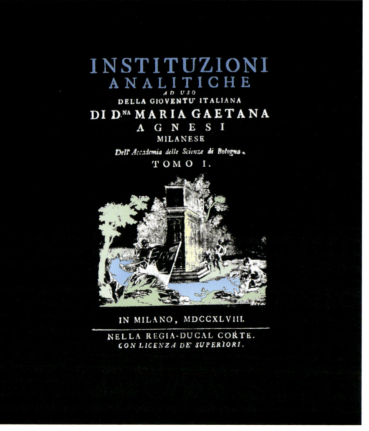

◀微分と積分の両方を取り扱った最初の包括的な教科書であり、また現存するものとしては最古の女性によって書かれた数学書『解析教程』の口絵。

参照:ヒュパティアの死(415年)、微積分の発見(1665年ころ)、ロピタルの『無限小解析』(1696年)、コワレフスカヤの博士号(1874年)

1751年

オイラーの多面体公式

レオンハルト・オイラー(1707-83)、ルネ・デカルト(1596-1650)、ポール・エルデーシュ(1913-96)

オイラーの多面体公式は、あらゆる数学の中で最も美しい公式のひとつであり、またトポロジー(形状とその相互関係について研究する数学の一分野)の最初の偉大な公式のひとつであるとみなされている。「マセマティカル・インテリジェンサー」という雑誌の読者アンケートでは、この公式が歴史上2番目に美しい公式として選出された。ちなみに第1位は、**オイラー数 e**(1727年)の項で取り上げた、オイラーの等式 $e^{i\pi}+1=0$ だった。

1751年、スイスの数学者で物理学者でもあったレオンハルト・オイラーが、どんな凸多面体(平面と直線で囲まれた物体)についても、点の数 V と辺の数 E そして面の数 F が $V-E+F=2$ という等式を満たすことを発見した。多面体が**凸**であるとは、くぼみや穴がないこと、もっと正確に言えば内部の点同士を結ぶすべての線分がその図形の内部に完全に含まれることを意味する。

例えば、立方体の表面には6つの面、12の辺、8個の点がある。これらの値をオイラーの公式に代入すると、$8-12+6=2$ が得られる。正十二面体には12の面があり、$12-30+20=2$ が成り立つ。興味深いことに1639年ころルネ・デカルトが、いくつかの数学的ステップを経てオイラーの公式に変換できる類似の多面体公式を見つけていた。

多面体公式はその後一般化され、ネットワークやグラフの研究に利用されるとともに、穴のある図形や高次元の図形など、幅広い図形を数学者たちが理解する役に立っている。この公式は、コンピュータの専門家が電子回路の配線を配置する方法を見つけたり、宇宙学者がわれわれの宇宙の形状をモデル化したり、さまざまな実用的な用途にも応用されている。

オイラーは、発表された論文の数で言えば、ハンガリーのポール・エルデーシュに次いで歴史上2番目に多作の数学者だ。不幸なことに、オイラーは人生の終わり近くに目が見えなくなってしまった。しかし、英国の科学ライターであるデヴィッド・ダーリングが書いているように、「彼のアウトプットの量は、彼の視力と反比例していたように見える。ほぼ完全に盲目となった1766年以降、彼の論文発表のペースは増加しているからだ。」

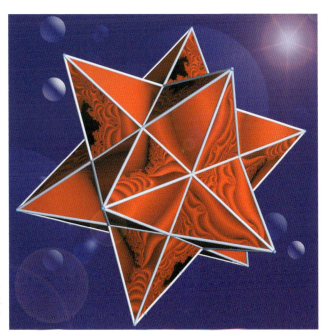

▶ テーヤ・クラシェクによって描画されたこの小星型十二面体のように、凸でない多面体ではオイラー標数 $V-E+F$ が2以外の値を取ることがある。この図形の場合 $F=12, E=30, V=12$ なので、標数は -6 となる。

参照：プラトンの立体(紀元前350年ころ)、アルキメデスの半正多面体(紀元前240年ころ)、オイラー数 e (1727年)、ケーニヒスベルクの橋渡り(1736年)、イコシアン・ゲーム(1857年)、ピックの定理(1899年)、ジオデシック・ドーム(1922年)、チャーサール多面体(1949年)、エルデーシュの膨大な共同研究(1971年)、シラッシ多面体(1977年)、スパイドロン(1979年)、ホリヘドロンの解決(1999年)

1751年

オイラーの多角形分割問題

レオンハルト・オイラー(1707-83)

1751年、スイスの数学者レオンハルト・オイラーがプロシアの数学者クリスティアン・ゴールドバッハ(1690-1764)に次のような問題を投げかけた。平面上の凸なn角形を、対角線によって三角形に分ける方法の数E_nは何通りあるか？ あるいは、もっとわかりやすく言うと、多角形のパイを三角形に切り分ける方法は何通りあるか(ナイフは1つの角から別の角へ直線状に入れ、真下へ向かって切るものとする)？ 切れ目は互いに交わってはいけない。オイラーが見つけた公式は、次のようなものだった。

$$E_n = \frac{2 \cdot 6 \cdot 10 \cdots (4n-10)}{(n-1)!}$$

多角形が**凸**であるとは、その図形に属するすべての点のペアについて、その2点を結ぶ線分全体がその図形に含まれるということだ。著述家で数学者のハインリヒ・デリーは次のように書いている。「この問題のおもしろさは、見かけの素朴さに反して多くの難関を含んでいる点にある。……その難しさはおのずと明らかになるだろう。オイラー自身、「私が試みた帰納法はかなり骨の折れるものだった」と言っているくらいなのだから。」(『数学100の勝利 Vol.1 数と関数の問題』根上生也訳、シュプリンガー・フェアラーク東京)

例えば、正方形については$E_4=2$が得られ、これらは2本の対角線に対応している。五角形については、$E_5=5$が得られる。実際、初期の実験者たちは図形的な表示を用いて解の感覚をつかもうとする傾向があったが、このような視覚的アプローチは多角形の辺の数が増えるにしたがってすぐに立ち行かなくなる。辺の数が9本の多角形になると、対角線によってこの多角形を三角形に分割する方法は429通りもあるのだ。

多角形分割問題は、多くの関心を引きつけてきた。1758年、ドイツの数学者ヨハン・アンドレアス・

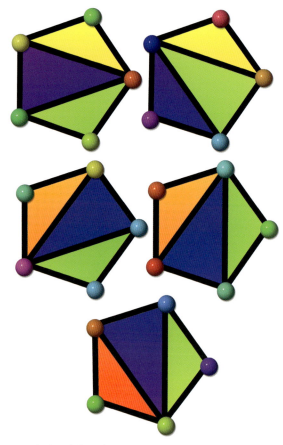

▲正五角形を対角線で三角形に分割する方法は5通りある。

ゼーグナー(1704-77)が、この値を求める漸化式$E_n = E_2 E_{n-1} + E_3 E_{n-2} + \cdots + E_{n-1} E_2$を発見した。**漸化式**とは、一連の項のそれぞれが、それ以前の項の関数として定義されているものをいう。

興味深いことに、E_nの値はカタラン数と呼ばれる別の種類の数と密接に関係している($E_n = C_{n-1}$)。カタラン数は組合せ論に現れる。組合せ論とは、選択や並べ替えなど、有限または離散系での操作について研究する数学の一分野だ。

参照：アルキメデスの『砂粒』『牛』『ストマキオン』(紀元前250年ころ)、ゴールドバッハ予想(1742年)、モーリーの三等分線定理(1899年)、ラムゼー理論(1928年)

騎士巡回問題

アブラーム・ド・モアブル(1667-1754)、レオンハルト・オイラー(1707-83)、アドリアン=マリー・ルジャンドル(1752-1833)

　騎士巡回問題とは、チェスのナイトが8×8のチェス盤のすべてのマス目をきっかり1回ずつ通る経路を見つけることだ。さまざまな種類の騎士巡回問題が、何世紀にもわたって数学者たちを魅了してきた。記録が残っている最も古い解は、**正規分布曲線**や複素数に関する定理で有名なフランスの数学者、アブラーム・ド・モアブルによるものだ。彼の解では、騎士が巡回を終わるマス目は、最初のマス目からは遠く離れた場所にあった。フランスの数学者アドリアン=マリー・ルジャンドルはこれを「改良」して、最初と最後のマス目が1手分だけ離れている解を見つけ出した。つまり、この解はナイトが64回ジャンプする1個の閉じたループとなる。そのような解は、**リエントラント**と呼ばれる。スイスの数学者レオンハルト・オイラーは、チェス盤を半分ずつ順番に巡る、リエントラントな解を見つけ出した。

　オイラーは、騎士巡回問題を分析した論文を書いた最初の数学者だ。彼は1759年にこの論文をベルリンの科学アカデミーに提出したが、この影響力の大きな論文は1766年まで公表されなかった。興味深いことに、1759年にこのアカデミーは騎士巡回問題に関する最高の論文に4000フランの賞金の提供を申し出たが、この賞金が実際に授与されることはなかった。おそらく、オイラーがベルリン・アカデミーの数学部門長であり、賞金を受ける資格がなかったためだろう。

　私の一番好きな騎士巡回問題は、立方体の6面(それぞれの面がチェス盤になっている)を巡るものだ。ヘンリー E. デュードニーが著書『パズルの王様』でこの立方体の問題を提示しているが、私はこの解(各面を順番に巡っている)がフランスの数学者アレクサンドル=テオフィル・ヴァンデルモンド(1735-96)の先行研究に基づいたものだと信じている。それ以降、騎士巡回問題の性質は、円筒や**メビウスの帯**、トーラス、**クラインのつぼ**などの曲面や、さらに高次元でも入念に研究されている。

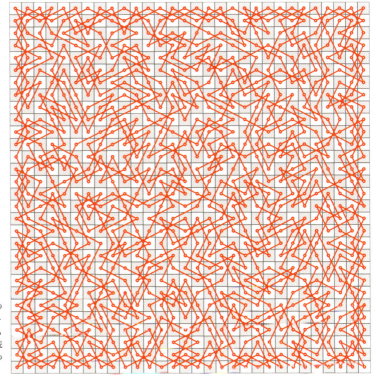

▶ 30×30のチェス盤上の騎士巡回経路。この解はコンピュータ科学者ドミトリー・ブラントがニューラルネットワークを使って見つけたものだ。ニューラルネットワークとは、相互接続された人工的な神経細胞が、解を見つけるために協調して動作するもの。

参照：メビウスの帯(1858年)、クラインのつぼ(1882年)、ペアノ曲線(1890年)

1761年

ベイズの定理

トーマス・ベイズ(1702年ころ～1761)

英国の数学者で長老派の牧師でもあったトーマス・ベイズによって定式化されたベイズの定理は、科学で基本的な役割を演じており、シンプルな数学公式によって記述でき、条件付確率の計算に用いられる。**条件付確率**とは、ある事象Bが起こった場合の別の事象Aの確率を意味し、$P(A|B)$と表記される。ベイズの定理は、$P(A|B) = [P(B|A) \times P(A)] / P(B)$と記述できる。ここで$P(A)$は、Bに関する知識を考慮しない場合の事象Aの確率であるため、事前確率と呼ばれる。$P(B|A)$は、Aが与えられた場合のBの条件付確率である。$P(B)$は、Bの事前確率だ。

ここに2つの箱があると想像してほしい。箱1には10個のゴルフボールと、30個のビリヤードボールが入っている。箱2にはそれぞれ20個ずつ入っている。どちらかの箱をランダムに選び、ボールを1個取り出す。ボールは、どれも等しい確率で選ばれると仮定しよう。取り出したボールは、ビリヤードボールだった。箱1を選んだ確率はどのくらいだろうか？ 別の言い方をすると、ビリヤードボールを取り出したという条件が付いた場合の、箱1を選んだ確率はどのくらいだろうか？

事象Aは、箱1を選ぶことに対応する。事象Bはビリヤードボールを取り出したことである。ここでは、$P(A|B)$を計算したい。$P(A)$は0.5、つまり50パーセントだ。$P(B)$は、箱に関する情報を考慮しない場合にビリヤードボールを取り出す確率であり、1つの箱からビリヤードボールを取り出す確率にその箱を選ぶ確率を掛けたものの和として計算される。箱1からビリヤードボールを取り出す確率は0.75だ。箱2から取り出す確率は0.5になる。つまり、ビリヤードボールを取り出す総合的な確率は$0.75 \times 0.5 + 0.5 \times 0.5 = 0.625$となる。$P(B|A)$、つまり箱1を選んだ場合にビリヤードボールを取り出す確率は0.75だ。これらの数値から、ベイズの公式を使って箱1を選んだ確率を求めると、$P(A|B) = 0.6$となる。

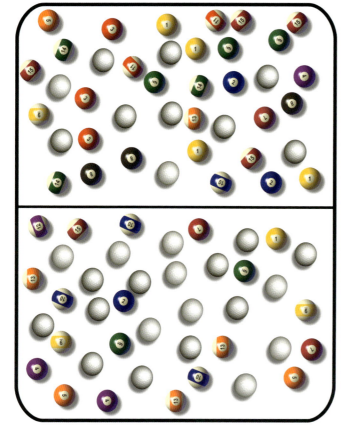

◀箱1(上の箱)と箱2(下の箱)を示してある。どちらかの箱をランダムに選び、取り出したのはビリヤードボールだった。上の箱を選んだ確率はどのくらいだろうか？

参照：大数の法則(1713年)、ラプラスの『確率の解析的理論』(1812年)

1769年

フランクリン魔方陣

ベンジャミン・フランクリン(1706-90)

ベンジャミン・フランクリンは科学者であり、政治家であり、出版者であり、哲学者であり、音楽家であり、経済学者でもあった。1769年、同僚へ宛てた手紙の中で、彼は以前作った**魔方陣**について説明している。

彼の8×8の魔方陣は驚くべき対称性に満ちており、その中にはフランクリン自身も気付いていなかったものもあっただろう。各行と各列の和は260になる。各行または各列の半分の和は、260の半分になる。さらに、**富士山形**(その2つの例を灰色で示した)もすべて和が260となる。また黒い太線で囲ったマス目は**分断された富士山形**の一例だが、これも和が260になる(14+61+64+15+18+33+36+19)。他にも数多くの対称性が見つかる。例えば、四隅の数と中心の4つの数の和も260になる。任意の2×2の部分方陣の和は130であり、中心から等しい距離に配置された任意の4つの数の和も130に等しくなる。二進数に変換してみると、さらに驚くべき対称が明らかとなる。残念ながら、これらすべての素晴らしい対称性にもかかわらず、対角線の和はどちらも260にならないので、厳密な意味での魔方陣の条件は満たされていない。通常の定義では、対角線の和も等しいことが要求されるからだ。

フランクリンがどのような手法を使ってこの方陣を作ったのかはわかっていない。多くの人がその秘密を明かそうと試みたが、フランクリンがこの方陣を「文字を書くのと同じくらい速く」作れると言っていたにもかかわらず、1990年代まで**簡単なレシピ**は見つからなかった。

▲画家デヴィッド・マーティン(1737-97)によるベンジャミン・フランクリンの肖像(1767)。

1991年、著述家のラルバイ・パテルがフランクリン方陣を作り出す手法を発明した。彼の手法は極めて長ったらしく見えるが、パテルは訓練によって素早く手順をたどれるようになったという。フランクリン魔方陣には数多くの素晴らしいパターンが見つかっているので、この方陣は発明者の死後も長い間対称性などの性質が発見され続ける数学オブジェクトの**象徴**となっている。

52	61	4	13	20	29	36	45
14	3	62	51	46	35	30	19
53	60	5	12	21	28	37	44
11	6	59	54	43	38	27	22
55	58	7	10	23	26	39	42
9	8	57	56	41	40	25	24
50	63	2	15	18	31	34	47
16	1	64	49	48	33	32	17

参照：魔方陣(紀元前2200年ころ)、四次元完全魔方陣(1999年)

1774年

極小曲面

レオンハルト・オイラー(1707-83)、ジャン・ムーニエ(1754-93)、ハインリヒ・フェルディナント・シェルク(1798-1885)

せっけん水から、針金で作った平面のリングを引き上げることを想像してみてほしい。そのリングには円盤状のせっけん水の膜ができる。この膜は、他に形成され得る形状よりも面積が小さいので、数学者はこれを極小曲面と呼んでいる。正式に言えば、有限極小曲面は所与の閉曲線を境界とする曲面の中で、最も面積が小さいという特徴を持つ。この曲面の平均曲率はゼロだ。数学者による極小曲面の探求とその極小性の証明は、2世紀以上にわたって続いている。3次元にねじれた境界曲線に対する極小曲面は、美しく、複雑だ。

1744年、スイスの数学者レオンハルト・オイラーが懸垂面を発見した。これは、円形領域のような自明な例以外では、最初の極小曲面の例だ。1776年、フランスの幾何学者ジャン・ムーニエがらせん面の極小曲面を発見した。(ムーニエは軍隊の将軍でもあり、プロペラで駆動される紡錘形の有人飛行船を最初に設計した人物でもあった。)

次に極小曲面が見つかったのは1873年のことで、ドイツの数学者ハインリヒ・シェルクが発見者だった。同年、ベルギーの物理学者ジョゼフ・プラトーは実験によって、せっけん水の膜は常に極小曲面を形成すると予想した。「プラトーの問題」は、これが真であることを証明するために必要な数学の問題だ。(プラトーは、視覚生理学に関する実験に熱中し、25秒間太陽を直視した結果、視力を失っている。) さらに最近の例としては、コスタの極小曲面がある。これはブラジルの数学者セルソ・コスタが1982年に初め

▲ポール・ナイランダーによって描画された極小曲面の一例、エネパー曲面の1バージョン。この曲面は1863年ころ、ドイツの数学者アルフレト・エネパー(1830-85)によって発見された。

て数学的に記述したものだ。

時には非常に複雑なものとなる極小曲面の構成と視覚化に、現在ではコンピュータとコンピュータグラフィックスが重要な役割を果たしている。将来、極小曲面は材料科学やナノテクノロジーの分野で大いに応用されるようになるかもしれない。例えば、あるポリマーを混ぜ合わせると、その界面が極小曲面を形成する。その界面形状の知識は、そのような混合物の化学的性質の予測に役立つかもしれない。

参照：トリチェリのトランペット(1641年)、ベルトラミの擬球面(1868年)、ボーイ曲面(1901年)

1777年

ビュフォンの針

ジョルジュ=ルイ・ルクレール・ド・ビュフォン（1707-88）

数学や科学で重要な役割を演じているモンテカルロ法は、カジノが林立することで有名なモナコの地区から命名されたものだが、ランダム性を利用して原子核連鎖反応の統計から交通量の調節まで、さまざまな問題を解くために使われている。

この手法が使われた最も初期の有名な例のひとつとして、18世紀のフランスの博物学者であり数学者でもあったビュフォンが、罫線を引いた紙の上に繰り返し針を落として針が線にかかった回数を数えることによって、円周率（π＝3.1415…）という数学定数の推定値が得られることを示したものがある。話を簡単にするために、つまようじをフローリングの床（つまようじの長さと同じ幅で線が引かれている）に落とすことを想像してみよう。つまようじを落とした回数から円周率の近似値を計算するには、落とした回数に2を掛けて、つまようじが線にかかった回数で割ればよい。

ビュフォンは多才な人物だった。彼の36巻からなる著書『一般と個別の博物誌』には自然界に関して当時知られていたすべての知識が含まれており、チャールズ・ダーウィンや進化論にも影響を与えた。

現在では、強力なコンピュータによって1秒間に大量の疑似乱数を発生させることができるため、科学者たちはモンテカルロ法を活用して経済学、物理学、化学、タンパク質の構造予測、銀河の形成、人工知能、がんの治療、株式市場の予測、油田探査、空力形状の設計など、他の手法が利用できない純粋数学の問題などの理解に役立てている。

近代になって、モンテカルロ法はスタニスワフ・ウラム、ジョン・フォン・ノイマン、エンリコ・フェルミなど、世界中の数学者や物理学者の注目を引くことになった。フェルミはこの手法を使って、中性子の性質を研究した。モンテカルロ法は、第二次世界大戦中のアメリカの原子爆弾開発プロジェクト、マンハッタン計画に要求されたシミュレーションにも不可欠なものだった。

▲フランソ=ユベール・ドルーエ（1727-75）によるジョルジュ=ルイ・ルクレール・ド・ビュフォンの肖像画。

参照：サイコロ（紀元前3000年ころ）、円周率π（紀元前250年ころ）、大数の法則（1713年）、正規分布曲線（1733年）、ラプラスの『確率の解析的理論』（1812年）、乱数発生器の発達（1938年）、フォン・ノイマンの平方採中法（1946年）、n次元球体内の三角形（1982年）

1779年

36人の士官の問題

レオンハルト・オイラー(1707-83)、
ガストン・タリー(1843-1913)

軍隊の6個連隊に、それぞれ階級の異なる6人の士官がいると想像してほしい。1779年、レオンハルト・オイラーはこの36人の士官を6×6の方陣に配置して、どの列や行にも6つの階級と6つの連隊が1つずつ現れるようにできるか、という問題を出した。数学の言葉で言えば、この問題は次数6の互いに直交したラテン方陣を見つけることと等価になる。オイラーは、この問題には解がないと正しく予想し、フランスの数学者ガストン・タリーが1901年にそのことを証明した。数世紀にわたって、この問題は組合せ論(物事の選択や配置について研究する数学の一分野)の重要な成果を生み出すことになった。またラテン方陣は、エラー訂正符号や通信の分野でも使われている。

n次のラテン方陣は1からnまでのn個の数から構成され、どの行や列にも同一の数字が含まれないように配置したものだ。ラテン方陣の数は、次数$n=1$から順に 1, 2, 12, 576, 161280, 8 1285 1200, 61 4794 1990 4000, 1 0877 6032 4590 8295 6800 と増えて行く。

1ペアのラテン方陣は、同じ位置にある2つの数字を並置して作られるn^2個のペアがすべて異なる

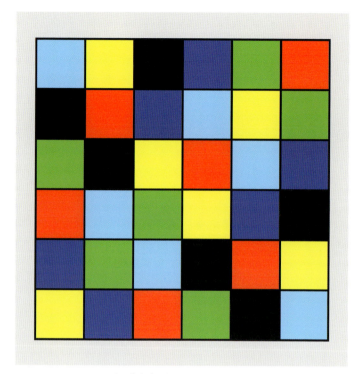

▲ 6色で塗り分けられた6×6のラテン方陣の例。どの列や行をとっても同じ色がないように配置されている。現在では、次数6のラテン方陣は 8 1285 1200 個存在することがわかっている。

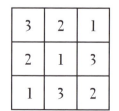 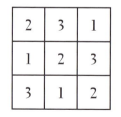

場合、直交すると呼ばれる。(並置とは、2つの数字を結合して順序付きペアにすることを指す。)例えば、次数3の直交する2つのラテン方陣は左のようになる。

オイラーは、$n=4k+2$(ここでkは正の整数)の場合、直交する$n×n$のラテン方陣のペアは存在しないだろうと予想した。この予想は1世紀以上未解決のままだったが、1959年になって、R. C. ボーズ、S. S. シュリカンデ、E. T. パーカーという3人の数学者が22×22の直交するラテン方陣のペアを作り上げた。現在では、$n=2$と$n=6$以外のすべての正の整数nについて、$n×n$の直交するラテン方陣のペアが存在することがわかっている。

参照:魔方陣(紀元前2200年ころ)、アルキメデスの『砂粒』『牛』『ストマキオン』(紀元前250年ころ)、オイラーの多角形分割問題(1751年)、ラムゼー理論(1928年)

1789年ころ

算額の幾何学

藤田貞資（1734-1807）

算額として知られる日本の伝統は、ほぼ1639年から1854年にわたる日本の鎖国時代に生まれた。数学者、農民、侍、女性、そして子供たちも難しい幾何の問題を解いて、その答えを絵馬に書き込んだ。これらの絵馬は彩色され、神社仏閣に奉納された。現在まで残っている算額は800件以上あり、互いに接する円の問題を取り扱ったものが多い。一例として、下の図を考えてみよう。これは1873年という比較的最近の算額で、高坂金次郎という11歳の少年が作ったものだ。全体は完全な円の1/3の扇形になっている。黄色で示した円の直径をd_1とした場合、緑色で示した円の直径d_2はいくつになるだろうか？答えは、$d_2 ≒ d_1(\sqrt{3072}+62)/193$だ。

1789年、和算家の藤田貞資が算額の問題を集めた最初の本『神壁算法』を出版した。現在まで残っている最も古い算額は1683年のものだが、1668年のものに言及している歴史資料もある。算額の大部分は教科書に掲載されている典型的な幾何の問題とは大きく異なっているが、これは算額愛好家が円や楕円にこだわることが多かったからだ。算額の問題の中には非常に難しいものもあり、トニー・ロスマンと深川英俊は「現代の幾何学者であれば、これらの問題を解くのに微積分やアフィン変換など、高度な手法を使うはずだ」と書いている。しかし、微積分の利用を避けることによって、算額の問題は基本的にはシンプルな、子供でも努力すれば解けるものになっている。

チャッド・ボーティンは、次のように書いている。「もしかすると、数独（最近誰もが夢中になっているように見える数のパズル）が、まず日本で人気が出てから太平洋を渡って広まって行ったのは、当然のことなのかもしれない。このブームは、数世紀前に日本列島を席巻した数学の流行の残り火であり、当時は熱心な愛好者たちが競って美しい幾何学の問題の答えを、算額と呼ばれる彩色した絵馬に書き込んでいたのだ……。」

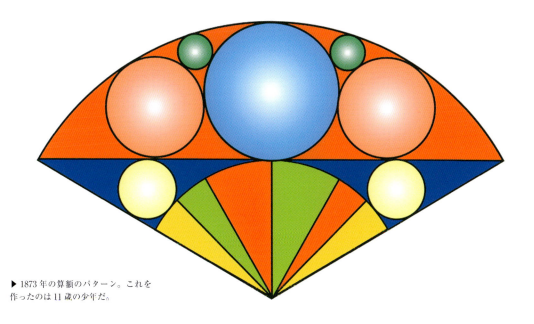

▶ 1873年の算額のパターン。これを作ったのは11歳の少年だ。

参照：ユークリッドの『原論』（紀元前300年）、ケプラー予想（1611年）、ジョンソンの定理（1916年）

1795年

最小二乗法

カール・フリードリッヒ・ガウス（1777-1855）

あなたが足を踏み入れた洞窟には、素晴らしい鍾乳石が天井から垂れ下がっている。鍾乳石の長さとその年齢との間には相関があるのだろうが、これら2つの変数の関係は厳密なものではないかもしれない。予測できない温度や湿度の変動も、おそらく鍾乳石の成長には影響するだろう。しかし、鍾乳石の年齢を見積もる化学的または物理的な手法の存在を仮定すれば、年齢と長さの間に何らかの傾向がきっと存在し、大まかな予測には使えるはずだ。

このような傾向を明らかにし、視覚化するために科学において重要な役割を演じているのが最小二乗法だ。現在では大部分のソフトウェア統計パッケージで、ノイズを含んだ実験データから直線を描いたり平滑な曲線を引いたりするためにこの手法が利用できる。最小二乗法は、曲線からの点のずれの二乗の和を最小化することによって、所与のデータポイントのセットに「ベストフィット」する曲線を見つける数学的な手順だ。

1795年、ドイツの数学者で科学者でもあったカール・フリードリッヒ・ガウスは18歳にして最小二乗法の研究を始めた。彼は1801年に小惑星セレスの将来の位置を予測して、彼の手法の真価を実証した。背景としては、イタリアの天文学者ジュゼッペ・ピアッツィ（1746-1826）が1800年に最初にセレスを発見したものの、その後この小惑星が太陽の背後に隠れてしまい、再び見つけることができなかったという事情がある。オーストリアの天文学者フランツ・フォン・ツァハ（1754-1832）は「ガウス博士の賢明な研究と計算がなければ、セレスを再び見つけ出すことはできなかったかもしれない」と言及している。興味深いことに、ガウスは自分の手法を秘密にしてライバルたちへの優位性を保ち名声を高めようとしていた。彼は後年、さまざまな発見を他人よりも先に行っていたことを証明できるように、科学的成果を暗号として発表することもあった。ガウスが秘密にしていた最小二乗法を『天体運動論』の中でついに発表したのは、1809年のことだった。

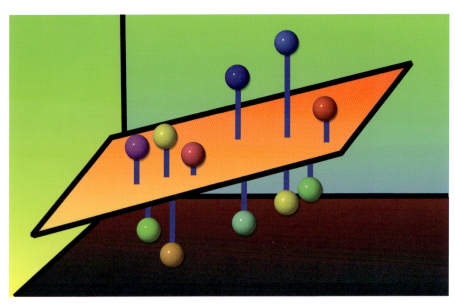

◀最小二乗平面。ここでは、最小二乗法を用いて所与のデータポイントに「ベストフィット」する平面を見つけるために、y軸と平行な青で示した線分の長さの二乗の和が最小になるようにしている。

参照：ラプラスの『確率の解析的理論』（1812年）、カイ二乗検定（1900年）

1796年

正十七角形の作図

カール・フリードリッヒ・ガウス（1777-1855）

1796年、まだティーンエージャーだったころ、ガウスは直定規とコンパスだけを用いて正十七角形を作図する方法を発見した。彼はこの成果を、記念碑的な1801年の著作『数論考究』の中で発表した。この作図の試みはユークリッドの時代から失敗続きだったため、ガウスの作図は非常に重要な意味を持つものだった。

千年以上にわたって、数学者たちはnが$3, 5,$そして2のべき乗の倍数の場合に正n角形をコンパスと直定規を使って作図する方法を見つけてきた。ガウスはこのリストにさらに多くの多角形、つまり$2^{2^n}+1$（ここでnは整数）の形をした素数の辺を持つ多角形を付け加えることができた。そのような数を順にいくつか挙げてみると、$F_0=3, F_1=5, F_2=17, F_3=257, F_4=65537$となる。（この形の数はフェルマー数とも呼ばれ、素数になるとは限らない。）正257角形は、1832年に作図された。

長じてからもガウスは正十七角形の作図を自分の最大の業績とみなしていて、墓石には正十七角形を彫ってほしいと望んでいた。言い伝えによれば、正十七角形を彫るのは難しく、円のように見えてしまうだろうと言って、石工はその頼みを断ったという。

1796年はガウスにとって、ホースからほとばしる水のようにアイディアが順調にあふれ出した年だった。正十七角形の作図（3月30日）以外にも、ガウスはモジュラー演算を発明し、平方剰余の相互法則（4月8日）や素数定理（5月31日）を示した。彼は、すべての正の整数がたかだか3つの三角数の和として表せることを証明した（7月10日）。また彼は、有限体上の特別な3次方程式の解の個数に関する定理を発見した（10月1日）。十七角形に関しては、ユークリッドの時代から多角形の作図についてほとんど発見がなされてこなかったことに「驚いた」とガウスは言っている。

▶正十七角形の形をしたプールの中を、魚が泳ぎまわっている。

参照：セミと素数（紀元前100万年ころ）、エラトステネスのふるい（紀元前240年ころ）、ゴールドバッハ予想（1742年）、ガウスの『数論考究』（1801年）、リーマン予想（1859年）、素数定理の証明（1896年）、ブルン定数（1919年）、ギルブレスの予想（1958年）、ウラムのらせん（1963年）、アンドリカの予想（1985年）

1797年

代数学の基本定理

カール・フリードリッヒ・ガウス (1777-1855)

代数学の基本定理はいくつかの形で記述できるが、次数 $n \geqq 1$ のすべての実係数または複素係数多項式は n 個の実根または複素根を持つ、というのがそのひとつだ。別の言い方をすれば、次数 n の多項式 $P(x)$ は $P(x_i)=0$ となる x_i の値を n 個持つ(そのうちいくつかは重根となっているかもしれない)。ちなみに、次数 n の多項式は $P(x) = a_n x^n + a_{n-1} x^{n-1} + \cdots + a_1 x + a_0 = 0$ (ここで $a_n \neq 0$) という形をしている。

例として、2次多項式 $f(x) = x^2 - 4$ を考えてみよう。グラフに描くと、この曲線は最小値として $f(x) = -4$ を取る放物線となる。この多項式は2つの異なる実根 ($x=2$ と $x=-2$) を持ち、グラフ上では放物線が x 軸と交わる点として表現される。

この定理が注目される理由のひとつに、歴史を通じて非常に多くの証明の試みが行われてきたことがある。代数学の基本定理の最初の証明は、ドイツの数学者カール・フリードリッヒ・ガウスが1797年に発見したとされるのが通例だ。1799年に発表された博士論文の中で、彼は最初の証明を提示した。これは実係数多項式に的を絞ったもので、それ以前の他の証明の試みに異を唱えるものでもあった。現代の基準で見ると、ガウスの証明は特定の曲線の連続性を前提としているため、完全には厳密とは言えないが、それ以前のすべての証明の試みよりもはるかに優れたものだった。

ガウスは代数学の基本定理が非常に重要なものと考えていたようで、そのことは彼が何度もこの問題に立ち返っていることからも窺える。彼の4番目の証明は彼の書いた最後の論文に収録されており、それが発表されたのは1849年、博士論文からちょうど50年後のことだった。ジャン=ロベール・アルガン (1768-1822) が1806年に複素係数多項式に関する代数学の基本定理の厳密な証明を発表したことにも注目してほしい。この定理は数学の数多くの分野に登場し、抽象代数や複素解析からトポロジーに至るまで、幅広い分野のさまざまな証明に用いられている。

▲グレッグ・ファウラーによる $z^3 - 1 = 0$ の3つの解の描写。3つの根(零点)は 1, $-0.5 + 0.86603i$, $-0.5 - 0.86603i$ であり、このニュートン法による解の描画の中心に位置している。

参照:アッ=サマウアルの『代数の驚嘆』(1150年ころ)、正十七角形の作図(1796年)、ガウスの『数論考究』(1801年)、ジョーンズ多項式(1984年)

1801年

ガウスの『数論考究』

カール・フリードリッヒ・ガウス（1777-1855）

スティーブン・ホーキングは次のように書いている。「ガウスが画期的な著書『数論考究』を書き始めたとき、数論はバラバラの成果の寄せ集めに過ぎなかった……。『数論考究』の中で、彼は合同の概念を導入し、それによって数論を統一した。」ガウスがこの記念碑的な著作を出版したのは、弱冠24歳のときだった。

『数論考究』には、合同関係に基づくモジュラー演算が導入されている。2つの整数 p と q は、$p-q$ が s によって割り切れるとき、またそのときに限って「整数 s を法として合同」となる。そのような合同関係は、$p \equiv q \pmod{s}$ と書き表される。この簡潔な記法を用いて、ガウスは著名な平方剰余の相互法則を再提示し証明した。この法則は、数年前にフランスの数学者アドリアン＝マリー・ルジャンドル（1752-1833）によって不完全な証明が与えられていたものだ。2つの異なる奇素数 p と q について、以下の命題を考えてみよう。(1) p は q を法として平方剰余である、(2) q は p を法として平方剰余である。この定理によれば、p と q の両方が（4を法として）3と合同であれば、(1)か(2)のどちらか片方だけが真となり、それ以外の場合には(1)と(2)の両方が真であるか、両方とも真でないかのいずれかとなる。（整数 a が p を法として**平方剰余**であるとは、ある整数 x が存在して $x^2 \equiv a \pmod{p}$ が成り立つことをいう。）

つまり、この定理は2つの関連する2次方程式の解の存在を、モジュラー演算によって結びつけているのだ。ガウスは著書の中のひとつの章全体をこの定理の証明にあてている。彼はこの愛すべき平方剰余の相互法則が「黄金の定理」や「数論の宝石」であると考えていた。ガウスはよほどこの定理が気に入ったらしく、生涯で8つもの別個の証明を与えている。

▲デンマークの画家クリスティアン・アルブレヒト・イェンセン（1792-1870）によって描かれたカール・フリードリッヒ・ガウスの肖像。

数学者のレオポルト・クロネッカーは「これほど若い1人の人間が、まったく新しい分野でこれほど深遠でよく整理された取り扱いを提示できたのは、実に驚くべきことだ」と書いている。定理を提示し、続いて証明、系、例を与えるという『数論考究』でのガウスの記述の仕方は、彼に続く著者にも引き継がれた。『数論考究』という種子から、数多くの主要な19世紀の数論研究者による著作が花開いたのだ。

参照：セミと素数（紀元前100万年ごろ）、エラトステネスのふるい（紀元前240年ごろ）、ゴールドバッハ予想（1742年）、正十七角形の作図（1796年）、リーマン予想（1859年）、素数定理の証明（1896年）、ブルン定数（1919年）、ギルブレスの予想（1958年）、ウラムのらせん（1963年）、エルデーシュの膨大な共同研究（1971年）、公開鍵暗号（1977年）、アンドリカの予想（1985年）

1801年

三桿分度器

ジョゼフ・ハダート (1741-1816)

現代の普通の分度器は、平面上の作図や角度の測定、そしてさまざまな角度の線を描くために用いられ、半円形をしていて角度の目盛りが0°から180°まで振られている。分度器が他のデバイスの一部ではなく、独立した計器として使われ始めたのは17世紀のことだった。船乗りたちが、海図を読むために使い始めたのだ。

1801年、英国海軍の艦長だったジョゼフ・ハダートが、海図上に船の位置をプロットするための三桿分度器を発明した。この分度器は、固定された中央のアームに対して回転できる2つの外側アームを備えている。この2つの回転するアームは、一定の角度に固定できるようになっている。

1773年、ハダートは東インド会社で働いていて、南大西洋のセントヘレナ島やスマトラのベンクーレンへ航海していた。航海の途中、彼はスマトラ島西岸の詳細な測量を行った。彼が1778年に作成したアイルランド海と大西洋を結ぶセントジョージ海峡の海図は、わかりやすく正確な代表作だ。三桿分度器の発明者としての名声が高まる前にも彼はロンドンのドックで最高水位の印をつけることを提案し、これは1960年代まで使われていた。彼は蒸気機関で動作するロープの製造機械を発明し、ロープ製造の品質水準を引き上げた。

1916年、米国海軍水路部は三桿分度器の使い方を以下のように説明している。「現在位置をプロットするには、選択された3つの[既知の]目標の間で観測される2つの角度をこの計器に設定し、次いで3本の桿がそれぞれ同時に3つの目標を通過するように海図の上を移動する。するとこの計器の中心が本船の位置となるので、中心の穴を通して海図にピンを刺すか、鉛筆で印をつければよい。」

◀英国の海軍艦長であり、航海に役立つ三桿分度器の発明者であるジョゼフ・ハダート。

参照：航程線(1537年)、メルカトール図法(1569年)

1807年

フーリエ級数

ジャン=バティスト・ジョゼフ・フーリエ(1768-1830)

　フーリエ級数は、現在では振動解析から画像処理に至るまで、数え切れないほどの用途に利用されている。事実上、周波数分析が行われるあらゆる分野で使われていると言えるだろう。例えばフーリエ級数は、恒星の化学組成や声道による音声の生成の特徴を、科学者たちがより良く理解するために役立っている。

　フランスの数学者ジョゼフ・フーリエは、この著名な級数を発見する前、1789年のナポレオンのエジプト遠征に随行し、数年間かけて古代エジプトの遺跡を調査していた。フーリエが熱伝導に関する数学的理論の研究を始めたのはフランスに戻った後の1804年ころで、1807年には重要な覚書『熱の伝播について』を完成させていた。彼が興味を持っていたことのひとつに、さまざまな形状における熱分散がある。このような問題に研究者が取り組む場合、表面上の点や端点での $t=0$ における温度を所与とするのが普通だ。フーリエはこの種の問題の解を見つけるために、サインとコサインの項からなる級数を導入した。さらに一般化して、彼は任意の微分可能な周期関数が(どんな奇妙なグラフとなる関数であっても)、サイン関数とコサイン関数の和によって任意の精度で表現できることを見出した。

　伝記作家のジェローム・ラベッツとI. グラッタン=ギネスは、次のように書いている。「フーリエの業績は、方程式の解を求めるために彼が発明した強力な数学ツールが、数理解析の分野に長期にわたって派生物を生み出すとともに問題を提起し、この分野における19世紀およびそれ以降の顕著な業績の多くを引き出したと［いう観点から］理解することができる。」英国の物理学者ジェームズ・ジーンズ(1877-1946)は、以下のように評している。「フーリエの定理は、どんな性質の曲線であっても、あるいはどのような由来の曲線であっても、十分な数のシンプルな調和曲線を重ね合わせることによって正確に再現できることを述べている。簡単に言えば、すべての曲線は波を重ね合わせて作り上げることができるのだ。」

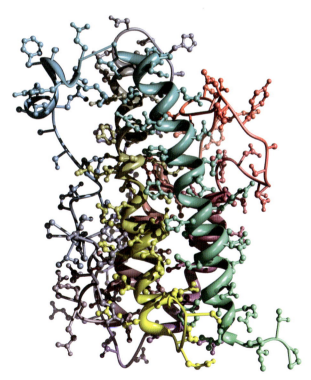

▶ヒト成長ホルモンの分子モデル。フーリエ級数とそれに対応するフーリエ合成法を用いて、X線回折データから分子構造が決定された。

参照：ベッセル関数(1817年)、調和解析機(1876年)、微分解析機(1927年)

1812年

ラプラスの『確率の解析的理論』

ピエール=シモン・ラプラス（1749-1827）

確率に関する最初の重要な書籍であり、確率論と微積分を結び付けたのが、フランスの数学者で天文学者でもあったピエール=シモン・ラプラスの『確率の解析的理論』だ。確率論研究者は、ランダムな現象を研究対象としている。サイコロを1回振ることはランダムな事象とはみなされないかもしれないが、何度も繰り返すうちに特定の統計的パターンが浮かび上がってくる。このパターンを研究すれば、それを利用して予測が行える。

ラプラスの『確率の解析的理論』の初版はナポレオン・ボナパルトに献呈され、個別の確率から複合事象の確率を求める手法について述べている。この本では**最小二乗法**と**ビュフォンの針**も取り上げて、数多くの実用的な応用について考察している。

スティーブン・ホーキングは『確率の解析的理論』を「名著」と呼び、「この世界はすべてが定められているのだから物事には確率は存在しないはずであり、確率はわれわれの知識の不足に起因するものである、とラプラスは主張していた」と書いている。ラプラスによれば、十分に高等な存在にとっては何事も「不確実」ではないはずなのだ。20世紀に量子力学とカオス理論が出現するまでは、このような概念モデルが支配的であった。

確率的プロセスから予測可能な結果を引き出す方法を説明するために、円形に配置されたいくつかのつぼを想像してほしい、とラプラスは読者に要請している。1つのつぼには黒い球だけが入っており、もう1つのつぼには白い球だけが入っている。それ以外のつぼには、さまざまに混じった球が入っている。球を1個取り出して、それを隣のつぼに入れ、次々に円を回りながらこれを繰り返すと、最終的に黒と白の玉の比率はすべてのつぼでほぼ同一となる。

▲ピエール=シモン・ラプラス侯。この肖像画は、ラプラスの死後にフェイトー夫人によって描かれた（1842）。

このようにして、ラプラスはランダムな「自然の力」が、予測可能性と秩序をもたらすことを示している。ラプラスは次のように書いている。「もともとは偶然性のゲームを考察する中で生まれてきたこの科学が、人類の知識の最も重要な財産となるべきことは注目に値する……。人生で最も重要な問題は、ほとんどの場合、実際には単なる確率の問題なのである。」ラプラス以外の著名な確率論研究者としては、ジェロラモ・カルダノ（1501-76）、ピエール・ド・フェルマー（1607年ころ～65年）、ブレーズ・パスカル（1623-62）、アンドレイ・ニコライヴィッチ・コルモゴロフ（1903-87）などが挙げられる。

参照：微積分の発見（1665年ころ）、大数の法則（1713年）、正規分布曲線（1733年）、ビュフォンの針（1777年）、最小二乗法（1795年）、無限の猿定理（1913年）、n次元球体内の三角形（1982年）

1816年

ルパート公の問題

プリンス・ルパート・オブ・ザ・ライン (1619-82)、ピーター・ニューランド(1764-94)

ルパート公の問題には、長く魅力的な歴史がある。ルパート公は発明家であり、アーティストであり、軍人でもあった。彼は、事実上すべての主要なヨーロッパの言語に堪能で、数学に秀でていた。兵士たちは、戦闘中に彼が連れて歩いていた大きなプードルを恐れていた。超自然的な力を持っていると信じていたからである。

1600年代、ルパート公は有名な幾何学の問題を提示した。辺の長さが1インチの立方体が与えられた場合、これを通り抜けられる最大の立方体の大きさはどのくらいだろうか? もっと正確に言えば、立方体を壊さずにその立方体に開けることのできる(断面が正方形の)最大のトンネルの辺の長さRはどうなるだろうか?

現在、その答えは$R=3\sqrt{2}/4=1.060660\cdots$であることがわかっている。別の言い方をすれば、辺の長さがRインチ(以下)の立方体は、辺の長さが1インチの立方体を通り抜けることができるのだ。ルパート公は、2つの同じ大きさの立方体の片方に、もう片方の立方体が通り抜ける穴を開けられるか、という賭けに勝った。多くの人は、そんなことはできっこないと考えていたのだ。

ルパート公の問題が最初に出版されたのはジョン・ウォリス(1616-1703)の『代数論』(1685年)だったが、1.060660という解はすぐには得られず、オランダの数学者ピーター・ニューランドによって解かれたのはルパート公が問題を出した1世紀以上も後のことだった。この解は彼の死後、論文の中から彼の師ヤン・ヘンドリック・ファン・スビンデンによって発見され、1816年に発表された。

▲ルパート公は、2つの同じ大きさの立方体の片方に、もう片方の立方体が通り抜ける穴を開けられるか、という賭けに勝った。多くの人は、そんなことはできっこないと考えていたのだ。

立方体の1つの角が自分のほうを向くように持つと、正六角形が見えるはずだ。この立方体を通り抜けられる最大の正方形は、この六角形に内接する。数学者リチャード・ガイとリチャード・ノリコフスキーの報告によれば、超立方体に内接する最大の立方体の辺の長さは1.007434775…であり、これは$4x^4-28x^3-7x^2+16x+16=0$の最小の根である1.014924…の平方根に等しい。

参照:プラトンの立体(紀元前350年ころ)、オイラーの多面体公式(1751年)、四次元立方体(1888年)、メンガーのスポンジ(1926年)

1817年

ベッセル関数

フリードリッヒ・ヴィルヘルム・ベッセル（1784-1846）

ドイツの数学者フリードリッヒ・ベッセルは14歳以降正規の教育を受けなかったが、相互に重力を及ぼしながら運動する惑星の動きを研究する中で、1817年にベッセル関数を開発した。彼は数学者ダニエル・ベルヌーイ（1700-82）の発見を一般化したのだ。

ベッセルの発見以降、この関数は数学や工学の幅広い分野で不可欠のツールとなってきた。著述家のボリス・コレネフは次のように書いている。「実質的にすべての数理物理学の重要な分野に関係する膨大な数の多様な問題とさまざまな技術的な問題が、ベッセル関数によって関連づけられる。」実際、ベッセル関数理論の多様な側面は、以下のような問題を解くために利用されている。熱伝導、流体力学、拡散、信号処理、音響学、無線やアンテナの物理学、平板振動、連鎖発振現象、材料の割れの付近に発生する応力、波動の伝播全般、そして原子物理学と核物理学。弾性理論では、極座標や円柱座標を利用した数多くの空間的な問題を解くためにベッセル関数が役立つ。

ベッセル関数は特定の微分方程式の解であり、グラフに描くと振動しながら減衰する正弦波に似たものとなる。例えば、太鼓の皮などの円形の膜に関する波動方程式の場合、一部の解にはベッセル関数が含まれ、定在波解は膜の中心から縁への距離 r に関連したベッセル関数として表現できる。

2006年、日本の三井造船昭島研究所と大阪大学の研究者たちがベッセル関数理論を利用して、水面に波で文字や絵を描けるデバイスを作り出した。AMOEBAと呼ばれるこのデバイスは、直径1.6メートルで深さ30センチの円筒形のタンクを取り巻くように配置された50個の水面波発生器でできている。AMOEBAは、ローマ字のスペルを描くことができる。絵や文字が水面に表示されるのは一瞬だけだが、数秒間隔で連続的に再現することが可能だ。

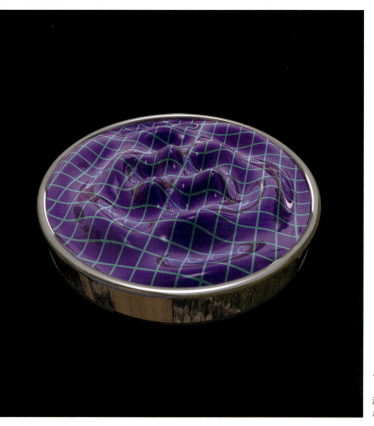

◀ベッセル関数は波動の伝播や、薄い円形の膜の振動モードの研究に役立つ。（この描画は、ベッセル関数を使って波動現象を研究しているポール・ナイランダーによるものだ。）

参照：フーリエ級数（1807年）、微分解析機（1927年）、池田アトラクター（1979年）

1822年

バベッジの機械式計算機

チャールズ・バベッジ(1792-1871)、エイダ・アウグスタ・ラヴレース伯爵夫人(1815-52)

チャールズ・バベッジは英国の分析哲学者、統計学者、発明家であり、宗教の奇蹟に関しても興味を抱いていた。彼は「奇蹟は確立された法則への違反ではなく……より高度な法則の存在を示唆するものである」と書いたことがある。バベッジは、機械論的な世界においても奇蹟は起こり得るものだと論じていた。バベッジが自分の計算機に奇妙なふるまいをプログラミングしようと考えるのと同様に、神は自然界に同じような異常をプログラミングできるのかもしれない。聖書に出てくる奇蹟を調べていく中で、彼は死者がよみがえる確率を 10^{12} 分の1と推定している。

バベッジは、コンピュータが生まれるまでの歴史に関与した最も重要な数理エンジニアとされることが多い。特に彼が有名なのは、現代のコンピュータの遠い祖先である、巨大な手回し式の機械式計算機を考案したためだ。バベッジはこのデバイスが数値表の作成に役立つと考えたが、31個ある金属製の出力ホイールから計算結果を書き写す際の人的ミスを心配していた。現在、バベッジがほぼ1世紀も時代を先取りしていたこと、そして彼の壮大な夢を実現するためには当時の政治状況や技術が不十分だったことがわかっている。

1822年に着手されたが完成することのなかったバベッジの階差機関は、約2万5000個の機械部品を用いて多項式関数の値を計算するよう設計されていた。また、より汎用の計算機を作製する計画もあった。これは解析機関と呼ばれ、計算の領域と数値の格納の領域とが分離されており、パンチカードを用いてプログラミングできるはずだった。50桁の数1000個を格納可能な解析機関は、100フィート(約30メートル)以上の長さになっただろう。詩人バイロン卿の娘であるエイダ・ラヴレースが、解析機関のプログラム仕様を考案した。エイダはバベッジの助けを借りてはいたものの、彼女が最初のコンピュータプログラマーだと考える人は多い。

1990年、ウィリアム・ギブソンとブルース・スターリングが書いた小説『ディファレンス・エンジン』は、ヴィクトリア朝社会でバベッジの機械式計算機が実用化されていたとしたらどうなっただろう、という読者の想像をかき立ててくれる。

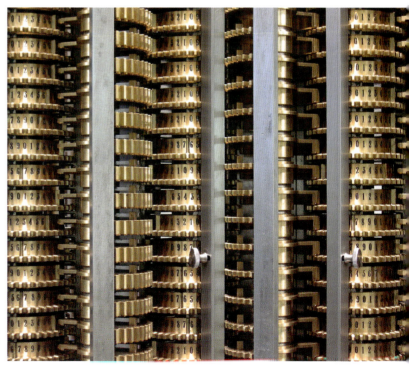

▶チャールズ・バベッジの階差機関の実働モデルの一部。現在はロンドンのサイエンス・ミュージアムに展示されている。

参照:そろばん(1200年ころ)、微分解析機(1927年)、ENIAC(1946年)、クルタ計算機(1948年)、最初の関数電卓HP-35(1972年)

1823年

コーシーの『微分積分学要論』

オーギュスタン=ルイ・コーシー(1789-1857)

アメリカの数学者ウィリアム・ウォーターハウスは、次のように書いている。「1800年代の微分積分学は興味深い状態にあった。それが正しいことには疑いがなかった。十分なスキルと洞察力のある数学者たちは、1世紀にわたって微積分を使いこなしていた。しかし、なぜそうなるのかを明確に説明できる人物は、誰もいなかった……。そして、コーシーが登場する。」1823年の著書『微分積分学要論』の中で、多くの業績を残したフランスの数学者オーギュスタン・コーシーは微分積分学を厳密に展開し、微分積分学の基本定理にモダンな証明を与えた。この定理は、微分積分学の二大部門(微分と積分)を1つの枠組みへ、エレガントに統合するものだ。

コーシーはこの著作を、導関数の明確な定義から始めている。彼の導師であるフランスの数学者ジョゼフ=ルイ・ラグランジュ(1736-1813)は、曲線のグラフを考えて、導関数を曲線の接線であるとみなした。導関数を求めようとすると、ラグランジュは適切な導関数の公式を探す必要があった。スティーブン・ホーキングは「コーシーはラグランジュのはるかに先を行き、xにおけるfの導関数を、差分の商$\Delta y/\Delta x=[f(x+i)-f(x)]/i$の[$i$が0へ近づくときの]極限であると定義した」と書いている。これはわれわれが現在使用している、非幾何的な導関数の定義だ。

同様に、微分積分学における積分の概念を明確化することによって、コーシーは微分積分学の基本定理を論証した。これによって、任意の連続関数fについて$x=a$から$x=b$までの$f(x)$の積分を計算する方法が確立される。厳密に言えば、fが区間$[a, b]$で積分可能な関数であって$H(x)$が$a \leqq x \leqq b$の範囲での$f(x)$の不定積分である場合、微分積分学の基本定理は$H(x)$の導関数が$f(x)$と同一になること、つまり$H'(x)=f(x)$であることを述べている。

ウォーターハウスは以下のように結論付けている。「実際にはコーシーは、新しい基礎を築いたのではなかった。彼がすべてのほこりを払ってみると、微分積分学の体系全体がすでに強固な岩盤の上に築かれていることが明らかになったのだ……。」

◀ オーギュスタン=ルイ・コーシーの肖像、グレゴワルとドゥヌによるリトグラフ。

参照：ゼノンのパラドックス(紀元前445年ころ)、微積分の発見(1665年ころ)、ロピタルの『無限小解析』(1696年)、アニェージの『解析教程』(1748年)、ラプラスの『確率の解析的理論』(1812年)

1827年

重心計算

アウグスト・フェルディナント・メビウス(1790-1868)

「メビウスの帯」と呼ばれる裏表のないループで有名なアウグスト・フェルディナント・メビウスは、重心計算についても数学に大きな貢献をしている。重心計算とは、係数または重さが割り当てられた、数個の点の重心を求める幾何学的な手法だ。メビウスの**重心座標**は、基準三角形に関する座標であると考えることができる。通常、これらの座標は3つ組の数値として書き表され、三角形の各頂点に吊り下げられた質量に対応するとみなされる。1827年のメビウスの著書『重心計算』で展開されたこの新しい代数的ツールは、それ以降幅広い分野に応用されてきた。この古典的な著書では、射影変換など、解析幾何学における関連した話題も論じられている。

重心(barycentric)という言葉は、「重い」という意味のギリシア語barysに由来する。メビウスは、まっすぐな棒に沿って配置されたいくつかのおもりが、その棒の重心にある1個のおもりで置き換えられることを理解していた。このシンプルな原則から、彼は空間のすべての点に数値係数が割り当てられる数学体系を構築したのだ。

現在、重心座標は一般座標の一種として取り扱われ、数学の数多くの分野やコンピュータグラフィックスで用いられている。重心座標の利点の多くは、接続(線、平面、点といった要素が同じ場所を占めるかどうか)について研究する**射影幾何学**の分野で発揮される。射影幾何学では、物体間の関係や、(立体の影のように)物体を別の表面に投影して得られる写像も研究対象だ。

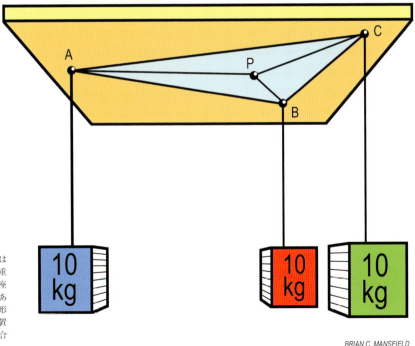

▶重心座標。点PはA、B、およびCの重心であり、Pの重心座標は[A, B, C]であると言える。三角形ABCは、重心の位置に支点を置くとつり合いが取れる。

BRIAN C. MANSFIELD

参照:デカルトの『幾何学』(1637年)、射影幾何学(1639年)、メビウスの帯(1858年)

1829年

非ユークリッド幾何学

ニコライ・イワノヴィッチ・ロバチェフスキー（1792-1856）、ヤーノシュ・ボヤイ（1802-60）、ゲオルク・フリードリッヒ・ベルンハルト・リーマン（1826-66）

ユークリッド（紀元前325年ころ～前270年ころ）の時代から、いわゆる平行線公準はわれわれの生活する3次元世界の現象をかなりうまく説明できるように思われてきた。この公準に従えば、1本の直線とその直線上にない1点を与えられたとき、その点を通って元の直線と交差することのない直線は1本だけ引けることになる。

時代と共にこの公準が成り立たない非ユークリッド幾何学が形成され、驚くべき結果を生み出すようになってきた。アインシュタインは非ユークリッド幾何学について次のように語っている。「幾何学をこのように解釈することは、私にとっては非常に重要だ。非ユークリッド幾何学と出会わなかったら、私が相対性理論を作り出すこともできなかっただろう。」実際、アインシュタインの一般相対性理論は時空を非ユークリッド幾何学で表現するため、太陽や惑星といった重力を及ぼす天体の近くで時空は実際にゆがむことになる。これを理解するためには、ボウリングのボールがゴムのシートに沈み込んでいるところを想像してみてほしい。ゴムシートが引き伸ばされてできたくぼみにビー玉を置いて横向きにはじけば、ちょうど太陽の周りを公転する惑星のように、ビー玉はボウリングのボールの周りを巡ることになるだろう。

1829年、ロシアの数学者ニコライ・ロバチェフスキーが『幾何学の原理』を発表し、その中で彼は平行線公準が成り立たないと仮定しても完全で矛盾のない幾何学が生まれることを示した。その数年前、ハンガリーの数学者ヤーノシュ・ボヤイが同様な非ユークリッド幾何学を研究していたが、彼の公表は1832年まで遅れることとなった。1854年、ドイツの数学者ベルンハルト・リーマンがボヤイとロバチェフスキーの結果を一般化し、適切な数の次元が与えられれば、さまざまな非ユークリッド幾何学が可能であることを示した。リーマンは、次のように言ったことがある。「非ユークリッド幾何学の真価は、物理法則の探究にユークリッド以外の幾何学が必要とされる場合に備えて、われわれを先入観から解放してくれるところにある。」彼の予言は、後にアインシュタインの一般相対性理論として実現した。

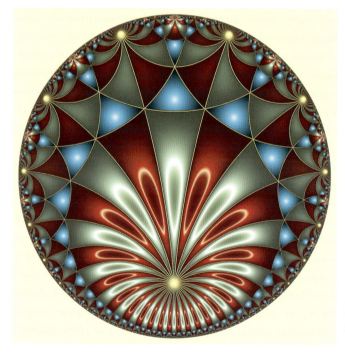

◀非ユークリッド幾何学の一形態が、ヨス・レイスの双曲タイリングによって例示されている。アーティストM.C.エッシャーも非ユークリッド幾何学を題材として取り上げ、宇宙全体を有限の円盤に圧縮して表現している。

参照：ユークリッドの『原論』（紀元前300年）、オマル・ハイヤームの『代数学』（1070年）、デカルトの『幾何学』（1637年）、射影幾何学（1639年）、リーマン予想（1859年）、ベルトラミの擬球面（1868年）、ウィークス多様体（1985年）

1831年

メビウス関数

アウグスト・フェルディナント・メビウス
(1790-1868)

1831年、アウグスト・メビウスは、現在では$\mu(n)$として表記されるエキゾチックなメビウス関数を導入した。この関数を理解するために、すべての整数を3つの大きな郵便箱のどれかに分類することを考えてみよう。最初の郵便箱には大きく「0」と書かれており、2番目のものには「+1」、3番目のものには「-1」と書かれている。メビウスは郵便箱「0」に、平方数(1以外)の倍数、つまり{4, 8, 9, 12, 16, 18, …}を入れることにした。**平方数**とは、例えば4, 9, 16のように、別の整数の平方(2乗)となっている数だ。例えば、$\mu(12)=0$となる。12は平方数4の倍数であるため、郵便箱「0」に入るからだ。

メビウスは郵便箱「-1」に、奇数個の異なる素数に素因数分解できる数を入れることにした。例えば$5\times2\times3=30$なので、30はこのリストに入る。これら3つの素因数を持つからだ。すべての素数は、それ自身という1つだけの素因数を持つため、やはりこのリストに入る。したがって$\mu(29)=-1$であり、また$\mu(30)=-1$となる。ある数が郵便箱「-1」に入る確率は$3/\pi^2$となり、これは郵便箱「+1」に入る確率と同じだ。

次に郵便箱「+1」について考えてみよう。メビウスはここに、例えば6のように、偶数個の異なる素数に素因数分解できるすべての数を入れることにした($2\times3=6$)。完璧を期すため、メビウスは1もこの郵便箱へ入れた。この郵便箱に入っている数は、{1, 6, 10, 14, 15, 21, 22, …}のようになる。この素晴らしいメビウス関数の最初の20個の値は、$\mu(n)$ = {1, -1, -1, 0, -1, 1, -1, 0, 0, 1, -1, 0, -1,

▲アウグスト・フェルディナント・メビウスの肖像。メビウスの著作の口絵から。

1, 0, -1, 0, -1, 0}となる。

驚くべきことに、科学者たちは素粒子理論のさまざまな物理学的な解釈に、メビウス関数が利用できることを発見した。それ以外のメビウス関数の魅力は、そのふるまいについてほとんど何もわかっていないこと、そして$\mu(n)$を含む数多くのエレガントな数学公式が存在することである。

参照:セミと素数(紀元前100万年ころ)、エラトステネスのふるい(紀元前240年ころ)、アンドリカの予想(1985年)

1832年

群論

エヴァリスト・ガロア（1811-32）

フランスの数学者エヴァリスト・ガロアはガロア理論（抽象代数の重要な一分野）の創始者であり、群論（対称性の数学的な研究）への貢献でも有名だ。特に彼は1832年、一般の方程式が根号を使って解けるかどうかを判定する手法を編み出した。これは、実質的に現在の群論のさきがけとなるものだった。

マーティン・ガードナーは次のように書いている。「1832年……、彼はピストルの一撃によって殺害された……彼はまだ21歳にもなっていなかった。群論にはそれまでにも初期の断片的な研究が行われていたが、現代に至る群論の基礎を築き、そしてまた群論という名前を付けたのはガロアだった。これらはすべて、彼の命を奪った決闘の前夜に友人へ宛てて書かれた長く悲しい手紙に含まれている。」群の重要な性質のひとつは、群が要素の集合であり、その要素の間に操作が定義されていて、どの2つの要素に操作を行って作り出される3番目の要素もその集合に含まれているということだ。例えば、整数の集合と、それらの間の操作として加算を考えると、これらは群をなす。2つの整数を足し合わせると、常に整数となるからだ。幾何学的物体は、その物体の対称的な性質を規定する**対称群**と呼ばれる群によって特徴づけられる。この群には、適用された際にその物体を不変に保つ変換の集合が含まれる。現在では、群論の重要なトピックスを学生に説明するために、**ルービック・キューブ**が使われることが多い。

どのような状況でガロアが死に至ったのか、いまだに定説はない。彼の死の原因は、女性をめぐる争いだったのかもしれないし、政治的なものだったのかもしれない。いずれにしろ、死を覚悟したガロア

▲ガロアの命を奪った決闘の前夜にあわただしく書かれた、数学のメモ。このページの左下の部分に、「Une femme（1人の女性）」という言葉が書かれ、femmeの部分に線が引かれて消されている。この女性が、決闘の原因だったとも考えられている。

はその前夜、一心不乱に自分の数学的なアイディアや発見を書き留めた。上の図は、彼の死の前夜に書かれた5次方程式（p^5の項を持つ方程式）に関するページを示したものだ。

翌日、ガロアは腹部に銃弾を受け、なすすべもなく地面に横たわっていた。手を差し伸べる医者はおらず、勝者は苦しんでいるガロアを置き去りにして平然と歩き去った。彼の死後に出版された著作は100ページにも満たないが、そこにはガロアの数学的名声と後世への遺産が詰まっている。

参照：壁紙群（1891年）、ラングランズ・プログラム（1967年）、ルービック・キューブ（1974年）、モンスター群（1981年）、例外型単純リー群 E_8 の探求（2007年）

1834年

鳩の巣原理

ヨハン・ペーター・グスタフ・ルジューヌ・ディリクレ（1805-59）

鳩の巣原理について最初に言及したのはドイツの数学者ヨハン・ディリクレで、それは1834年のことだったが、彼は「引き出し原理」という言葉を使っている。「鳩の巣原理」というフレーズを数学の専門誌で最初に使ったのは数学者のラファエル M. ロビンソンで、1940年のことだった。簡単に説明すると、m個の鳩の巣にn羽の鳩が入っているとすれば、$n>m$であるとき少なくとも1つの鳩の巣には2羽以上の鳩がいることがわかる、ということだ。

このシンプルな主張は、コンピュータのデータ圧縮から、1対1対応のつけられない無限集合に関する問題に至るまで、さまざまな分野に利用されている。また鳩の巣原理は一般化されて確率論にも応用されており、n羽の鳩がm個の鳩の巣に一様な確率$1/m$でランダムに配置されている場合、少なくとも1個の鳩の巣に2羽以上の鳩がいる確率は$1-m!/[(m-n)!m^n]$となる。直観に反する結果が得られる例を、いくつか考察してみよう。

鳩の巣原理により、ニューヨーク市には頭の髪の毛の数が全く同じ人物が少なくとも2人いるはずだ。髪の毛の数を鳩の巣とし、人を鳩だと考えてみてほしい。ニューヨーク市の人口は800万人を超えるが、人の頭には100万本よりもかなり少ない数の髪の毛しかない。したがって、頭の髪の毛の数が全く同じ人物が、少なくとも2人いるはずなのだ。

1ドル札の大きさの紙の表面を、青と赤で塗り分けたとする。その表面がどれほど複雑に塗り分けられていたとしても、ちょうど1インチ離れた同じ色の2点を見つけることは、**常に可能だろうか？** この問題を解くために、1辺の長さが1インチの正三角形を描いてみよう。色を鳩の巣とし、この正三角形の各頂点を鳩とする。すると、少なくとも2つの頂点が同じ色になることがわかるはずだ。これによって、ちょうど1インチ離れた同じ色の2点が存在することが証明された。

▶ m個の鳩の巣にn羽の鳩が入っているとすれば、$n>m$であるとき少なくとも1つの鳩の巣には2羽以上の鳩がいるはずだ。

参照：サイコロ（紀元前3000年ころ）、ラプラスの『確率の解析的理論』（1812年）、ラムゼー理論（1928年）

1843年

四元数

ウィリアム・ローワン・ハミルトン（1805-65）

　四元数は、アイルランドの数学者ウィリアム・ハミルトンによって考案された4次元の数だ。それ以来、四元数は3次元空間中の運動の動力学を記述するために使われ、バーチャルリアリティのコンピュータグラフィックスやビデオゲームのプログラミング、信号処理、ロボット工学、バイオインフォマティクス、そして時空間の幾何学的な研究など、さまざまな分野に応用されている。スペースシャトルのフライトソフトウェアでは、速度、簡潔さ、信頼性といった理由から、四元数を使って誘導計算、ナビゲーション、飛行制御が行われていた。

　四元数の潜在的な有用性にもかかわらず、最初のうち一部の数学者は懐疑的だった。スコットランドの物理学者ウィリアム・トムソン（1824-1907）は次のように書いている。「四元数は、実に素晴らしい業績を成し遂げていたハミルトンによるものであり、美しく独創的だが、何らかの形でそれに触れたものにとっては邪悪そのものであった。」一方で、エンジニアであり数学者でもあったオリヴァー・ヘヴィサイドは1892年に次のように書いている。「四元数の発明は、人類の独創性の最も注目すべき功績とみなされるべきである。ベクトル解析は、四元数なしでも他の数学者によって発見されたかもしれない。しかし、四元数の発見には天才が必要とされた。」

　興味深いことに、セオドア・カジンスキー（ユナボマーとして知られる米国の爆弾犯）は、連続殺人を引き起こす前に四元数に関する複雑な数学の論文を書いていた。

　四元数は $Q = a_0 + a_1 i + a_2 j + a_3 k$ と4次元で表現できる。ここで i, j, k は（虚数単位 i と同様に）3つの互いに直交する、すべて実数軸とは垂直な単位ベクトルだ。2つの四元数の加算や乗算をする際には、これらを i, j, k の多項式として取り扱えばよいが、積については以下のルールが適用される。$i^2 = j^2 = k^2 = -1$, $ij = -ji = k$, $jk = -kj = i$, $ki = -ik = j$ だ。ハミルトンは妻と共にダブリン市内を歩いていたとき突然アイディアがひらめき、これらの公式をブルーム橋の石に刻みつけたと語っている。

◀物理学者のレオ・フィンクが、この4次元四元数フラクタル図形の3次元断面を描画した。複雑に絡み合った曲面は $Q_{n+1} = Q_n^2 + c$ の複雑なふるまいを示している。ここで Q と c はいずれも四元数であり、$c = -0.35 + 0.7i + 0.15j + 0.3k$ である。

参照：虚数（1572年）

1844年

超越数

ジョゼフ・リューヴィル(1809-82)、シャルル・エルミート(1822-1901)、フェルディナント・フォン・リンデマン(1852-1939)

1844年、フランスの数学者ジョゼフ・リューヴィルが次のような興味深い数について考察した。0.11000100000000000000001000…というこの数は、リューヴィル定数として知られている。読者の皆さんは、この数の重要さや、この数を作り出すためのルールを推測できるだろうか？

リューヴィルはこの奇妙な数が超越数であることを示し、そのためこの数は超越数であることが証明された最初の数のひとつとなっている。このリューヴィル定数は、小数点以下の階乗数の位が1、それ以外が0となっていることに注意してほしい。つまり、小数点以下 1, 2, 6, 24, 120, 720…番目の位が1となっているのだ。

超越数はとても風変わりな数であるため、「発見」されたのは歴史上比較的最近になってからのことだし、その中でなじみがあるものといえばπと、**オイラー数e** くらいのものだろう。超越数は、どんな有理係数の代数方程式の根にもならない。つまり、例えばπが、$2x^4-3x^2+7=0$ といった方程式を正確に満たすことは絶対にないのだ。

ある数が超越数であることを証明するのは難しい。フランスの数学者シャルル・エルミートは e が超越数であることを1873年に証明し、ドイツの数学者フェルディナント・フォン・リンデマンはπが超越数であることを1882年に証明した。1874年には、ドイツの数学者ゲオルク・カントールが「ほとんどすべての」実数が超越数であることを論証して、多くの数学者を驚かせた。つまり、何らかの方法ですべての数を大きなつぼに入れ、よく振ってから1つ取り出したとすれば、それはほぼ確実に超越数となるのだ。しかし、超越数は「どこにでも存在する」と

▲フランスの数学者、シャルル・エルミート(1887年ころ)。エルミートは1873年に、オイラー数 e が超越数であることを証明した。

いう事実にもかかわらず、超越数であるとわかっていて名付けられている数はほんの少ししかない。空にはたくさんの星があるが、そのうちあなたが名前を言える星はいくつあるだろうか？

リューヴィルは数学の研究以外に、政治にも興味を持っており、1848年にはフランス憲法制定国民議会の議員に選ばれた。その後、選挙で敗れたリューヴィルはうつ病になってしまい、彼の数学に関する随想には詩の引用がさしはさまれるようになった。それでもなお、リューヴィルが生涯に書いた純粋数学の論文の数は400を超える。

参照：弓形の求積法(紀元前440年ころ)、円周率π(紀元前250年ころ)、オイラー数 e (1727年)、スターリングの公式(1730年)、カントールの超限数(1874年)、正規数(1909年)、チャンパノウン数(1933年)

1844年

カタラン予想

ウジェーヌ・シャルル・カタラン(1814-94)、プレダ・ミハイレスク(1955-)

最高の数学者であっても、目を疑うほどシンプルな整数に関する命題に頭を悩ますことがある。フェルマーの最終定理がそうであったように、整数に関するシンプルな予想が証明されたり反証されたりするまでに、数世紀かかることも珍しくない。人間やコンピュータが束になってかかっても、解くことのできない問題が存在するかもしれない。

カタラン予想を理解するための前段階として、1よりも大きな整数の平方(4, 9, 16, 25, …)を考え、また立方数の数列(8, 27, 64, 125, …)も考えてみよう。これら2つのリストを1つにまとめて順番に並べれば、4, 8, 9, 16, 25, 27, 36, …となる。ここで8(2の立方)と9(3の平方)が連続した整数となっていることに注目してほしい。1844年、ベルギーの数学者ウジェーヌ・カタランは、整数のべき乗の中で連続するものは**8と9のみ**であると予想した。そのようなペアが他に存在したとすれば、それを見つけるためには$x^p - y^q = 1$が成り立つような1よりも大きな$x, y, p,$そしてqの整数値を探せばよい。カタランは、1つの解$3^2 - 2^3 = 1$しか存在しないと信じていた。

カタラン予想の歴史には、さまざまな人物が登場する。カタランよりも数百年前、フランスのゲルソニデス(1288-1344)が、この予想の制限の厳しいバージョン、つまり、2の累乗と3の累乗で1つしか違わないものは3^2と2^3しかない、ということを例証していた。ゲルソニデスは著名なラビであり、哲学者であり、数学者であり、またタルムード学者でもあった。

▲ベルギーの数学者、ウジェーヌ・シャルル・カタラン。1844年、カタランは整数のべき乗の中で連続するものは8と9のみであると予想した。

時間を一気に1976年まで進めよう。この年、オランダにあるライデン大学のロバート・ティジマンが、他に連続したべき乗数があったとしてもその数は有限個であることを示した。そしてついに2002年、ドイツにあるパーダーボルン大学のプレダ・ミハイレスクによって、カタラン予想が証明された。

参照:フェルマーの最終定理(1637年)、オイラーの多角形分割問題(1751年)

1850年

シルヴェスターの行列

ジェームズ・ジョゼフ・シルヴェスター(1814-97)、
アーサー・ケイリー(1821-95)

1850年、論文「新しい種類の定理について」の中で、英国の数学者ジェームズ・シルヴェスターが最初に**行列**という言葉を使い、長方形に配列された要素の加算や乗算について説明した。行列は、線形連立方程式を記述したり、2つ以上のパラメーターに依存する情報をシンプルに提示したりするために使われることが多い。

行列の代数的性質が十分に理解され確認されたのは、英国の数学者アーサー・ケイリーによる1855年の行列に関する研究の功績とされている。ケイリーとシルヴェスターは何年にもわたって密接に協力し合っていたため、彼ら2人が共同で行列論を創始したとされることが多い。

行列論が発展したのは19世紀中盤だが、シンプルな行列の概念は、キリストの生誕以前に中国人が**魔方陣**を知り、行列の手法を適用して連立方程式を解き始めたときにまでさかのぼる。17世紀には、日本の数学者である関孝和(1683年)やドイツの数学者ゴットフリート・ライプニッツ(1693年)も、先駆的な行列の利用法を模索していた。

シルヴェスターもケイリーもケンブリッジ大学で学んでいたが、ユダヤ人だったシルヴェスターはケンブリッジの数学試験で2位の成績を収めたにもかかわらず、学位を得ることができなかった。ケンブリッジに来る前、シルヴェスターはリバプールの王立研究所にいたが、そこで彼は宗教を理由として周りの学生たちにいじめられたため、ダブリンへ逃げ出すことになってしまった。

ケイリーは10年以上、弁護士として働いていたが、その間に約250本もの数学の論文を発表した。ケンブリッジ大学では、さらに650本もの論文を発表している。行列の乗算の概念を最初に導入したのはケイリーだ。

現在、行列はデータ暗号化・復号、コンピュータグラフィックス(ビデオゲームや医療画像を含む)における物体の操作、線形連立方程式の解法、量子力学による原子の構造の研究、物理学における剛体の平衡、グラフ理論、ゲーム理論、経済モデル、電気回路といった数多くの分野で利用されている。

▶ジェームズ・ジョゼフ・シルヴェスターの肖像。"The Collected Mathematical Papers of James Joseph Sylvester" (H. F. Baker編、Cambridge University Press、1912) 第4巻の口絵より。

参照:魔方陣(紀元前2200年ころ)、36人の士官の問題(1779年)、シルヴェスターの直線の問題(1893年)

1852年

四色定理

フランシス・ガスリー(1831-99)、ケネス・アッペル(1932-2013)、ヴォルフガング・ハーケン(1928-)

地図製作者たちは何世紀も前から、平面上に描かれたどんな地図も4色あれば塗り分けられると信じていた(境界線を挟んだ異なる地域が同じ色となってはいけないが、1点のみを共有した2つの地域は同じ色であってもよい)。現在では、より少ない色数で塗り分けられる平面地図は存在するものの、4色よりも多くの色を必要とする地図は存在しないことがわかっている。球面や円筒面上に描かれた地図を塗り分けるには、4色あれば十分だ。トーラス(ドーナツの形をした表面)上のどんな地図も、7色あれば塗り分けることができる。

1852年、数学者であり植物学者でもあったフランシス・ガスリーが、英国の郡の地図を塗り分けようとして、4色あれば十分に違いないと予想したのが最初だった。ガスリーの時代以降、数々の数学者たちがこの見かけ上はシンプルな四色問題を証明しようとして失敗を重ねたため、この問題はトポロジーの最も有名な未解決問題のひとつとなった。

ついに1976年になって、ケネス・アッペルとヴォルフガング・ハーケンという2人の数学者がコンピュータの助けを借り、何千通りもの場合についてテストを行って、四色定理の証明に成功した。これは証明の本質的な部分にコンピュータが利用された、最初の純粋数学の問題となった。現在では数学におけるコンピュータの役割はさらに高まっており、時には人間の理解能力を超えるほど複雑な証明を検証する数学者を助けている。四色定理はその一例だ。もう1つの例は有限単純群の分類であり、100人を超える著者の論文は全体で1万ページ以上もある。残念なことに、証明の正しさを人の手で確認するという伝統的な手法は、論文が数千ページを超えると破綻してしまうのだ。

意外なことに、四色定理は地図製作者にとってほとんど実用的な意味はない。例えば、さまざまな時代の地図を研究してみれば、色数を減らそうという切迫した要求はないことがわかるし、地図作成術や地図の歴史の本では必要とされる以上の色数が使われているものが多いのだ。

◀ 1881年の原本からスキャンしたこのオハイオ州の地図には、4種類の色が使われている。境界線を接するどの2つの地域も、同じ色で塗られていないことに注意してほしい。

参照:ケプラー予想(1611年)、リーマン予想(1859年)、クラインのつぼ(1882年)、例外型単純リー群E_8の探求(2007年)

1854年

ブール代数

ジョージ・ブール（1815-64）

英国の数学者ジョージ・ブールの最も重要な著作は、1854年の『思考法則の探究』だ。ブールは、2つの値（0と1）と3つの基本的な操作（and、or、not）を利用したシンプルな代数へ論理を還元することに興味を抱いていた。現代では、ブール代数は電話交換機やモダンなコンピュータの設計など、膨大な分野に応用されている。ブールはこの著作について「科学に対して私が行った、あるいは行うかもしれない最も価値ある……貢献であり、私の名が後世に伝えられるのであればこれによるものであってほしい……」と考えていた。

残念なことに、ブールは肺炎のため49歳で亡くなった。不幸にも、彼の妻は病気の治療法はその原因に類似しているはずだと信じていたため、彼がベッドで寝ているところにバケツ何杯もの水をかけたという。彼が病気になったのは、冷たい雨の中を外出したためだったからだ。

数学者オーガスタス・ド・モルガン（1806-71）は彼の業績をたたえて、次のように言っている。「ブールの論理体系は、天才と忍耐強さが共存する数多くの証明の、ほんの一例に過ぎない……。数値計算のツールとして発明された代数の記号処理に、思考のすべての作用を表現する能力、そして自己完結した論理体系の文法と辞書を作り上げる能力があるということは、証明されるまでは信じがたいことであろう……。」

ブールの死から約70年後、まだ学生だった米国の数学者クロード・シャノン（1916-2001）がブール代数に導かれ、電話交換機の設計を最適化するためにブール代数が利用できることを示した。彼はまた、リレー回路によってブール代数の問題が解けることを実証した。こうしてブールは、シャノンの助けを借りて、現代のディジタルエイジの基礎を築くことになった。

▶ウクライナのアーティストで写真家でもあるミハイル・トルストイが、1と0から構成されたバイナリーストリームのクリエイティブなイメージを描いている。このアートワークは、インターネットなどのディジタルネットワークを通してバイナリ情報が流れて行くさまを思い起こさせる。

参照：アリストテレスの『オルガノン』（紀元前350年ころ）、グロの『チャイニーズリングの理論』（1872年）、ベン図（1880年）、ブールの『代数の哲学と楽しみ』（1909年）、『プリンキピア・マテマティカ』（1910-13年）、ゲーデルの定理（1931年）、グレイコード（1947年）、情報理論（1948年）、ファジィ論理（1965年）

1857年

イコシアン・ゲーム

ウィリアム・ローワン・ハミルトン (1805-65)

1857年、アイルランドの数学者・物理学者・天文学者ウィリアム・ハミルトンがイコシアン・ゲームを発明した。このゲームの目的は、正十二面体のすべての頂点をちょうど一度ずつ通るような、辺をつたう経路を見つけることだ。現代のグラフ理論の用語では、グラフのすべての点をちょうど一度ずつ通る経路は、ハミルトン経路と呼ばれる。ハミルトン閉路（イコシアン・ゲームにはこちらを見つけることが要求される）とは、出発点に戻ってくるような経路を意味する。英国の数学者トーマス・カークマン (1806-95) は、イコシアン・ゲームの問題を次のように一般化した。多面体のグラフが与えられたとき、すべての頂点を通るような閉路は存在するだろうか？

イコシアンという言葉は、ハミルトンが発見した**イコシアン算法**という一種の代数からきていて、これは正十二面体の対称性を利用している。彼はこの代数とそれに関連する**イコシアン**（特殊なベクトル）を使って自分のパズルを解いた。すべてのプラトンの立体はハミルトン閉路を持つ。1974年、数学者フランク・ルービンはグラフに存在するハミルトン経路とハミルトン閉路の一部またはすべてを見つけられる効率的な検索手順を発見した。

ロンドンの玩具製造業者がイコシアン・ゲームの権利を買い、正十二面体のすべての頂点に釘が打ってあるパズルを作り出した。釘には主要な都市の名前がついている。プレイヤーは、通った釘にひもを巻き付けて、経路を記録して行く。この玩具は、例えば正十二面体の頂点に対応する穴の開いた穴あきボードなど、別の形のものも売り出されていた。（正十二面体の平面モデルは、1つの面に穴を開け、平面になるように引き延ばすことによって作り出すことができる。）このゲームはかなり簡単に解けることもあり、残念ながらあまり売れなかったようだ。もしかするとハミルトンは理論に気を取られすぎてしまい、試行錯誤によってすぐに解が得られるという事実を見落としていたのかもしれない。

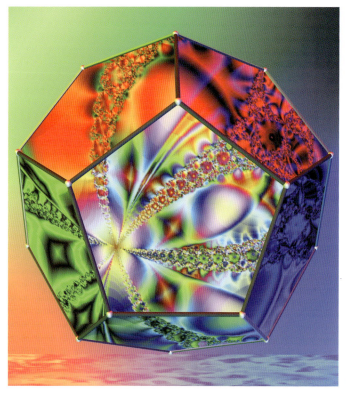

◀テーヤ・クラシェクによる、イコシアン・ゲームのクリエイティブな描画。目的は、正十二面体のすべての頂点をちょうど一度ずつ通るような、辺をつたう経路を見つけることだ。1859年、ロンドンの玩具製造業者がこのゲームの権利を購入した。

参照：プラトンの立体（紀元前350年ころ）、アルキメデスの半正多面体（紀元前240年ころ）、ケーニヒスベルクの橋渡り（1736年）、オイラーの多面体公式（1751年）、ピックの定理（1899年）、ジオデシック・ドーム（1922年）、チャーサール多面体（1949年）、シラッシ多面体（1977年）、スパイドロン（1979年）、ホリヘドロンの解決（1999年）

1857年

ハーモノグラフ

ジュール・アントワーヌ・リサジュー (1822-80)、ヒュー・ブラックバーン (1823-1909)

ハーモノグラフは、通常はたった2つの振り子を使って軌跡を描くヴィクトリア朝時代のアート・デバイスであり、アートと数学の両方の視点から考察できる。あるバージョンでは、ひとつの振り子がペンを動かす。もうひとつの振り子は、紙の載ったテーブルを動かす。この2つの振り子の相乗作用によって複雑な動きが作り出され、摩擦のため次第に1点に収束して行く。振り子が1往復するたび、ペンの軌跡は前回の軌跡からわずかにずれるため、波打ったクモの巣を思わせるパターンとなる。振り子の周期や振り子同士の位相を変化させることによって、幅広いパターンが生み出される。

最もシンプルなバージョンでは、このパターンは複合調和振動を記述するリサジュー曲線によって特徴づけられ、(摩擦がないと仮定すれば) $x(t) = A \sin(at+d)$, $y(t) = B \sin(bt)$ によって作り出される曲線として表現できる(ここで t は時間、A と B は振幅)。b に対する a の比率によって線の密度が決まり、d は位相差だ。このように比較的少ないパラメーターから、変化に富んだ美しい曲線が作り出される。

最初のハーモノグラフが作られたのは1857年で、フランスの数学者で物理学者でもあったジュール・アントワーヌ・リサジューが、2本の回転するフォークから生み出されるパターンを実演したときのことだ。フォークには異なる周波数で振動する小さな鏡が取り付けられていて、この鏡から反射する光線が複雑な曲線を作り出し、観客を喜ばせた。

より正統的なバージョンのハーモノグラフを最初に作ったのは英国の数学者で物理学者でもあったヒ

▲イワン・モスコビッチによって作成されたハーモノグラフの描画。1960年代、モスコビッチは、垂直の表面に対して振り子をリンクさせることによって機械的効率の良い、大規模なハーモノグラフを作り出した。著名なパズル制作者であるモスコビッチは、アウシュヴィッツ強制収容所に送られたが、英軍部隊によって1945年に解放された。

ュー・ブラックバーンとされており、現在までにブラックバーンのハーモノグラフには数多くの変種が作り出されている。より複雑なハーモノグラフには、互いに連結された振り子が追加されている場合もある。私の小説『天国から来たウイルス』には、異星人の奇妙なハーモノグラフが登場する。その「ペンはプラットフォームに対して振動し、そのプラットフォームは別のプラットフォームに対して振動し、そのプラットフォームはさらに別のプラットフォームに対して振動する、といった具合に10個ものプラットフォームが連なっていた。」

参照：微分解析機(1927年)、カオスとバタフライ効果(1963年)、池田アトラクター(1979年)、バタフライ曲線(1989年)

1858年

メビウスの帯

アウグスト・フェルディナント・メビウス（1790-1868）

　ドイツの数学者アウグスト・フェルディナント・メビウスは、内気で人付き合いの苦手な、いつも何か考え事をしているような教授だった。彼の最も有名な発見であるメビウスの帯は、彼が70歳近くになってから作り出されたものだ。自分でメビウスの帯を作るには、リボンの両端を180度ねじってからくっつけてみればいい。すると、表と裏がつながった1つの表面ができ上がる。この表面のどこからでも、縁を乗り越えることなくどの点にでも行き着くことができるのだ。メビウスの帯に、クレヨンで色を塗ってみよう。表を赤、裏を緑、といった具合に塗り分けることはできない。メビウスの帯には1つの表面しかないからだ。

　メビウスの死から数年後、メビウスの帯の知名度と応用は広がり、数学やマジック、科学、芸術、工学、文学、音楽に不可欠のものとなった。いたるところでメビウスの帯はリサイクルのシンボルとして使われ、廃棄物を有用な資源へ変換するプロセスを表現している。今ではメビウスの帯は分子構造や金属彫刻から切手、文学、技術特許、建築構造物、そしてわれわれの存在する宇宙全体のモデルにまで使われている。

　アウグスト・メビウスがこの有名なメビウスの帯を発見したのは、同時代のドイツの数学者ヨハン・ベネディクト・リスティング（1808-82）と同時だった。しかし、リスティングよりメビウスのほうが、より深くこの概念をとらえ、より詳細にその注目すべき性質を探究していたようだ。

　メビウスの帯は、人類によって最初に発見され研究された、表と裏がつながった曲面だ。19世紀半ばまで、そのような曲面の性質に誰も気づいていな

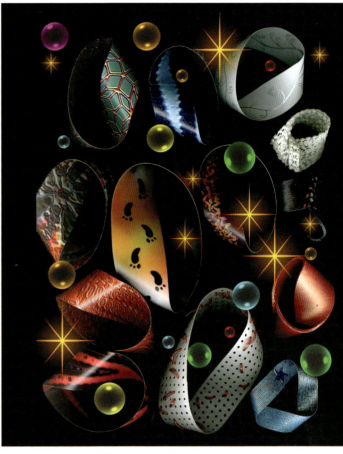

▲これらさまざまなメビウスの帯のアートワークは、テーヤ・クラシェクとクリフォード・ピックオーバーによって作り出されたものだ。メビウスの帯は、人類によって最初に発見され研究された、表と裏がつながった曲面だ。

かったというのは信じがたい話に思えるが、歴史にはそのような記録は全く残っていない。多くの人にとって、メビウスの帯がトポロジー（幾何的形状とその相互関係を対象とする数学の一分野）の研究に触れる最初で唯一の機会であることを考えると、このエレガントな発見は十分この本に取り上げる価値があるだろう。

参照：ケーニヒスベルクの橋渡り（1736年）、オイラーの多面体公式（1751年）、騎士巡回問題（1759年）、重心計算（1827年）、ルーローの三角形（1875年）、クラインのつぼ（1882年）、ボーイ曲面（1901年）

1858年

ホルディッチの定理

ハムネット・ホルディッチ（1800-67）

なめらかな、閉じた凸曲線 C_1 を描こう。この曲線 C_1 の内部に、一定の長さの弦を張り、この弦の両端が常に C_1 と接するようにしながら、弦を曲線の内周にわたって滑らせる。（曲線 C_1 の形をした水たまりの表面の上で、木の棒を動かすことを想像してみてほしい。）この棒を、長さ p と q の2つの部分に分けるような点に印をつける。棒を動かして行くと、この点は元の曲線の内側で、新しい閉曲線 C_2 をトレースすることになる。C_1 が、その中で棒がぐるりと1周できるような形をしていると仮定したとき、曲線 C_1 と曲線 C_2 で囲まれる領域の面積は πpq になる、というのがホルディッチの定理だ。興味深いことに、この面積は C_1 の形状とはまったく無関係となる。

数学者たちは、ホルディッチの定理に1世紀以上も驚嘆し続けてきた。例えば1988年には、英国の数学者マーク・クッカーが次のように書いている。「すぐに私は2つの点で、驚きに打たれた。まず、この面積の公式は所与の曲線 C_1 の大きさによらないこと。次に、[この面積の公式は]長軸と短軸の長さが p と q の楕円の面積と同じだが、この定理のどこにも楕円は姿を見せないのだ！」

この定理は、ハムネット・ホルディッチ師によって1858年に発表された。彼は19世紀半ばにケンブリッジ大学キーズ・カレッジの学寮長を務めていた人物だ。曲線 C_1 が半径 R の円である場合、ホルディッチ曲線 C_2 も円となり、その半径は $r=\sqrt{R^2-pq}$ となる。

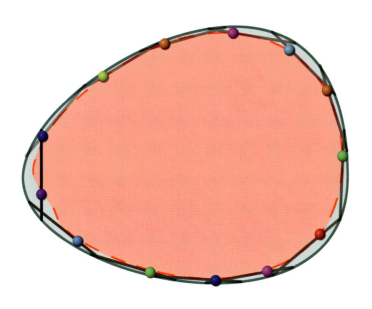

▲棒を動かして行くと、この点は元の曲線の内側で、新しい閉曲線 C_2 をトレースすることになる。曲線 C_1 と曲線 C_2 で囲まれる領域の面積は πpq になる、というのがホルディッチの定理だ。（図はブライアン・マンスフィールドによる。）

参照：円周率 π（紀元前250年ころ）、ジョルダン曲線定理（1905年）

1859年

リーマン予想

ゲオルク・フリードリッヒ・ベルンハルト・リーマン(1826-66)

数学者へのアンケート調査では、「リーマン予想の証明」が数学で最も重要な未解決問題とされることが多い。この証明に関係する**ゼータ関数**は、複雑な形をした曲線として表現でき、数論で素数の性質を研究するために利用されている。$\zeta(x)$と表記されるこの関数は、もともとは$\zeta(x) = 1 + (1/2)^x + (1/3)^x + (1/4)^x + \cdots$という無限和として定義されていた。$x=1$の場合、この級数は無限大へ向かって発散する。1よりも大きなxの値については、この級数は有限となる。xが1より小さい場合にも、和は無限大となる。数学の文献で研究され議論される完備ゼータ関数とは、xが1よりも大きな場合にはこの級数と同じだが、どんな実数や複素数に対しても(その実部が1と等しい場合以外には)有限の値となるような、より複雑な関数だ。この関数は、xが$-2, -4, -6, \cdots$のときに0となることがわかっており、またこの関数の値が0となるような複素数(零点という)は無限個あって、それらの実部が0と1の間にあることもわかっている。しかし、正確にどのような複素数に対してこれらの零点が生じるのかは、わかっていない。数学者ゲオルク・ベルンハルト・リーマンは、これらの零点は実部が$1/2$に等しい複素数について生じると予想した。この予想を支持する膨大な数の証拠が存在するものの、リーマン予想はいまだに証明されていない。リーマン予想が証明されたとすれば、素数理論や複素数の性質に関するわれわれの理解に、大きな影響を与えることだろう。意外なことに、物理学者たちはリーマン予想の研究を通じて、量子物理学と数論との間にミステリアスな結び付きを見つけている。

現在では、世界中の1万1000人以上のボランテ

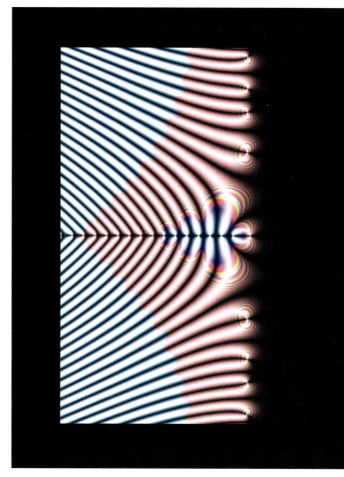

▲ティボー・マジュラースによる、複素平面上のリーマンゼータ関数$\zeta(x)$の描画。上部と下部に4つずつ見える小さな黒い点は、$\mathrm{Re}(s)=1/2$上の零点に対応する。この図は、実部虚部ともに-32から$+32$の範囲を示している。

ィアがリーマン予想に取り組み、Zetagrid.netで配布されるコンピュータソフトウェアパッケージを利用してリーマンゼータ関数の零点を検索している。毎日、10億個以上のゼータ関数の零点が計算されている。

参照:セミと素数(紀元前100万年ころ)、エラトステネスのふるい(紀元前240年ころ)、調和級数の発散(1350年ころ)、虚数(1572年)、四色定理(1852年)、ヒルベルトの23の問題(1900年)

1868年

ベルトラミの擬球面

ユージニオ・ベルトラミ（1835-1900）

擬球面とは、楽器のホーンを2つ、縁のところで張り合わせたような幾何学的物体だ。2つのホーンの「マウスピース」は互いに反対側へ向かって無限に長く伸びているので、全能の神でもなければこの楽器を吹くことはできない。この奇妙な形が最初に詳細に論じられたのは、「非ユークリッド幾何学の解釈に関する考察」という1868年の論文だった。この論文の著者は、幾何学や物理学における研究で有名なイタリアの数学者ユージニオ・ベルトラミだ。この表面は、**犬曲線**と呼ばれる曲線を漸近線の周りに回転させて作りだすことができる。

通常の球面は、その表面のいたるところで正の**曲率**と呼ばれる性質を持つのに対して、擬球面は常に負で一定の曲率を持つ。つまり、表面全体（中央のとがった部分を除く）でくぼみ方が一定に保たれていると考えることができる。そのため、球面が有限の面積を持つ閉じた表面であるのに対して、擬球面は無限の面積を持つ開いた表面となる。英国の科学ライターであるデヴィッド・ダーリングは、次のように書いている。「実際には、2次元平面と擬球面は両方とも無限なのだが、擬球面のほうが広い。これは、擬球面が平面よりも強い無限だと考えることもできる。」擬球面は曲率が負であるため、その表面に描かれた三角形の内角の和は180°よりも必ず小さくなる。擬球面の幾何学は**双曲幾何学**と呼ばれ、過去にはわれわれの宇宙全体が擬球面の性質を持つ双曲幾何学で表現できるかもしれないと考えた天文学者もいた。擬球面は、**非ユークリッド空間**の最初のモデルのひとつであったという理由から、歴史的に重要なものとなっている。

ベルトラミの興味の範囲は、数学をはるかに超えて広がっていた。4巻からなる彼の著書『数学作品集』では、光学、熱力学、弾性学、磁気学、電気学が論じられている。ベルトラミはイタリアのリンチェイ・アカデミーのメンバーであり、1898年にはこの科学アカデミーの会長を務めた。彼は死の前年に、イタリア上院議員に選ばれた。

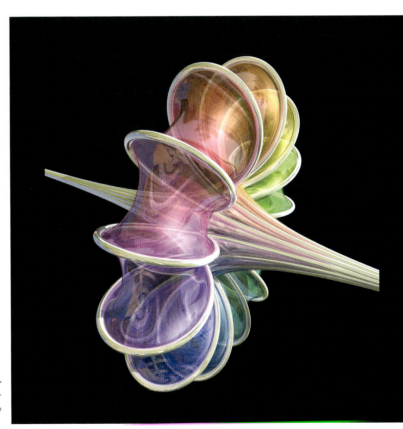

▶ここに示したブリーザー擬球面（描画はポール・ナイランダーによる）のように、古典的なベルトラミの擬球面の変種にも一定の負の曲率を持つものがある。

参照：トリチェリのトランペット（1641年）、極小曲面（1774年）、非ユークリッド幾何学（1829年）

1872年

ワイエルシュトラース関数

カール・テオドル・ヴィルヘルム・ワイエルシュトラース(1815-97)

19世紀初頭、数学者たちは連続関数 $f(x)$ を、その曲線のほとんどの点で導関数(一意の接線)が規定可能なものと考えることが多かった。1872年、ドイツの数学者カール・ワイエルシュトラースが、その考え方が間違っていることを証明し、ベルリン・アカデミーの数学者の同僚たちを呆然とさせた。いたるところ連続だが、いたるところ微分不可能な(導関数を持たない)彼の関数は、$f(x) = \Sigma a^k \cos b^k \pi x$ として定義される(和は $k=0$ から ∞ にわたる)。ここで a は $0<a<1$ なる実数、b は正の奇数であり、$ab > 1 + 3\pi/2$ である。和記号 Σ は、この関数が無限個の三角関数から構成され、深く入り組んだ振動構造が作り出されることを示している。

もちろん、数学者たちは少数の問題のある点で微分可能ではない関数があることは認識していた。例えば $f(x) = |x|$ で規定される V 字形の谷は、$x=0$ において導関数を持たない。しかし、ワイエルシュトラースがいたるところ微分不可能な曲線を示してから、数学者たちは途方に暮れることになった。数学者シャルル・エルミートはトーマス・スティルチェスへの1893年の手紙の中で、「私は、導関数を持たない連続関数という恐るべき厄災から、恐怖と戦慄を抱いて立ち去ります……」と書いている。

1875年、パウル・デュ・ボア＝レーモンがワイエルシュトラース関数を発表し、この種の関数が発表された最初の例となった。その2年前、彼は論文の草稿をワイエルシュトラースに送って読んでもらっていた。(この草稿には $f(x) = \Sigma \sin a^n x / b^n$ (ここで $a/b > 1$、$k=0$ から ∞ にわたる)という別の関数が使われていたが、論文が発表される前に変更された。)

フラクタル図形と同様に、ワイエルシュトラース関数も拡大するたびにより詳細なディテールが明らかとなってくる。チェコの数学者ベルナルト・ボルツァーノやドイツの数学者ベルンハルト・リーマンといった他の数学者も、それぞれ1830年と1861年に、同様の(公表されなかった)関数の構築について研究していた。いたるところ連続だがいたるところ微分不可能な曲線の他の例としては、フラクタルなコッホ曲線がある。

◀このワイエルシュトラース曲面は、関連する無数のワイエルシュトラース曲線を集めたものであり、$f_a(x) = \Sigma \sin(\pi k^a x)/\pi k^a$ ($0<x<1$、$2<a<3$、和は $k=1$ から 15 までをわたる)を用いてポール・ナイランダーが近似し描画したものだ。

参照：ペアノ曲線(1890年)、コッホ雪片(1904年)、ハウスドルフ次元(1918年)、海岸線のパラドックス(1950年ころ)、フラクタル(1975年)

グロの『チャイニーズリングの理論』

ルイ・グロ（1837年ころ～1907年ころ）

チャイニーズリングは、最も古くから知られているメカニカルなパズルのひとつだ。1901年、英国の数学者ヘンリー E. デュードニーは「この魅力的で歴史的、教育的なパズルは、どの家庭にもなくてはならないものである」と述べている。

チャイニーズリングの目的は、頑丈に作られた水平のループから、すべてのリングを取り外すことだ。初手では、ループの先端から1個か2個のリングを外すことができる。あるリングを取り外すためには別のリングを再びループに通さなくてはならず、またそれが何度も繰り返されるため、全体の手順は複雑だ。必要な最小手順数は、リングの数 n が偶数の場合には $(2^{n+1}-2)/3$、n が奇数の場合には $(2^{n+1}-1)/3$ であることがわかっている。マーティン・ガードナーによれば、「25個のリングでは、2236万9621ステップが必要とされる。熟練した操作者が1分間に50ステップを実行可能とすれば、彼がこのパズルを解くまでの時間は……2年を少々超えることになるだろう。」

伝説によれば、このパズルは中国の諸葛亮（181-234）軍師によって、彼が戦場にいる間の妻の無聊を慰めるために発明されたという。1872年、フランスの治安判事だったルイ・グロが、著書『チャイニーズリングの理論』の中で、これらのリングと二進数との間に密接な関係があることを論証した。各リングは、ループに通っている状態は1、外れている状態は0と二進数で表記できる。グロは具体的に、リングが既知の状態の集合である場合、その状態からパズルを解くために必要十分なステップ数を正確に示す二進数を計算することが可能であることを示した。グロの研究には、現在**グレイコード**と呼ばれるもの（連続する2つの二進数がちょうど1ビットだけ異なる）の最初の例のひとつが含まれている。実際、コンピュータ科学者ドナルド・クヌースは、グロが「グレイ二進数コードの真の発明者」であると書いていた。現在グレイコードは、ディジタル通信のエラー訂正を容易にするために広く使われている。

▶古代のチャイニーズリングのパズルは、1970年代になって同様のパズルのさまざまな米国特許を生み出した。例えば、解けなくても簡単に分解できるようになっているものや、リングの数を変えて難しさのレベルを変更できるようにしたものがある。（これらの図は米国特許4000901号および3706458号から引用。）

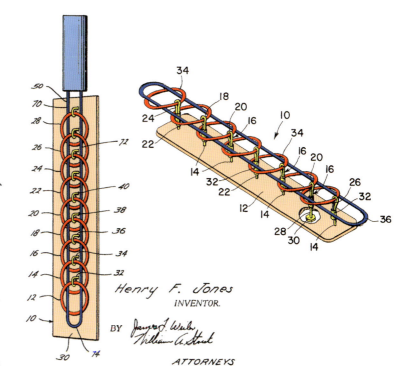

参照：ブール代数（1854年）、15パズル（1874年）、ハノイの塔（1883年）、グレイコード（1947年）、インスタント・インサニティ（1966年）

1874年

コワレフスカヤの博士号

ソフィア・コワレフスカヤ（1850-91）

微分方程式の理論に重要な貢献をしたロシアの数学者ソフィア・コワレフスカヤは、数学の学位を授与された歴史上最初の女性だ。数学の天才にはよくあることだが、ソフィアは非常に年若くして数学と恋に落ちた。彼女は自伝で次のように書いている。「これらの概念の意味がすぐに把握できなかったのは当然のことですが、それらは私の想像力に働きかけ、私の中には高尚で神秘的な科学として数学に対する畏敬の念が次第に湧き上がってきました。それによって数学者の前には、一般の人にはうかがい知ることのできない、新しい驚異の世界が開けるのです。」ソフィアが11歳のとき、彼女のベッドルームの壁には、数学者ミハイル・オストログラツキーの微積分解析に関する講義録が貼られていたという。

1874年、コワレフスカヤは偏微分方程式とアーベル積分、そして土星の輪の構造に関する業績に対して、最優秀の成績でゲッチンゲン大学から博士号が授与された。しかし、この博士号と数学者カール・ワイエルシュトラースの熱烈な推薦状があったにもかかわらず、女性であるという理由から、何年もコワレフスカヤは大学にポストを得ることができなかった。しかし1884年、彼女はついにストックホルム大学で講義を始め、同じ年に5年任期の教授職に任命された。1888年には、パリ科学アカデミーが彼女の剛体の回転の理論的な取り扱いに対して、特別賞を授与した。

コワレフスカヤが数学史の中で特筆されるべき理由は他にもある。彼女は顕著な業績を挙げた最初のロシアの女性数学者であり、ラウラ・バッシ（1711-78）とマリア・アニェージ（1718-99）に続いてヨーロッパで教授となった歴史上3人目の女性であり、大学で数学の講座を持った世界で最初の女性でもある。彼女は厳しい反対にもかかわらず、これらの栄冠を勝ち取った。例えば、彼女の父親は数学の勉強を禁じていたが、彼女は夜中に家族が寝静まってからこ

▲ソフィア・コワレフスカヤは、ヨーロッパで数学の学位を授与された最初の女性である。

っそりと勉強を続けた。ロシアの女性は、父親の書面での許可がなければ家族と離れて生活することは許されなかった。そのため、彼女は外国へ行ってさらに高度な教育を受けるために、結婚せざるを得なかった。のちになって彼女は、「詩人の心を持っていなくては、数学者になることは不可能です」と書いている。

参照：ヒュパティアの死（415年）、アニェージの『解析教程』（1748年）、ブールの『代数の哲学と楽しみ』（1909年）、ネーターの『イデアル論』（1921年）

1874年

15パズル

ノイズ・パルマー・チャップマン（1811-89）

この本の他の項目ほど重大な数学的事件ではないが、15パズルが世間に巻き起こした大騒ぎは歴史的な理由から取り上げる価値があるだろう。このパズルの一形態は現在でも購入でき、4×4のフレーム（ボックス）に15個の正方形（タイル）が入っていて、1か所だけが空きになっている。サム・ロイドの1914年の著書『パズル百科』に収録されたバージョンでは、14と15が入れ替わった初期配置になっている。

ロイドによれば、このパズルの目的は正方形を上下左右に動かして、1から15までが順番に並んだ（初期配置から14と15が入れ替わった）配置にすることだ。『パズル百科』で、ロイドはこのパズルが解けた者に1000ドルの賞金を約束している。残念ながら、このパズルをこの初期配置から解くことは不可能だ。

このゲームの元のバージョンは、1874年にニューヨークの郵便局長ノイズ・パルマー・チャップマンによって発明され、1880年には100年後のルービック・キューブと同じような大流行となった。もともとタイルは簡単に外せるようになっていて、プレイヤーはタイルをランダムに配置してから、それを解くことになっていた。ランダムな配置からスタートすると、このパズルが解けるのは50パーセントの場合だけだ。

その後、数学者たちは解くことのできるタイルの初期配置を厳密に求めた。ドイツの数学者 W. アーレンスは次のように述べている。「15パズルは米国に突如出現した。急速に広がり、無数の人々がそれに夢中になったおかげで、大きな社会問題となった。」興味深いことに、チェスのスーパースターだったボビー・フィッシャーはこのパズルを解くエキスパートでもあり、解決可能などんな配置から始めても、30秒以内で解くことができた。

1	2	3	4
5	6	7	8
9	10	11	12
13	15	14	

▲解けない15パズル（初期配置）
▶ 1880年代、15パズルは現代のルービック・キューブのように大流行した。その後、数学者たちは解くことのできるタイルの初期配置を厳密に求めた。

参照：インスタント・インサニティ（1966年）、ルービック・キューブ（1974年）

1874年

カントールの超限数

ゲオルク・カントール(1845-1918)

　ドイツの数学者ゲオルク・カントールは近代的な集合論の創始者であり、無限の個数の事物の相対的な「サイズ」を記述するために用いられる難解な超限数の概念を導入した。**アレフ・ゼロ**と呼ばれる最小の超限数は$\aleph_0$と表記され、整数の個数に対応する。整数の数が無限($\aleph_0$個ある)ならば、さらに高いレベルの無限があるのだろうか？ 実は、整数、有理数(分数として表現できる数)、無理数(2の平方根のように、分数として表現できない数)などはすべて無限個存在するにもかかわらず、無理数の個数のほうが有理数や整数の個数よりも、ある意味で多いことがわかっている。同様に、実数(これには有理数と無理数が含まれる)の個数は、整数の個数よりも多い。

　カントールの無限に関するショッキングな概念は、幅広い批判を招いた(そのためカントールは激しいうつ病に悩まされ、複数回の入院を経験することになったと言われている)ものの、その後は根本理論として受け入れられた。またカントールは彼の絶対無限(超限数を超越するもの)という概念を、神と同一視した。彼は「私が20年以上をかけて研究し、神のご加護によって理解した超限数が真実であることに、いささかの疑いも抱いていない」と書いている。1884年、カントールはスウェーデンの数学者ヨースタ・ミッタク=レフラーへ宛てた手紙の中で、自分はこの新しい研究の創始者ではなく、単なる報告者なのだと説明している。神がインスピレーションを提供し、カントールはそれを論文の形にまとめ上げただけなのだという。カントールは、超限数が実在することを知ったのは「神が私にそう言った」からであり、神が**有限の数**しか作り出さなかったとしたら、それは神の御力を貶めることになっただろう、とも語っている。数学者ダーフィット・ヒルベルトはカントールの業績を「数学的天才の最も精妙な産物であり、人類の純粋な知的活動の至高の偉業のひとつ」であるとたたえている。

◀ 1880年ころに撮影された、ゲオルク・カントールと妻の写真。無限に関するカントールの驚くべきアイディアは、当初は幅広い批判を招き、それが彼の激しく慢性的なうつ病との闘病を悪化させたとも言われている。

参照：アリストテレスの車輪のパラドックス(紀元前320年ころ)、超越数(1844年)、ヒルベルトのグランドホテル(1925年)、連続体仮説の非決定性(1963年)

1875年

ルーローの三角形

フランツ・ルーロー(1829-1905)

ルーローの三角形は**メビウスの帯**と同様、人類の知的発展の中で比較的最近になってから、数多くの実用的な応用が見出されたさまざまな幾何学的発見の一例である。ルーローの三角形に数多くの応用が発見され始めたのは1875年ころ、ドイツの著名な機械技師フランツ・ルーローがこの有名な丸みを帯びた三角形について論じてからのことだった。ルーローの前にも、この図形(正三角形の頂点に中心を置いて描かれた3つの円の重なった部分として表現される)を描いて考察した人はいたが、その等幅性を最初に実証したのは彼であり、またこの三角形を数多くの現実世界のメカニズムに利用したのも彼が最初だった。この三角形の作図は非常に簡単なので、どうしてルーロー以前に誰もそれを利用しようとしなかったのか、現代の研究者にとっては不思議に思えるほどだ。この図形は、等幅性(互いに反対側にある2つの点の間の距離が常に等しいという性質)があるという点で、円とは近い親戚関係にある。

さまざまな技術特許に、ルーローの三角形を使って正方形の穴を開けるドリルの刃が取り上げられている。直観的には、ほぼ正方形の穴を開けるドリルという概念は常識に反するように思える。回転するドリルの刃が、円以外のどんな形の穴を開けられるというのだろうか? しかし、そのようなドリルの刃は現実に存在する。例えば、ここに示した図は「正方形状穴ドリル」に関する1978年の米国特許4074778号からの引用で、ルーローの三角形を利用したものだ。またドリル刃の他には、びん、ローラー、飲料缶、キャンドル、回転棚、ギアボックス、ロータリーエンジン、キャビネットなどの特許にも使われている。

数多くの数学者がルーローの三角形について研究してきたので、その性質については多くのことがわかっている。例えば、面積は $A = 1/2(\pi - \sqrt{3})r^2$ であり、ルーロー形状のドリル刃で開けられる穴の面積は正方形全体の面積の0.9877003907…倍となる。面積のわずかな違いは、ルーロー形状のドリル刃によって作り出される正方形の角が、ほんの少し丸まっているためだ。

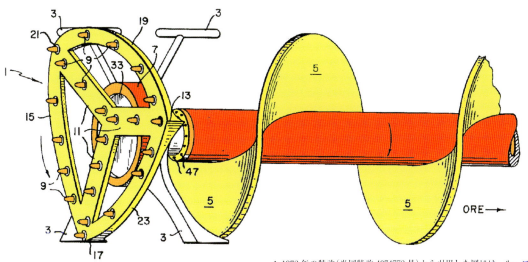

▲ 1978年の特許(米国特許4074778号)から引用した図には、ルーローの三角形を利用して正方形の穴を開けるドリル刃が説明されている。

参照:星芒形(1674年)、メビウスの帯(1858年)

1876年

調和解析機

ジャン=バティスト・ジョゼフ・フーリエ(1768-1830)、ウィリアム・トムソン(1824-1907)

19世紀初頭、フランスの数学者ジョゼフ・フーリエが、任意の微分可能な関数がサイン関数とコサイン関数との和として表現でき、いかに複雑な関数であろうとも任意の精度で再現できることを発見した。例えば周期関数$f(x)$は、A_nとB_nを各項の振幅として、$A_n \sin(nx) + B_n \cos(nx)$の和として表現できる。

調和解析機は、これらの係数A_nとB_nを求めるための物理デバイスだ。1876年、英国の数理物理学者ケルヴィン卿(ウィリアム・トムソン)が、潮の満ち干を観測した曲線グラフを分析するために、初めて調和解析機を発明した。対象となる曲線の描かれた紙が、メインシリンダーに巻き付けられる。曲線をたどるようにこのデバイスを動かすと、さまざまなサブコンポーネントの位置から求めたい係数の値が得られる。ケルヴィン卿はこの「運動学的機械」が予測できるのは単なる「満潮の時刻や高さだけでなく、任意の瞬間の水位であり、何年も先の水位を……連続した曲線として示すことができる」と書いている。潮の満ち干は太陽と月の位置、地球の自転、海岸線の地形、海底の形状に影響されるので、そのふるまいはきわめて複雑だ。

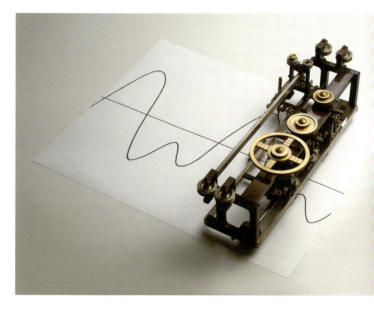

1894年、ドイツの数学者オラウス・ヘンリシ(1840-1918)が、楽器の音のような複雑な音波の高調波成分を求めるための調和解析機を設計した。このデバイスは、測定ダイヤルと接続された数個のプーリーとガラス玉を利用して、10個のフーリエ高調波成分の位相と振幅が求められるようになっていた。

1909年には、ドイツの技師オットー・マーダーがギアとポインターを用いて曲線をトレースする調和解析機を発明した。これには高調波ごとに異なるギアが用いられていた。1938年のモンゴメリー調和解析機は、光学と光電素子を利用して曲線の高調波成分を求めるものだ。ベル研究所のH. C. モンゴメリーは、このデバイスが「フィルムに記録された通常のサウンドトラックをそのまま読み取ることができるため、特に音声や楽曲の分析に適している」と書いている。

▲ドイツの数学者オラウス・ヘンリシの調和解析機。
◀ボンベイにおける2週間(1884年1月1日~14日)の潮汐記録。潮の満ち干は、24時間ごとに1回転する円筒形のシートに記録された。

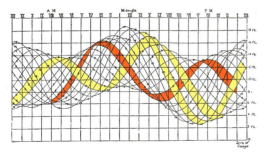

参照:フーリエ級数(1807年)、微分解析機(1927年)

1879年

リッティ・モデルIキャッシュレジスター

ジェームズ・リッティ (1836-1918)

▲ 1904年に作られた、リッティ・モデルIキャッシュレジスターのレプリカ。

　キャッシュレジスターがない時代、効率的に小売店を運営する方法を想像することは難しい。ここ数十年、キャッシュレジスターはますます洗練され、盗難防止機能も備えるようになってきた。キャッシュレジスターは工業化社会の最も影響力のある機械化設備のひとつだと言っても、大げさではないだろう。

　最初のキャッシュレジスターは、ジェームズ・リッティによって、1879年に発明された。リッティはオハイオ州デイトンで自分の経営する最初の酒場を1871年にオープンし、「混ぜ物なしのウィスキー、高級ワイン、そして葉巻を提供」すると宣伝した。リッティの最大の悩みは、従業員がお客から受け取ったお金を時折こっそりと着服してしまうことだった。

　蒸気船での旅の途中、リッティは船のスクリューの回転数を測定するメカニズムを学び、金銭のやり取りを記録するために同様のメカニズムが使えないだろうかと考え始めた。リッティの初期の機械にはキーが2列に並び、それぞれのキーが5セントから1ドルまでの貨幣に対応していた。キーを押すとシャフトが回り、内部のカウンターが動く。彼は1879年に「リッティの不正防止キャッシャー」として自分の設計を特許化した。リッティはその後すぐ、ジェイコブH.エカートというセールスマンにキャッシュレジスターのビジネスを売却し、1884年にエカートはこの会社をジョンH.パターソンに売却した。パターソンは社名を、ナショナルキャッシュレジスター社に改めた。

　リッティのまいた小さな種から、現代のキャッシュレジスターが育つことになった。パターソンは、ロール紙に穴をパンチして取引を記録する仕組みを追加した。取引が完了すると、キャッシュレジスターに取り付けられたベルが鳴り、金額が大きなダイヤルに表示される。1906年、発明家チャールズF.ケタリングが電気モーターを採用したキャッシュレジスターを設計した。1974年、ナショナルキャッシュレジスター社はNCR社となった。現在では、キャッシュレジスターには取引のタイムスタンプを記録したり、データベースから価格を検索したり、適切な税額やお得意様向けの特別価格やセール品の割引率を計算するなど、リッティには思いもつかなかった機能が実装されている。

参照：クルタ計算機（1948年）

1880年

ベン図

ジョン・ベン(1834-1923)

1880年、英国の哲学者で英国国教会の牧師ジョン・ベンが、要素と集合、そして論理的な関連性を視覚的に表す方式を編み出した。普通この**ベン図**には、共通の性質を有するもののグループが円形の領域で表現されている。例えば、すべての実在する生物と伝説の生物全体(図1では外側の四角として表現されている)の中で、領域Hは人間を示し、Wは翼のある生き物を示し、Aは天使を表す。この図を見ると、次のようなことがわかるはずだ。(1)すべての天使は翼のある生き物である(領域Aは完全に領域Wに含まれている)こと、(2)どの人間も翼のある生き物ではない(領域HとWは重なりを持たない)こと、(3)どの人間も天使ではない(領域HとAは重なりを持たない)こと。

このことは、論理学の基本的なルールを説明している。つまり、「すべてのAはWである」ことと「どのHもWではない」ことから、「どのHもAではない」ことが導き出されるのだ。この結論は、図の中に描かれた3つの円を見れば一目瞭然だろう。

この種の図を利用して論理を表すことはベンより前にも行われていた(例えばゴットフリート・ライプニッツやレオンハルト・オイラー)が、これを包括的に研究して、その使い方を定式化し一般化したのはベンが最初だ。実際、ベンはより多くの集合について重なり合う領域を視覚化する**対称的な**図を一般化しようと苦労を重ねたが、楕円を用いて4つの集合を示すのがやっとだった。

1世紀後、ワシントン大学の数学者ブランコ・グリュンバウムが、5つの合同な楕円を用いて回転対称なベン図が作れることを示した。図2は、5つの集合を示すさまざまな対称的な図のひとつを示したものだ。

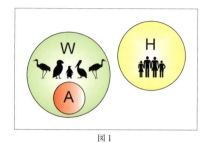
図1

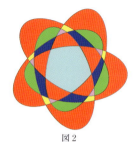
図2

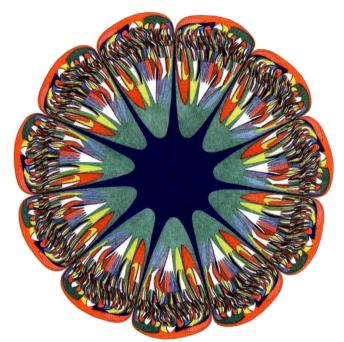

▲回転対称な11集合のベン図。ピーター・ハンバーガー博士とエディット・ヘップ氏の厚意により収録。

回転対称な図は、素数の数の花弁を持つものしか描けないことが次第に数学者に認識されてきた。しかし、7つの花弁を持つ対称な図は非常に見つけるのが難しく、最初は数学者たちもその存在を疑っていたほどだった。2001年には、数学者ピーター・ハンバーガーとアーティストのエディット・ヘップが、上の図に示す11個の花弁を持つ図を作り上げた。

参照:アリストテレスの『オルガノン』(紀元前350年ころ)、ブール代数(1854年)、『プリンキピア・マテマティカ』(1910-13年)、ゲーデルの定理(1931年)、ファジィ論理(1965年)

1881年

ベンフォードの法則

サイモン・ニューカム(1835-1909)、フランク・ベンフォード(1883-1948)

　ベンフォードの法則(第1数字の法則、先頭数字現象などとも呼ばれる)は、さまざまな数のリストで数値の**先頭に1が現れる確率はおおよそ30パーセント**になるというものだ。この確率は、0以外のすべての数字が9分の1の確率で現れると仮定した場合の11.1パーセントよりも非常に高い。ベンフォードの法則は、例えば人口、死亡率、株価、野球の統計、川や湖の面積などを示した表で観察される。この現象に説明がついたのは、ごく最近になってからのことだ。

　ベンフォードの法則はゼネラル・エレクトリック社の物理学者だったフランク・ベンフォード博士にちなんだもので、彼は1938年に自分の研究を発表したが、それよりも前に数学者で天文学者でもあったサイモン・ニューカムによって1881年に発見されていた。対数表の1から始まる数値のページは、他のページよりも汚れて擦り切れていることが多い。数値の1桁目が1になる確率は約30パーセントで、他の数字よりもずっと高いからだ。さまざまな種類のデータを調べて、ベンフォードは1から9までの数字 n が先頭に来る確率は $\log_{10}(1+1/n)$ であるとした。フィボナッチ数列(1, 1, 2, 3, 5, 8, 13, …)でさえ、ベンフォードの法則に従っている。フィボナッチ数は、どの数字よりも「1」で始まることがはるかに多いのだ。ベンフォードの法則は、「べき乗則」に従う任意のデータに適用できるようだ。例えば、大きな湖は珍しいが、中程度の湖はそれよりも多く、小さな湖はさらに多い。同様に、1～100までの範囲には11個のフィボナッチ数が存在するが、それ以降の3つの大きさ100の範囲(101～200、201～300、301～400)には1つずつしか存在しない。

　ベンフォードの法則は、不正を検出するために使われることが多い。例えば、会計コンサルタントはこの法則を使って、不正な税金の還付請求を見つけ出すことがある。通常ならばベンフォードの法則に従うことが期待される数字の頻度がそれに従っていない場合には、不正が疑われるのだ。

▶ベンフォードの法則は株価などの金融データの他に、電気料金や番地などにも見られる。

参照：フィボナッチの『計算の書』(1202年)、ラプラスの『確率の解析的理論』(1812年)

1882年

クラインのつぼ

フェリックス・クライン(1849-1925)

1882年にドイツの数学者フェリックス・クラインによって初めて記述されたクラインのつぼは、柔軟性のあるつぼの口をつぼそのものに差し込んで、内側と外側の区別のつかない形状としたものだ。このつぼは**メビウスの帯**と関係があり、理論的には2本のメビウスの帯を縁に沿って貼り合わせることによって作ることができる。われわれの3次元宇宙の中でクラインのつぼの不完全な物理モデルを作る1つの方法は、つぼに小さな丸い穴を開けてそこを通すことだ。自分自身と交差しない真のクラインのつぼを作るには、4次元が必要となる。

クラインのつぼの外側だけに色を塗ろうとしたら、苛立ちを感じることになるだろう。太い「外側」の表面に見えるところから塗り始めると、細い首のところに行き着く。4次元のクラインのつぼは自分自身と交差しないので、どんどん首を塗って行くと、つぼの「内側」に入り込んでしまう。首の部分は膨らんだ表面の内側に差し込まれているので、いつの間にかつぼの内側を塗っていることになるからだ。われわれの宇宙がクラインのつぼの形をしていたとすれば、旅行から帰ってきたときに自分の体が裏返しになるような(つまり、例えば心臓が右側になってしまうような)経路を見つけることができるはずだ。

天文学者のクリフ・ストールはトロントのキングブリッジ・センターやキルディー・サイエンティフィック・グラス社と共同で、世界最大のガラス製のクラインのつぼのモデルを作製した。このキングブリッジのクラインのつぼは高さが約43インチ(1.1メートル)、直径が20インチ(50センチメートル)あり、33ポンド(15キログラム)の透明なパイレックスガラスでできている。

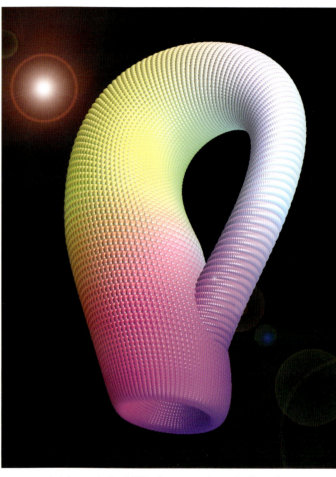

▲クラインのつぼは、柔軟性のあるつぼの口をつぼそのものに差し込んで、内側と外側の区別のつかない形状としたものだ。自分自身と交差しない真のクラインのつぼを作るには、4次元が必要だ。

クラインのつぼには奇妙な性質があるため、数学者やパズル愛好者はクラインのつぼの上でプレイされるチェスのゲームや迷路について研究している。地図をクラインのつぼに描いたとすると、境界を接する領域が同じ色で塗られないようにするためには6色が必要となる。

参照:極小曲面(1774年)、四色定理(1852年)、メビウスの帯(1858年)、ボーイ曲面(1901年)、球面の内側と外側をひっくり返す(1958年)

1883年

ハノイの塔

フランソワ・エドゥアール・アナトール・リュカ (1842-91)

ハノイの塔は、フランスの数学者エドゥアール・リュカによって1883年に発明され玩具として売り出されてから、世界中で人々の興味をかき立ててきた。この数学パズルは3本の棒と、そのどれにも差し込めるような穴の開いた、サイズの異なる数枚の円板からできている。円板は最初、一番小さいものが一番上になるように、1本の棒に積み重ねられている。どれかの棒から一番上の円板を取り、それを別の棒の一番上に移すことによって、一度に1枚ずつ円板を動かすことができる。円板は、自分より小さな円板の上に重ねて置くことはできない。目的は、最初に1本の棒に積み重なっていた円板(8枚であることが多い)を、すべて別の棒に移すことだ。最小の手順数は、nを円板の数としたとき2^n-1になることがわかっている。

もともとこのゲームは、64枚の黄金の円板を使ったインドのブラフマーの塔の伝説を模したものだとされている。ブラフマーの僧は、ハノイの塔と同じルールに従って、この円板をいつも動かし続けていた。このパズルの最後の手順が終わったとき、世界は終焉を迎えるのだという。僧が1秒に1回の速さで円板を動かすことができるとしたとき、$2^{64}-1$、つまり1844 6744 0737 0955 1615 回動かすには約5850億年かかることになる。これは、現在見積もられているわれわれの宇宙の年齢よりも、何倍も長い時間だ。

3本の棒の場合には解を与えるシンプルなアルゴリズムが存在するので、このゲームはコンピュータプログラミングの授業で再帰的なアルゴリズムを教えるためによく使われる。しかし、5本以上の棒のあるハノイの塔の問題の最適解は、いまだに分かっていない。このパズルは、**グレイコード**やn次元超立方体のハミルトン経路の探索など、数学の他の分野に関係しているため、数学者たちの興味を引きつけている。

▲ベトナムのハノイにある、1812年に建てられたハノイフラッグタワー。高さは約109.5フィート(33.4メートル)、旗竿を含めれば134.5フィート(41メートル)あり、一説によればこのパズルの名前はこの塔に由来するらしい。

参照：ブール代数(1854年)、イコシアン・ゲーム(1857年)、グロの『チャイニーズリングの理論』(1872年)、四次元立方体(1888年)、グレイコード(1947年)、インスタント・インサニティ(1966年)、ルービック・キューブ(1974年)

1884年

『フラットランド』

エドウィン・アボット・アボット（1838-1926）

1世紀以上前、ヴィクトリア朝時代のイングランドで牧師と学校の校長を務めていたエドウィン・アボット・アボットが書いた、異なる空間的次元に生活する生き物たちのやり取りを描いた本は、大きな反響を巻き起こした。この本は今でも数学の学生たちに人気があり、空間次元の関係を研究する人にとっては読む価値がある。

アボットが読者に勧めているのは、心を開いて新しい見方をすることだ。『フラットランド』では2次元世界の住民たちの一族が描かれている。彼らは平面で生活し、自分たちを取り巻くより高い次元の存在には全く気づいていない。もしわれわれが2次元世界を見下ろすことができたとすれば、すべての構造物の内部をたちどころに見て取ることができるはずだ。4つ目の空間次元にアクセスできる存在であれば、われわれの体内をのぞき込み、皮膚を傷つけずに腫瘍を取り除くことができるだろう。フラットランドの住人たちは、彼らの平面世界の数インチ上にあなたがいて、彼らの生活のすべての出来事を記録していても気づかない。あなたがフラットランドの住人を牢屋から出してやりたければ、彼を「持ち上げて」フラットランドのどこか別の場所へ下ろしてやればよい。この行為は、「上」という言葉さえ持たないフラットランドの住人たちにとっては奇跡に見えるはずだ。

現在では、コンピュータグラフィックスで4次元物体を投影することによって高次元の現象へ多少は歩み寄れるとはいえ、どんなに賢い数学者であっても4番目の次元は把握できないことが多い。ちょうど、『フラットランド』の正方形の主人公にとって3次元の理解が困難なのと同じことだ。『フラットランド』の山場のひとつでは、2次元の主人公がフ

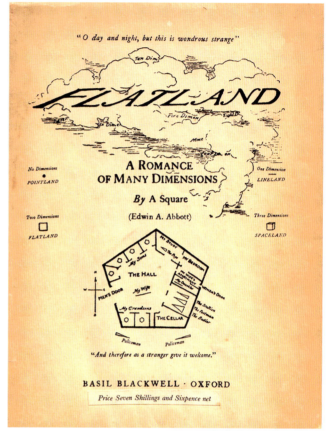

▲『フラットランド』（第6版、エドウィン・アボット・アボット著）の表紙。「My Wife（私の妻）」が、五角形の屋敷の中で線分として描かれていることに注目してほしい。フラットランドでは、女性は鋭い先端を持つので特に危険とされている。

ラットランドを通過しながら形を変える3次元の存在に直面する。正方形の主人公は、この生き物の断面しか見ることができないのだ。アボットは、4番目の空間次元を研究することはわれわれの想像力を広げ、宇宙に対する畏敬の念を深め、謙虚さを増すために重要であると信じていた。もしかするとそれは、実在の性質をより良く理解し、神性を垣間見るための最初のステップなのかもしれない。

参照：ユークリッドの『原論』（紀元前300年）、クラインのつぼ（1882年）、四次元立方体（1888年）

1888年

四次元立方体

チャールズ・ハワード・ヒントン(1853-1907)

われわれが日常生活している3次元空間のどの方向とも違う方向を持つ4次元というアイディアほど、大人や子供の興味をかき立てる数学の話題は他にはないだろう。神学者たちは、死後の世界や天国、地獄、天使、そしてわれわれの魂も4次元に存在するのかもしれないと考えてきた。数学者や物理学者は、計算の際に4次元を頻繁に使う。それは、われわれの宇宙の「織物」を記述する重要な理論の一部でもある。

四次元立方体は、通常の立方体に相当する4次元の物体だ。**超立方体**という用語はより一般的に、他の次元において立方体に相当するものを指して使われる。正方形を3次元で移動させ、空間中のその軌跡を観察したものが立方体であると考えられるように、四次元立方体は立方体を4次元空間中で移動させた軌跡によって作り出される。3本の軸のどれとも垂直な方向へ立方体を移動することを想像することは難しいが、数学者は高次元の物体を理解するためにコンピュータグラフィックスを利用することが多い。立方体は正方形の面に囲まれており、四次元立方体は立方体の面で囲まれていることに注意してほしい。高次元の物体の頂点、辺、面、立体の数は、以下の表のようになる。

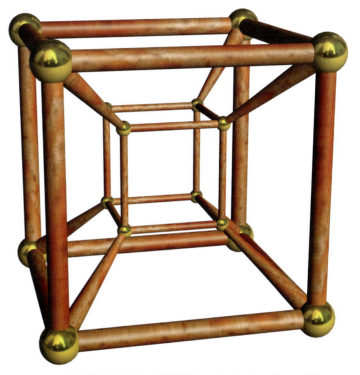

▲ Stella4D ソフトウェアを利用してロバート・ウェブによって描画された、四次元立方体。四次元立方体は、通常の立方体に相当する4次元の物体だ。

	頂点	辺	面	立体	超立体
点	1	0	0	0	
線分	2	1	0	0	0
正方形	4	4	1	0	0
立方体	8	12	6	1	0
超立方体	16	32	24	8	1
超々立方体	32	80	80	40	10

「四次元立方体」という言葉は、1888年に英国の数学者チャールズ・ハワード・ヒントンによって著書『新しい思考の時代』の中で初めて命名され、使われた。一夫多妻主義者だったヒントンは、色を塗った立方体のセットを使って4次元が理解できると主張したことでも有名だ。交霊会でヒントンの立方体を使うと、死んだ家族の幽霊に会えると考えられていた。

参照：ユークリッドの『原論』(紀元前300年)、ルパート公の問題(1816年)、クラインのつぼ(1882年)、『フラットランド』(1884年)、ブールの『代数の哲学と楽しみ』(1909年)、ルービック・キューブ(1974年)、四次元完全魔方陣(1999年)

1889年

ペアノの公理

ジュゼッペ・ペアノ（1858-1932）

小学生でも数の数え方や足し算や掛け算といったシンプルな算術の規則は知っているが、これらの単純きわまりない規則は何に由来するのだろうか、そしてそれらが正しいということはどうしてわかるのだろうか？ イタリアの数学者ジュゼッペ・ペアノは幾何学の基礎をなすユークリッドの5つの公理（前提）を熟知して、算術や数論に同様の基礎を築くことに興味を持っていた。非負の整数に関する5つのペアノの公理は、以下のように述べられる。1) 0は数である。2) どの数の後者もまた数である。3) n と m が数であり、それらの後者が等しければ、n と m は等しい。4) 0はどの数の後者でもない。5) S が0を含む数の集合であって、S に含まれる任意の数の後者もまた S に含まれるならば、S にはすべての数が含まれる。

ペアノの5番目の公理を使えば、ある性質がすべての非負の整数について成り立つかどうかを数学者は知ることができる。そのためには、まず0がその性質を持つことを示さなくてはならない。次に、任意の数 i について、i がその性質を持てば $i+1$ もまたその性質を持つことを示さなくてはならない。ちょっと比喩を使って説明してみよう。マッチが1列にほとんどくっついて無限に並べられていると考えてみてほしい。これらをすべて燃やしたいなら、最初のマッチに火をつけなくてはならず、そして1列に並んだマッチは互いに火が燃え移るほど十分近くになくてはならない。列の中の1本のマッチが大きく離れすぎていれば、火はそこで止まってしまう。ペアノの公理を使って、われわれは数の無限集合を含む算術の体系を作り上げることができる。この公理はわれわれの数体系に基礎を提供するとともに、また現代数学で用いられるそれ以外の数体系

▲イタリアの数学者ジュゼッペ・ペアノの研究は、哲学、数理論理学、集合論に及んでいる。彼は心臓発作によって亡くなる前の日まで、トリノ大学で数学を教えていた。

の構築にも役立っている。ペアノが最初に彼の公理を提示したのは1889年の著書『算術原理』だった。

参照：アリストテレスの『オルガノン』（紀元前350年ころ）、ユークリッドの『原論』（紀元前300年）、ブール代数（1854年）、ベン図（1880年）、ヒルベルトのグランドホテル（1925年）、ゲーデルの定理（1931年）、ファジィ論理（1965年）

1890年

ペアノ曲線

ジュゼッペ・ペアノ（1858-1932）

1890年、イタリアの数学者ジュゼッペ・ペアノが、空間充填曲線の最初の一例を提示した。英国の科学ライター、デヴィッド・ダーリングはこの発見を「数学の伝統的な構造を揺るがした地震」と呼んでいる。この新しい種類の曲線について論じたロシアの数学者ナウム・ヴィレンキンは「すべては廃墟となり、すべての基本的な数学的概念はその意味を失った」と書いた。

ペアノ曲線という用語は**空間充填曲線**と同じ意味で使われることも多く、そのような曲線は多くの場合、反復プロセスによって作り出され、それによって構成されるジグザグの直線が最終的に空間全体を覆いつくす。マーティン・ガードナーは次のように書いている。「ペアノ曲線は数学者に大きなショックを与えた。その軌跡は1次元のようにみえるが、極限においては2次元の領域を完全にみたす。これを**曲線**とよぶべきだろうか？ さらに悪いことに、ペアノ曲線は**立方体あるいは高次元の超立方体**を充填するように、容易に修正することができる。」（『ペンローズ・タイルと数学パズル』一松信訳、丸善より引用）ペアノ曲線は連続だが、**コッホ雪片**の境界や**ワイエルシュトラース曲線**と同様に、曲線上のどの点も一意に定まる接線を持たない。空間充填曲線の**ハウスドルフ次元**は2となる。

空間充填曲線には実用的な応用が見つかっており、多数の町を訪れる効率的な経路を教えてくれる。例えばジョージア工科大学の工業システム工学研究科教授ジョンJ.バートルディ3世は、何百人もの貧しい人々に食事を届ける団体や、病院に血液を配送する米国赤十字のために、ペアノ曲線を使って経路を指示するシステムを作り上げた。配達する場所は都市部では入り組んでいるのが普通なので、バートルディのように空間充填曲線を利用すると非常に良い経路の候補が得られる。この曲線は、地図上のその地域のすべての場所を経由してから、別の地域へ移動しようとするからだ。また科学者たちは、兵器の照準システムに空間充填曲線を使う実験も行っている。この数学的なテクニックは、地球を回る軌道に投入されたコンピュータ上で、非常に効率的に実行できるような実装が可能だからだ。

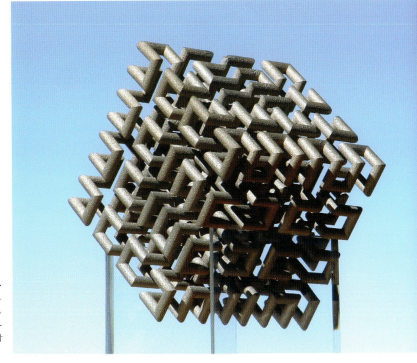

▶ヒルベルト立方体は、伝統的な2次元のペアノ曲線を3次元に拡張したものだ。この4インチ（10.2センチメートル）のブロンズとステンレス鋼でできた彫刻は、カリフォルニア大学バークレー校のカルロH.シークインによって設計された。

参照：騎士巡回問題（1759年）、ワイエルシュトラース関数（1872年）、四次元立方体（1888年）、コッホ雪片（1904年）、ハウスドルフ次元（1918年）、フラクタル（1975年）

1891年

壁紙群

エヴグラフ・ステパノヴィッチ・フョードロフ(1853-1919)、アルトゥール・モーリッツ・シェーンフリース(1853-1928)、ウィリアム・バーロウ(1845-1934)

「壁紙群」というフレーズは、2次元内で無限に繰り返すパターンによって平面を敷き詰める方法を意味する。17種類の壁紙パターンが存在し、それらは並進(平行移動)と回転、鏡映の組合せからなる対称性によって分類される。

著名なロシアの結晶学者E.S.フョードロフが1891年にこれらのパターンを発見して分類し、またそれとは独立に、ドイツの数学者A.M.シェーンフリースと英国の結晶学者ウィリアム・バーロウによってもこれらのパターンは研究された。これらのパターン(かつてはアイソメトリーと呼ばれた)のうち13種類には何らかの回転対称性が含まれているが、それ以外の4種類には含まれていない。5種類は六方対称性を持ち、12種類は直方対称性を持つ。マーティン・ガードナーは次のように書いている。「この17個の群は、ある図形を無限に繰り返して2次元平面を敷き詰める方法のうち、本質的に異なるものをすべて網羅している。群の構成要素は、1つの基本図形に適用される操作、つまり並進(平行移動)と回転と鏡映の組合せにすぎない。この17個の対称性の群は、結晶構造の研究に非常に重要である。」(『ガードナーの新・数学娯楽』岩沢宏和・上原隆平監訳、日本評論社、2016年より引用)

幾何学者H.S.M.コクセターは、繰り返しパターンによって平面を敷き詰める技法は13世紀のスペインでピークに達したと述べている。イスラム教徒のムーア人は17の群すべてを用いて、宮殿でもあり砦でもあったアルハンブラに美麗な装飾を施した。イスラムの教えでは美術作品に人物の肖像を使うことが認められなかったため、装飾には対称的な壁紙

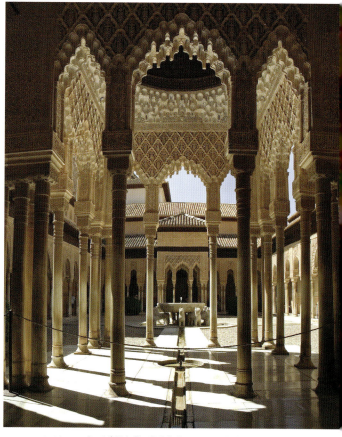

▲アルハンブラは宮殿と砦の複合体だ。イスラム教徒のムーア人は、さまざまな壁紙群を用いてアルハンブラに美麗な装飾を施した。

群が特に好まれることになった。グラナダのアルハンブラ宮殿には、タイルや漆喰仕上げ、木彫り細工などの装飾に複雑なアラベスクのデザインが施されている。

オランダの画家M.C.エッシャー(1898-1972)はアルハンブラ宮殿を訪れた経験に影響されて、対称性に満ちた作品を多く描いた。エッシャーは、アルハンブラへの旅行が「他の何物よりも豊富なインスピレーションの源泉となった」と語っている。エッシャーはムーア人の芸術作品を「高める」ことを試み、幾何学的な格子を利用してスケッチを描き、それに動物のデザインを重ね合わせた。

参照:群論(1832年)、長方形の正方分割(1925年)、フォーデルベルクのタイリング(1936年)、ペンローズ・タイル(1973年)、モンスター群(1981年)、例外型単純リー群E_8の探求(2007年)

1893年

シルヴェスターの直線の問題

ジェームズ・ジョゼフ・シルヴェスター（1814-97）、
ティボー・ガライ（1912-92）

シルヴェスターの直線の問題（シルヴェスターの同一直線上の点の問題、シルヴェスター–ガライの定理とも呼ばれる）は、40年にわたって数学界を悩ませてきた問題だ。これは、平面上に有限個の点が与えられた場合、1）ちょうど2つの点を通る直線が存在するか、2）すべての点が同一直線上にあるかのどちらかである、という命題だ。英国の数学者ジェームズ・シルヴェスターが1893年にこの予想を行ったが、証明を与えることはできなかった。ハンガリー生まれの数学者ポール・エルデーシュが1943年にこの問題を研究し、ハンガリーの数学者ティボー・ガライによって1944年に肯定的に解決された。

シルヴェスターが実際に読者に出した問題は、「どんな有限の数の実点も、それらがすべて同一直線上にあるのでなければ、どの2点を結ぶ直線も3番目の点を通るように配置することは不可能であることを証明せよ」というものだった。

シルヴェスターの予想に刺激されて、1951年に数学者のガブリエル・アンドリュー・ディラック（1925-84）（ポール・ディラックの義理の息子でユージーン・ウィグナーの甥）は、n 個の点がすべて同一直線上にない限り、ちょうど2点を通るような直線が少なくとも $n/2$ 本は存在すると予想した。現在まで、ディラックの予想にはたった2つの反例しか知られていない。

数学者のジョゼフ・マルケヴィッチはシルヴェスターの問題について、次のように書いている。「簡単に書き表せる数学の問題の中には、その見かけ上のシンプルさに反して、なかなか解が見つからない、しぶといものがある……。エルデーシュはシルヴェスターの問題にこれほど長い年月も答えが出ていないことに驚きを表した……。1つの重要な問題が、多くのアイディアの道筋を作り出し、それらが今日まで探究され続けることがあるのだ。」シルヴェスターは、ジョンズ・ホプキンズ大学での講演の中で、次のように言っている。「数学は、本の中だけに存在するものではない……。数学は、その宝が……限りのある鉱脈しか満たすことのない鉱山ではない……。数学には限りがなく……その可能性は、天文学者が観測するたびに数を増し広がって行く宇宙と同様に、無限なのだ。」

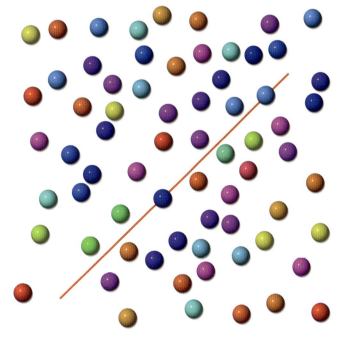

▶まき散らされた有限個の点のすべてが1直線上にないとき（ここでは色の付いた球体で点を表している）、シルヴェスター–ガライの定理は、ちょうど2つの点を通る直線が少なくとも1本存在する、ということを言っている。

参照：ユークリッドの『原論』（紀元前300年）、パッポスの六角形定理（340年ころ）、シルヴェスターの行列（1850年）、ユングの定理（1901年）

1896年

素数定理の証明

カール・フリードリッヒ・ガウス(1777-1855)、ジャック・サロモン・アダマール(1865-1963)、シャルル=ジャン・ド・ラ・ヴァレ=プーサン(1866-1962)、ジョン・エデンサー・リトルウッド(1885-1977)

数学者のドン・ザギエは、次のようにコメントしている。「素数は、そのシンプルな定義と自然数の構成要素としての役割にかかわらず、自然数の中に雑草のようにはびこっている……そして次の素数がどこに芽生えるのか予測できる人は誰もいない……。さらに驚くことに……素数は驚くべき規則性を示し、そのふるまいを規定する法則が存在し、そして素数はまるで軍隊のように正確にその法則に従っているのだ。」

与えられた数 n 以下の素数の個数 $\pi(n)$ について考えてみよう。1792年、素数の出現度数に魅せられた弱冠15歳のカール・ガウスは、$\pi(n)$ が $n/\ln(n)$ で近似できると述べた(ここで ln は自然対数)。この素数定理から導かれる結論のひとつは、n 番目の素数はほぼ $n \ln(n)$ に等しく、また n が無限に近づくに従ってこの近似の相対誤差は0に近づく、ということになる。後日、ガウスは自分の見積もりを改良し、$\pi(n) \fallingdotseq \mathrm{Li}(n)$ とした。ここで $\mathrm{Li}(n)$ は、$dx/\ln(x)$ を 2 から n まで積分したものだ。

ついに1896年になって、フランスの数学者ジャック・アダマールとベルギーの数学者シャルル=ジャン・ド・ラ・ヴァレ=プーサンが独立にガウスの定理を証明した。数値実験により、数学者たちは $\pi(n)$ は常に $\mathrm{Li}(n)$ よりも小さくなると予想していた。しかし1914年にリトルウッドは、非常に大きな値まで n を調べることができれば $\pi(n) < \mathrm{Li}(n)$ が無限回反転することを証明した。1933年、南アフリカの数学者スタンリー・スキューズが、$\pi(n) - \mathrm{Li}(n) = 0$ の最初の反転は $10\wedge 10\wedge 10\wedge 34$ よりも前に起こることを示した。ここで ∧ はべき乗を表し、この数はスキューズ数と呼ばれる。1933年以降、この値は 10^{316} 程度にまで下げられた。

英国の数学者 G. H. ハーディ(1877-1947)はスキューズ数のことを「数学で何らかの明確な目的に役立った最大の数」だと説明したことがあるが、その後スキューズ数はこの大きな栄誉を失ってしまった。1950年ころ、ポール・エルデーシュとアトル・セルベリが素数定理の初等的な証明、つまり実数のみを利用した証明を発見した。

◀素数(太字で示されている)は、「自然数の中に雑草のようにはびこっている……そして次の素数がどこに芽生えるのか予測できる人は誰もいない……。」1 という数はかつて素数とみなされていたが、現代の数学者は 2 を最初の素数とみなすのが一般的だ。

参照:セミと素数(紀元前100万年ころ)、エラトステネスのふるい(紀元前240年ころ)、ゴールドバッハ予想(1742年)、正十七角形の作図(1796年)、ガウスの『数論考究』(1801年)、リーマン予想(1859年)、ブルン定数(1919年)、ギルブレスの予想(1958年)、ウラムのらせん(1963年)、エルデーシュの膨大な共同研究(1971年)、公開鍵暗号(1977年)、アンドリカの予想(1985年)

1899年

ピックの定理

ゲオルク・アレクサンデル・ピック（1859-1942）

　ピックの定理はシンプルで楽しく、鉛筆とグラフ用紙を使って実験で確かめることも可能だ。等間隔に引かれた格子の上に、シンプルな多角形を、すべての頂点（角）が格子点上にあるように描く。マス目の数を単位としたこの多角形の面積 A が、多角形の内部にある点の数 i と多角形の境界線上にある点の数 b から、$A = i + b/2 - 1$ と求められるというのがピックの定理だ。ピックの定理は、内部の穴のある多角形については成り立たない。

　オーストリアの数学者ゲオルク・ピックがこの定理を提示したのは1899年のことだった。1911年、ピックはアルベルト・アインシュタインに関連する重要な数学者の業績を紹介し、このことはアインシュタインが一般相対性理論を展開する助けとなった。ヒトラーの軍隊が1938年にオーストリアに侵攻した際、ユダヤ人のピックはプラハに逃れた。残念なことに、この逃亡も彼の命を救ってはくれなかった。ナチスはチェコスロバキアに侵攻し、彼は1942年にテレージエンシュタット強制収容所へ送られ、そこで死んだ。テレージエンシュタットに送られた約14万4000人のユダヤ人のうち、約1/4の人々がそこで死に、そして約60パーセントがアウシュヴィッツなど、別の死の収容所へ移送された。

　ポリトープ（例えば多面体）の体積を、その内部の点と境界線上の点を数えることだけで計算できるような、3次元版のピックの定理は今のところ知られていない。

　マス目の描かれたトレーシングペーパーを使えば、ピックの定理を利用して地図上の領域を多角形で近似し、その面積を見積もることができる。英国の科学ライター、デヴィッド・ダーリングは次のように書いている。「過去数十年にわたって、……より一般的な多角形や、高次元の多面体、そして正方格子以外の格子へのピックの定理のさまざまな一般化が行われてきた……。この定理は、伝統的なユークリッド幾何学と、モダンなディジタル（離散）幾何学の分野とを結び付けるものだ。」

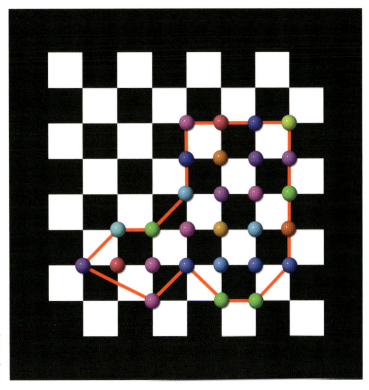

▶ピックの定理によれば、この多角形の面積は $i + b/2 - 1$ となる。ここで i は多角形の内部にある点の数、b は多角形の境界線上にある点の数だ。

参照：プラトンの立体（紀元前350年ころ）、ユークリッドの『原論』（紀元前300年）、アルキメデスの半正多面体（紀元前240年ころ）

1899年

モーリーの三等分線定理

フランク・モーリー (1860-1937)

1899年、英国生まれで米国に移住した数学者であり熟練したチェスのプレイヤーでもあったフランク・モーリーが、**どんな三角形でも隣接する角の三等分線の交差する3点は常に正三角形を構成する**、というモーリーの定理を発表した。**三等分線**とは内角を等しい3つの角度に分割する2本の直線であり、これらは6つの点で交わるが、そのうち3つが正三角形の頂点となる。さまざまな証明が存在し、初期の証明には非常に複雑なものもあった。

モーリーの同僚たちが、この結果を非常に美しく意外なものととらえたので、この定理は「モーリーの奇跡」として知られるようになった。リチャード・フランシスは次のように書いている。「おそらく古代の幾何学者たちが見落としたか、あるいは三等分線の作図が難しいという理由から追究されなかったため、この問題が注目されたのはほんの1世紀前になってからのことだ。1900年ころフランク・モーリーによって予想されたが、解決や厳密な証明にはさらに後世の進展を待たねばならなかった。この美しくエレガントなユークリッド幾何学の定理は、不思議にも長い間気付かれずにいたため、20世紀の成果となっている。」

モーリーはペンシルベニア州のハバフォード大学と、ジョンズ・ホプキンズ大学で教員を務めていた。1933年、彼はやはり数学者の息子フランクV.モーリーとの共著で『反転幾何学』を出版した。この息子は父親のことを、『チェスへの貢献』の中で次のように書いている。「父はチョッキのポケットの中を探り、おそらく2インチほどにまで短くなった鉛筆を取り出して、サイドポケットに入った古い封筒

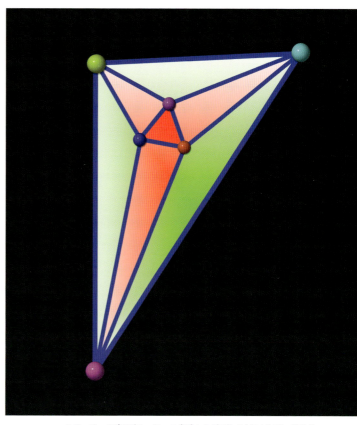

▲モーリーの定理(モーリーの奇跡とも呼ばれる)によれば、どんな三角形でも隣接する角の三等分線の交差する3点は常に正三角形を構成する。

に落書きを始めます……そして足音を忍ばせながら立ち上がり、書斎へ行こうとするのです……すると母が「フランク、まさか仕事じゃないでしょうね!」と声をかけます。父は決まって「ちょっとだけだよ、すぐに終わるさ!」と答え、そして書斎のドアは閉まるのでした。」

モーリーの定理は、数学者たちを魅了し続けている。1998年には、フィールズ賞を受賞したフランスの数学者アラン・コンヌが、モーリーの定理の新しい証明を提示した。

参照:ユークリッドの『原論』(紀元前300年)、余弦定理(1427年ころ)、ヴィヴィアーニの定理(1659年)、オイラーの多角形分割問題(1751年)、n次元球体内の三角形(1982年)

1900年

ヒルベルトの23の問題

ダーフィット・ヒルベルト（1862-1943）

ドイツの数学者ダーフィット・ヒルベルトは、次のように書いている。「1つの科学分野は、問題が豊富に提供されている間は活気に満ちあふれている。問題がなくなるのは、死の兆候だ。」1900年、彼は20世紀に解決されるべき23の重要な数学の問題を提示した。ヒルベルトへの崇敬の念から、その後何年も数学者たちは多大な労力を費やしてこれらの問題に取り組むことになった。非常に大きな影響を与えた彼のスピーチは、次のように始まっている。「その向こうに未来が隠れているベールを持ち上げて、科学の次なる進展と、未来の世紀における科学の発展の秘密とを喜んでかいま見ようとしない人がいるでしょうか。来る世代を率いる数学の精神が追究しようとする特別な目標には、どういうものがあるのでしょうか？」（『ヒルベルトの挑戦——世紀を超えた23の問題』ジェレミー J. グレイ著、好田順治・小野木明恵訳、2003年、青土社、一部改変）

これらの問題のうち10個は見事に解決されたが、それ以外は一部の数学者を納得させる解が見つかったものの多少の議論が残っているものが多い。例えば、球体の効率的な充填の問題を取り上げた**ケプラー予想**（問題18の一部）は、コンピュータを利用した証明が含まれているため、人間による検証が難しいようだ。

現在でも未解決の問題の中で最も有名なものが、リーマンゼータ関数（非常に複雑な形をした関数）の零点の分布に関する**リーマン予想**だ。ダーフィット・ヒルベルトは、「もし私が千年の眠りから目覚めたとしたら、まず「リーマン予想は証明されたか？」と質問することだろう」と述べている。

▲ゲッチンゲン大学の数学科の絵葉書に載った、ダーフィット・ヒルベルトの写真（1912）。学生たちはこのような絵葉書をよく買っていた。

ベン・ヤンデルは次のように書いている。「どれか1つでもヒルベルトの問題を解くことは、多くの数学者にとってロマンティックな夢だった……。過去百年間、解や重要な部分的結果が世界中から寄せられた。ヒルベルトのリストは美しいものであり、そのロマンティックで歴史的な魅力も相まって、これらの選び抜かれた問題は数学を組織化する原動力となってきた。」

参照：ケプラー予想（1611年）、リーマン予想（1859年）、ヒルベルトのグランドホテル（1925年）

1900年

カイ二乗検定

カール・ピアソン（1857-1936）

科学者の実験結果が、確率の法則から予想される結果と一致しないことはよくある。例えば、サイコロを投げる実験をしていて期待値からの偏差が非常に大きければ、そのサイコロには重心の偏りなど、何らかの歪みがあると言えるだろう。

英国の数学者カール・ピアソンによって1900年に初めて発表されたカイ二乗検定は、暗号技術や信頼性工学から野球の打撃成績の分析まで、数え切れないほどの分野で利用されている。この検定を行う際、事象は独立であると仮定される（先ほどのサイコロ投げの例のように）。カイ二乗検定値は、観測された事象の頻度 O_i と、理論的な（つまり、期待される）頻度 E_i がわかれば計算できる。この公式は、$\chi^2 = \Sigma (O_i - E_i)^2 / E_i$ と表せる。事象の期待される頻度と観測された頻度が一致した場合には、$\chi^2 = 0$ となる。違いが大きくなるほど、χ^2 の値も大きくなる。現実的には、この違いの有意性はカイ二乗表を参照して求められる。もちろん、χ^2 があまりに0に近い場合も疑わしいので、χ^2 の大きすぎる値や小さすぎる値がチェックされることになる。

例えば、100匹のランダムな標本が、蝶と甲虫が等しい割合で含まれる個体群から抽出されたものである、という仮説を検定してみよう。観察結果が甲虫10匹と蝶90匹だった場合、χ^2 として $(10-50)^2/50 + (90-50)^2/50 = 64$ という非常に大きな値が得られるため、最初の仮説（同数の蝶と甲虫からなる個体群からランダムに抽出）はおそらく正しくないことがわかる。

ピアソンは彼の業績に対して数多くの賞を受賞したが、数学を離れると彼はレイシストであり、「劣等人種」に対する「戦い」を唱えていた。

◀カイ二乗値を使って、100匹のランダムな標本が、蝶と甲虫が等しい割合で含まれる個体群から抽出されたものである、という仮説を検定してみよう。この図では64という値が得られるため、仮説はおそらく正しくないことがわかる。

参照：サイコロ（紀元前3000年ころ）、大数の法則（1713年）、正規分布曲線（1733年）、最小二乗法（1795年）、ラプラスの『確率の解析的理論』（1812年）

1901年

ボーイ曲面

ヴェルナー・ボーイ（1879-1914）、ベルナール・モラン（1931-）

ボーイ曲面は1901年、ドイツの数学者ヴェルナー・ボーイによって発見された。**クラインのつぼ**と同様、この物体には縁がなく、表も裏もない曲面だ。ボーイ曲面はまた向き付け不可能な曲面であり、2次元生物はこの表面を歩き回り、左右が入れ替わった状態で出発点に戻って来るような経路を見つけることができる。**メビウスの帯**や**クラインのつぼ**も、向き付け不可能な曲面だ。

形式的に言えば、ボーイ曲面は特異点（ピンチ点）を持たない射影平面の3次元空間へのはめ込みだ。これを作成するための幾何学的なレシピはいくつか存在するが、その中には円板を引き延ばしてその縁をメビウスの帯の縁とくっつけるものがある。このプロセスで、曲面は自分自身と交差することになるが、裂けたりピンチ点を持ったりすることはない。ボーイ曲面を視覚的に想像するのは非常に難しいが、研究者たちはコンピュータグラフィックスの助けを借りてこの図形の手がかりをつかんでいる。

ボーイ曲面は、三回対称性を持つ。言い換えれば、ある軸の周りにこの図形を120°回転させても同じに見えるような軸が存在するということだ。興味深いことに、ボーイはこの曲面のいくつかのモデルをスケッチすることはできたが、この曲面を記述する方程式（パラメトリックなモデル）を求めることはできなかった。ついに1978年になって、フランスの数学者ベルナール・モランがコンピュータを利用して、最初のパラメーター表示を発見した。モランは子供のころに失明したが、数学で素晴らしい成功を収めた。

数学ジャーナリストのアリン・ジャクソンは、次のように書いている。「モランが盲目であることは、彼の並外れた視覚化能力を損ねるどころか、むしろ向上させているのかもしれない……。幾何学的対象物を視覚化する際の難しさのひとつは、非常に複雑な場合もある対象物の内側を見ずに、外側だけを見てしまいがちなことである……。モランは触覚情報に慣れ親しんでいるため、ハンドヘルドモデルを数時間操った後、その形状の記憶をその後何年も保つことができるのだ。」

▶ポール・ナイランダーによって描画された、ボーイ曲面。この物体には縁がなく、表も裏もない曲面だ。

参照：極小曲面（1774年）、メビウスの帯（1858年）、クラインのつぼ（1882年）、球面の内側と外側をひっくり返す（1958年）、ウィークス多様体（1985年）

1901年

床屋のパラドックス

バートランド・ラッセル(1872-1970)

1901年、英国の哲学者で数学者でもあったバートランド・ラッセルが、集合論に修正を強いることになったパラドックス、あるいは明らかな矛盾を発見した。ラッセルのパラドックスのひとつのバージョンは床屋のパラドックスとも呼ばれる。ある町に1人の男の床屋がいて、自分でひげをそらないすべての男のひげを毎日そっているが、それ以外の人のひげはそらない、とする。この床屋は、自分のひげをそるのだろうか？

つまり、この床屋は彼が自分のひげをそらない場合にだけ自分のひげをそることが要求されているように見える。ヘレン・ジョイスは「このパラドックスは、数学全体が危うい基礎の上に立っており、どんな証明も信頼できないという、恐るべき状況を明らかにすることになった」と書いている。

元の形のラッセルのパラドックスは、自分自身の要素となっていないすべての集合の集合に関するものだった。多くの集合 R は、自分自身の要素とはなっていない。例えば、立方体の集合は立方体ではない。要素として自分自身を含む集合 T の例としては、すべての集合の集合、あるいは立方体以外のすべてのものの集合といったものが挙げられる。すべての集合はタイプ R かタイプ T のどちらかであるように見えるし、どの集合も両方に属すことはない。しかしラッセルは、自分自身の要素になっていないすべての集合の集合 S はどうなるだろうと考えた。どういうわけか、S は自分自身の要素ではないし、また自分自身の要素でないわけもない。ラッセルは、そのような混乱や起こり得る矛盾を避けるために、集合論を変更しなくてはならないことに気付いたのだ。

床屋のパラドックスを反駁するには、そんな床屋は存在しないとシンプルに言えばよいのかもしれない。いずれにせよ、ラッセルのパラドックスからは、より整理された形の集合論が生まれることになった。ドイツの数学者クルト・ゲーデルは同様の観察を用いて、ゲーデルの不完全性定理を導いた。英国の数学者アラン・チューリングも、ラッセルの業績を利用して停止性問題の非決定性を研究した。停止性問題とは、コンピュータプログラムが有限回のステップで動作を完了するかどうかを判定する問題だ。

◀床屋のパラドックス。ある町に1人の男の床屋がいて、自分でひげをそらないすべての男のひげを毎日そっているが、それ以外の人のひげはそらない、とする。この床屋は、自分のひげをそるのだろうか？

参照：ゼノンのパラドックス(紀元前445年ころ)、アリストテレスの車輪のパラドックス(紀元前320年ころ)、サンクトペテルブルクのパラドックス(1738年)、ツェルメロの選択公理(1904年)、『プリンキピア・マテマティカ』(1910-13年)、バナッハ–タルスキのパラドックス(1924年)、ヒルベルトのグランドホテル(1925年)、ゲーデルの定理(1931年)、チューリングマシン(1936年)、誕生日のパラドックス(1939年)、ニューカムのパラドックス(1960年)、チャイティンのオメガ(1974年)、パロンドのパラドックス(1999年)

1901年

ユングの定理

ハインリヒ・ヴィルヘルム・エヴァルト・ユング（1876-1953）

星図やランダムに飛び散ったインクのように、散乱した点の有限集合を想像してほしい。最も距離の離れた2点の間に直線を引く。この2点間の最大距離 d は、この点の集合の**幾何学的スパン**と呼ばれる。ユングの定理は、どれほど奇妙な形に散乱した点であっても、すべての点は半径が $d/\sqrt{3}$ 以下の円に包含されることが保証される、ということを述べている。辺の長さが1単位の正三角形の辺に沿って点が配置されている場合、これらを包含する円は三角形のすべての頂点（角）に接し、直径は $1/\sqrt{3}$ となる。

ユングの定理は3次元に一般化することもでき、その場合には点の集合は半径が $\sqrt{6}d/4$ 以下の球に包含されることになる。つまり、例えば鳥の群れや魚の群れのように、空間内に点状の物体が集まっている場合、これらの物体はその大きさの球に包含されることが保証されるのだ。その後ユングの定理は、さまざまな**非ユークリッド幾何学**や非ユークリッド空間に拡張されている。

さらに想像をたくましくして、例えば n 次元の超球体に鳥を閉じ込めるような場合にこの定理を拡張したければ、次のすばらしくコンパクトな公式を使うこともできる。

$$r \leq d\sqrt{\frac{n}{2(n+1)}}$$

つまり、半径が $d\sqrt{2/5}$ の4次元超球体であれば、4次元を飛び回るムクドリの群れを捕まえられることが保証されているのだ。ドイツの数学者ハインリヒ・ユングは1895年から1899年までマールブルク大学とベルリン大学で数学と物理学、化学を学び、この定理を1901年に発表した。

▶どんなに複雑な鳥の群れでも、1羽の鳥を空間中の1点とみなせば、半径が $\sqrt{6}d/4$ 以下の球に包含されることになる。4次元空間に存在するムクドリの群れについては、どんなことが言えるだろうか？

参照：ユークリッドの『原論』（紀元前300年）、非ユークリッド幾何学（1829年）、シルヴェスターの直線の問題（1893年）

1904年

ポアンカレ予想

アンリ・ポアンカレ（1854-1912）、グリゴリ・ペレリマン（1966-）

1904年にフランスの数学者アンリ・ポアンカレによって提起されたポアンカレ予想は、図形とその相互関係を研究する数学の一分野、トポロジーに関連したものだ。2000年には、クレイ数学研究所がこの予想の証明に100万ドルの賞金を提供した。この予想は、概念的にはオレンジとドーナツの形状の違いを高次元に引き上げたものととらえることができる。オレンジの周りに巻き付けたひもを想像してみてほしい。理論的には、このひもを少しずつ引っ張れば、ひももオレンジも壊さずに、ひもがオレンジの表面を離れないようにしながら1点にまで縮めることができるはずだ。しかし、ひもがドーナツの穴を通るように巻き付いていた場合には、ひもかドーナツを壊さずに1点に縮めることはできない。オレンジの表面は**単連結**と呼ばれるが、ドーナツの表面はそうではない。ポアンカレは、2次元球面（例えば、オレンジの**表面**）は単連結であることを理解しており、さらに3次元球面（4次元空間において、1点から等距離にある点の集合）にも同じ性質があるかどうかを問うたのだ。

最終的に、2002年から2003年にかけてロシアの数学者グリゴリ・ペレリマンがこの予想を証明することになった。奇妙なことに、ペレリマンは賞金の獲得にほとんど興味を示さなかったし、彼の論文は主要な専門誌には掲載されずインターネットに公開されただけだった。2006年、ペレリマンはポアンカレ予想の解決に対して名誉あるフィールズ賞を授与されたが、彼は受賞を「全く意味がない」と言って拒否した。ペレリマンにとって、証明が正しければ「それ以外の評価は必要ない」ということらしい。

「サイエンス」誌は2006年に、以下のような記事を掲載した。「ペレリマンの証明は、2つの数学分野を根本的に変革した。第1に、1世紀以上にわたってトポロジーの根底に未解決のまま残っていた問題が解決された……［第2に］、この業績ははるかに広い範囲の結果を生み出すことになり……化学におけるメンデレーエフの周期表と同様に、この「周期表」は3次元空間の研究を明確化した。」

▲ 1904年にポアンカレ予想を提起した、フランスの数学者アンリ・ポアンカレ。この予想は長い間証明されなかったが、2002年から2003年にかけてロシアの数学者グリゴリ・ペレリマンがついに有効な証明を与えた。

参照：ケーニヒスベルクの橋渡り（1736年）、クラインのつぼ（1882年）、フィールズ賞（1936年）、ウィークス多様体（1985年）

1904年

コッホ雪片

ニルス・ファビアン・ヘルゲ・フォン・コッホ (1870-1924)

コッホ雪片は、多くの学生が最初に出会うフラクタル図形のひとつであり、数学の歴史上最も初期に記述されたフラクタル図形のひとつでもある。この複雑な図形は、スウェーデンの数学者ヘルゲ・フォン・コッホの1904年の論文「初等幾何学から構築可能な接線を持たない連続曲線について」に登場する。これと関連するコッホ曲線は、曲線を生成するためのプロセスを正三角形の代わりに線分から始めることによって得られる。

この入り組んだ形のコッホ曲線を作り出すには、再帰的に線分を加工することによって、無限に辺を作り出せばよい。まず、線分を3等分する。次に、中央の部分をそれと同じ長さの2本の線分で置き換え、Vの字のくさび形を形成する(正三角形の2辺)。こうしてできた図形は、4本の線分から形成されることになる。これらの線分のそれぞれについて、分割しくさび形を生成するプロセスを繰り返す。

1インチの長さの線分から始めたとすると、この手順のステップnまで成長した図形の長さは$(4/3)^n$インチとなる。数百回繰り返すと、この曲線は観測可能な宇宙の直径よりも長くなる。実際には、「最終的な」コッホ曲線は無限の長さと約1.26のフラクタル次元を持つ。この曲線は、描かれる2次元平面を部分的に埋めつくすからだ。

コッホ雪片の周囲の長さは無限だが、その面積は有限の値$(2\sqrt{3}s^2)/5$(ここでsは元の辺の長さ)となり、これは元の正三角形の面積の8/5に等しい。関数はとがった部分では決まった接線を持たないため、その部分では微分不可能である(導関数が一意に定まらない)ことに注意してほしい。コッホ曲線は連続だが、(とがった部分だらけなので)いたるところ微分不可能だ。

▶コッホ雪片によるタイリング。このパターンを作り出すために、数学者でアーティストでもあるロバート・ファザウアーはさまざまなサイズの雪片を利用している。

参照:ワイエルシュトラース関数(1872年)、ペアノ曲線(1890年)、ハウスドルフ次元(1918年)、メンガーのスポンジ(1926年)、海岸線のパラドックス(1950年ころ)、フラクタル(1975年)

1904年

ツェルメロの選択公理

エルンスト・フリードリッヒ・フェルディナント・ツェルメロ（1871-1953）

デヴィッド・ダーリングは集合論のこの公理を「数学で最も物議をかもす公理のひとつ」と呼んでいる。この公理は1904年に、ドイツの数学者エルンスト・ツェルメロによって定式化された。ツェルメロはその後フライブルク大学の名誉教授に任命されたが、ヒトラー政権に抗議してその職を辞している。

数学的に記述すると複雑になるが、この公理はずらりと並んだ金魚鉢を使って説明できる。それぞれの金魚鉢には、少なくとも1匹の金魚がいる。選択公理とは、たとえ**無限に**多くの金魚鉢があっても、またそれぞれの金魚鉢からどの金魚を選ぶかという「ルール」が存在しなくても、そして金魚が互いに区別できない場合であっても、単純にそれぞれの金魚鉢から1匹の金魚を（理論的には）必ず選ぶことができる、ということだ。

数学の言葉を使って言えば、Sが共通な要素を持たない空でない集合の集まりであるとき、Sに含まれるいかなる集合sともちょうど1つの共通な要素を持つ集合が存在する、ということだ。これを別の角度から見れば、集合の集まりに含まれる各集合sについて$f(s)$がsの要素であるような性質を持つ選択関数fが存在する、ということでもある。

選択公理以前は、一部の金魚鉢に無限に多くの金魚がいた場合に金魚鉢から金魚を選べるための数学的な根拠が常にあると信じる理由は何もなかったし、少なくとも無限に多くの時間を使わずにできるという根拠が常にあると考える理由はなかった。選択公理は代数学やトポロジーの数多くの重要な数学定理の核心にあることがわかっており、現代の数学者の大部分は選択公理を、それが**とても便利だから**という理由で受け入れている。エリック・シェクターは、

▲理論的には、たとえ**無限に**多くの金魚鉢があっても、またそれぞれの金魚鉢からどの金魚を選ぶかという「ルール」が存在しなくても、そして金魚が互いに区別できない場合であっても、それぞれの金魚鉢から1匹の金魚を必ず選ぶことができる。

「われわれが選択公理を受け入れるとき、それは自分たちが証明の中で仮想的な選択関数fを使えることに同意したということであり、われわれがその選択関数の明示的な例や明示的なアルゴリズムを示すことができない場合であっても、何らかの意味でそれが「存在する」かのように扱うということである」と書いている。

参照：ペアノの公理（1889年）、床屋のパラドックス（1901年）、ヒルベルトのグランドホテル（1925年）

1905年

ジョルダン曲線定理

カミーユ・ジョルダン(1838-1922)、オズワルド・ヴェブレン(1880-1960)

輪になった針金を、自分自身と交差しないような非常に複雑な形に折り曲げ、平らにしてテーブルの上に置き、一種の迷路を作ったとしよう。この中に、アリを1匹入れる。この迷路が十分複雑であれば、一目見ただけではそのアリが輪の内側にいるのか外側にいるのか判断することは難しい。アリが輪の内側にいるかどうか判断するための1つの方法は、そのアリから外側の世界へ向かって仮想的な直線を引き、その直線が針金と交差する回数を数えてみることだ。直線が曲線と偶数回交差する場合、アリは迷路の外側にいる。奇数回の場合、アリは内側にいることになる。

フランスの数学者カミーユ・ジョルダンは、曲線の内側と外側を判断するこの種のルールを研究していた。彼は、現在はジョルダン曲線定理と呼ばれる、閉曲線が平面を内側と外側に分割することを示した定理で最も有名だ。これは当たり前のように思えるかもしれないが、厳密な証明が必要であり、しかもそれが難しいことにジョルダンは気付いていた。曲線に関するジョルダンの研究は、初版が1882年から1887年にかけて3分冊で出版された『エコール・ポリテクニークの解析学コース』に収録されている。ジョルダン曲線定理は、1909年から1915年にかけて出版された第3版に登場する。この定理の厳密な証明は、アメリカの数学者オズワルド・ヴェブレンが1905年に与えたとされるのが普通だ。

ジョルダン曲線は円を変形した平面曲線であり、単純(自分自身と交わらない曲線)で閉じている(端点を持たず、ある領域を完全に取り囲んでいる)必要があることに注意してほしい。平面上や球面上では、ジョルダン曲線には内側と外側があり、一方の領域から他方へ行くには、少なくとも1本の線を越えなくてはならない。しかし、トーラス(ドーナツの形をした表面)の上では、ジョルダン曲線がこの性質を示すとは限らない。

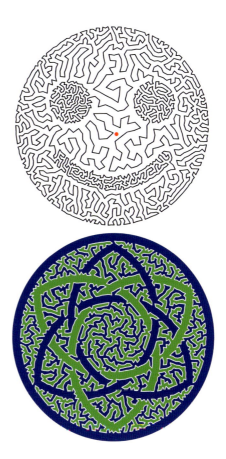

▶数学者でアーティストでもあるロバート・ボッシュによって描かれたジョルダン曲線。
上：赤い点は、このジョルダン曲線の内側だろうか、それとも外側だろうか？
下：白い線がジョルダン曲線だ。緑と青の領域は、それぞれ内側と外側を示している。

参照：ケーニヒスベルクの橋渡り(1736年)、ホルディッチの定理(1858年)、ポアンカレ予想(1904年)、アレクサンダーの角付き球面(1924年)、スプラウト・ゲーム(1967年)

1906年

トゥーエ–モース数列

アクセル・トゥーエ(1863-1922)、マーストン・モース(1892-1977)

　トゥーエ–モース数列とは、01101001…で始まる二進数列だ。私の著書『心の迷路』の中では、この数列が音に変換され、1人の登場人物が「これまで聞いたこともないような奇妙な音だ。全く不規則というわけでもないし、完全に規則的というわけでもない」と感想を述べる。この数列はノルウェーの数学者アクセル・トゥーエとアメリカの数学者マーストン・モースに敬意を表して名付けられた。1906年、トゥーエは非周期的で再帰的に計算可能なシンボル列の例として、この数列を紹介した。1921年にモースがこれを微分幾何学の研究に応用して以来、数多くの魅力的な性質と応用が発見されている。

　この数列を作り出す1つの方法は、ゼロから始めて $0 \to 01, 1 \to 10$ という置換を繰り返し施すことだ。最初の数世代を見ると、0, 01, 0110, 01101001, 0110100110010110…となる。一部の項、例えば3番目の項0110は回文(前から読んでも後ろから読んでも同じ数列)になっていることに注意してほしい。

　この数列を生成するには、別の方法もある。各世代は、その前の世代にその補数を付け加えれば得られるのだ。例えば、前の世代が0110であれば、それに1001を付け加えればよい。またこの数列を作り出すには、0, 1, 2, 3, …という数を二進数で表記し(0, 1, 10, 11, 100, 101, 110, 111, …)、次にそれぞれの二進数について2を法とする数字の総和、つまり数字の総和を2で割った余りを計算する方法もある。このようにしても、0, 1, 1, 0, 1, 0, 0, 1, …というトゥーエ–モース数列が得られる。

　この数列には、自己相似という性質がある。例えば、この無限数列の数字を1つおきに選んでも、同じ数列が得られる。2個ずつ飛び飛びに選んでも、同じ数列になる。つまり、最初の2つの数字を選び、次の2つの数字を捨て、という具合に繰り返すのだ。この数列は非周期的ではあるが、まったくランダムではない。強固な短期的・長期的構造を持っている。例えば、3つ以上連続して同じ数字が続くことはないのだ。

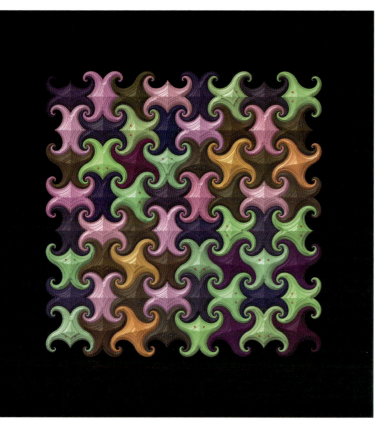

◀対称的ならせんを含む正方形のタイルから構成された、マーク・ダウのアートワーク。トゥーエ–モース数列の1と0の並びに従って決められた向きで、タイルが敷き詰められている。

参照：ブール代数(1854年)、ペンローズ・タイル(1973年)、フラクタル(1975年)、読み上げ数列(1986年)

1909年

ブラウアーの不動点定理

ライツェン・エヒベルトゥス・ヤン・ブラウアー (1881-1966)

デヴィッド・ダーリングはブラウアーの不動点定理を「トポロジーにおける素晴らしい成果であり、数学で最も有用な定理のひとつである」と評している。マックス・ベランはこの定理に「息をのんだ」と言っている。この定理を視覚的に理解するために、同じ大きさのグラフ用紙が2枚、重ねて置いてあると想像してほしい。あなたのルームメイトが1枚を取り、くしゃくしゃに丸めてもう1枚の上に放り投げた。丸めた紙のどの部分も下の紙の縁からはみ出てはいない。この定理は、丸めた紙の中に少なくとも1つ、元の位置と正確に同じ位置にある点が存在する、ということを言っている。(ルームメイトは紙を引き裂きはしなかったと仮定しよう。)

同じ定理は、別の次元でも成り立つ。球の上部が開いた形をしたレモネードボウルを想像してほしい。あなたのルームメイトが、レモネードをかき混ぜた。そのとき、たとえ液体の中のすべての点が移動したとしても、ルームメイトがかき混ぜる前と正確に同じ場所に存在する点がレモネードの中に存在することを、ブラウアーの定理は主張している。

もっと数学的に正確な言葉を使えば、この定理は n 次元球体から n 次元球体 $(n>0)$ への連続関数は少なくとも1つの不動点を持つことを述べている。

オランダの数学者ライツェン・ブラウアーは、この定理を $n=3$ の場合について1909年に証明した。フランスの数学者ジャック・アダマールは一般の場合を1910年に証明した。マーティン・デイヴィスによれば、ブラウアーは喧嘩っ早い性格で、人生の終わり近くには孤立し「完全に根拠のない金銭的な悩みや、破産、迫害、病気といった偏執的な恐怖にさいなまれていた。」彼は1966年、道路を横断しているところを車にひかれて亡くなった。

▶オランダの数学者ライツェン・ブラウアーの不動点定理を視覚的に理解するためには、くしゃくしゃに丸めて放り投げられた紙を想像することが役に立つ。この定理は「トポロジーの素晴らしい成果であり、数学で最も有用な定理のひとつである。」

参照：射影幾何学(1639年)、ケーニヒスベルクの橋渡り(1736年)、毛玉の定理(1912年)、ボードゲーム「ヘックス」(1942年)、池田アトラクター(1979年)

1909年

正規数

フェリクス・エデュアール・ジュスタン・エミール・ボレル（1871-1956）

　πなどの数の無限に続く数字の並びにパターンを見つけ出そうとすることは、数学者たちが取り組んでいる課題のひとつだ。数学者たちはπが「正規数」であると予想している。つまり、有限個の数字から構成されるどんなパターンが出現する頻度も、完全にランダムな数列に出現する頻度と同じになるということだ。

　πにパターンを見つけ出そうとすることは、カール・セーガンの小説『コンタクト』では重要な役割を演じている。この小説の中では、異星人がπの数字の中に円のイメージを埋め込んでいた。神学的な暗示は興味深く、自然定数の中にメッセージを周到に隠してこの世界が作り上げられていることがあり得るのだろうかと読者に考えさせるものとなっている。実際、もしπが正規数であれば、その無限に続く数字の中のどこかにわれわれ全員についての非常に詳細な表現(体内のすべての原子の原子座標、遺伝子コード、すべての思考、すべての記憶)が存在することはほぼ確実だ。喜んでほしい。πによってわれわれは不滅の存在となるのだ！

　数学者たちは、すべての基数についての正規性を意味して「絶対正規」という言葉を使い、特定の基数 r で正規である数については「r 進正規」という言葉を使うことがある。（例えば、われわれの使う十進法は0から9まで10個の数字を使うため、基数は10である。）正規性とは、すべての数字が同じ頻度で現れること、すべての数字のペアが同じ頻度で現れること、すべての数字の3つ組が同じ頻度で現れること、等々を意味する。例えばπについては、その十進表現の最初の1000万桁の中に約100万回、7という数字が現れることが期待される。実際の出現数は

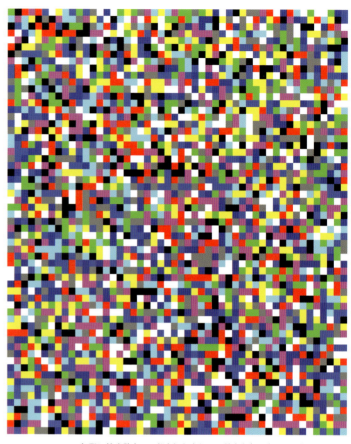

▲πの無限に続く数字の一部を切り出して、数字を色で表現して作られたアートワーク『πのピース』。πという数は、「正規数」であって完全にランダムな数列の性質を持つと予想されている。

100万207回であり、これは期待される値と非常に近い。

　フランスの数学者であり政治家でもあったエミール・ボレルが、ランダムな数字列の性質を持っているように見えるπの数字を特徴づける方法として正規数の概念を導入したのは1909年のことだ。1933年に人工的に構築された**チャンパノウン数**が、基数10で正規数であることが判明した最初の数のひとつとなった。最初の絶対正規数は、ヴァツワフ・シェルピンスキによって1916年に構築された。πと同様に、$\sqrt{2}, e$、そして $\ln 2$ などの数も正規数であると予想されているが、まだ証明はされていない。

参照：円周率π（紀元前250年ころ）、オイラー数 e（1727年）、超越数（1844年）、チャンパノウン数（1933年）

1909年

ブールの『代数の哲学と楽しみ』

メアリー・エヴェレスト・ブール（1832-1916）

メアリー・エヴェレスト・ブールは独学の数学者であり、1909年に書いた『代数の哲学と楽しみ』という興味深い著書で知られている。彼女は、英国の数学者で哲学者であり現代のコンピュータの基礎となる**ブール代数**を発明したジョージ・ブール（1815-64）の妻であった。また彼女は、ジョージ・ブールの記念碑的な1854年の著書『思考法則の探究』の編集も担当していた。彼女の『代数の哲学と楽しみ』は、20世紀初頭の数学教育がどんなものであったのかを現代の歴史家に垣間見させてくれる。

メアリーは人生のある時期、イングランドで最初の女子大学であるクイーンズ・カレッジで働いていた。残念なことに、彼女が生きていた時代には、女性が学位を取得したり大学で教えたりすることは許されなかった。彼女はどうしても教えたいと願っていたが、図書館で働くことを受け入れ、そこで数多くの学生の相談相手となった。数学と教育に対する不屈の熱意を抱いていた彼女を英雄視している現代のフェミニストもいる。

著書の終わりのほうで、彼女は$\sqrt{-1}$のような虚数について論じている。彼女は虚数に対して神秘的な畏敬の念を持っていた。「[ある優秀なケンブリッジ大学数学科の学生が] マイナス1の平方根が実在するものであるかのように考え始め、ついには不眠症に陥って自分がマイナス1の平方根であると夢想するようになり、そこから抜け出せなくなって、まったく試験を受けられないほど病状が悪化してしまいました。」また彼女は、「天使、そして負の数の平方根……は、未知なるものからのメッセンジャーであり、われわれが次に行くべき場所やそこへ至る最短の道、そしてわれわれが現在行くべきではない場所を教えてくれるのです」とも書いて

▲メアリー・エヴェレスト・ブールは『代数の哲学と楽しみ』の著者であり、ブール代数を発明したジョージ・ブールの妻である。

いる。

ブール一家には、数学の血が流れていたようだ。メアリーの長女はチャールズ・ハワード・ヒントン（1853-1907）に嫁いだが、ヒントンもまた**四次元立方体**を神秘的に解釈し4次元を理解するためのツールを考案した。もう1人の娘アリシアは**ポリトープ**に関する研究で有名だ。彼女は、高次元へ一般化された多角形をポリトープと名付けた。

参照：虚数（1572年）、ブール代数（1854年）、コワレフスカヤの博士号（1874年）、四次元立方体（1888年）

1910-13年

『プリンキピア・マテマティカ』

アルフレッド・ノース・ホワイトヘッド(1861-1947)、バートランド・ラッセル(1872-1970)

英国の哲学者であり数学者でもあったバートランド・ラッセルとアルフレッド・ノース・ホワイトヘッドの8年間の共同研究は、『プリンキピア・マテマティカ』(全3巻、約2000ページ、1910-13)という画期的な著書を生み出した。彼らはこの本で、クラスやクラスの要素といった論理学の概念を使って数学が記述可能であることを実証しようとしていた。『プリンキピア・マテマティカ』が試みたのは、公理と記号論理学の推論規則から数学的な真理を導出することだった。

出版社モダン・ライブラリーは、『プリンキピア・マテマティカ』を20世紀の重要なノンフィクションの23位に選んだ。このリストには、ジェームズ・ワトソンの『二重らせん』やウィリアム・ジェームズの『宗教的経験の諸相』といった本も含まれている。『スタンフォード哲学事典』によれば、「論理主義(すなわち、数学は大きな意味で論理に還元し得るという立場)を擁護するために書かれたこの本は、モダンな数理論理学の発展と普及に役立った。また、20世紀を通じて数学基礎論の研究の主要な原動力としての役割も果たした。この本はアリストテレスの『オルガノン』に次いで、これまで論理に関して書かれた本の中で最大の影響力を保っている。」

『プリンキピア・マテマティカ』は数学の多くの主要な定理の導出には成功したが、この本の一部の前提にいら立ちを隠さない批判者もいた。例えば無限公理(無限の数の事物が存在する)は、論理ではなく経験に基づく前提のように見える。したがって、数学が論理に還元できるかどうかは現在でも未解決の問題となっている。それでも『プリンキピア・マテマティカ』は、論理主義と伝統的な哲学との結びつきを強調し、さらには哲学や数学、経済学、言語学、そしてコンピュータサイエンスといった広大な領域における新しい研究を触発するという、きわめて重要な影響を及ぼした。

『プリンキピア・マテマティカ』の中では、数百ページ読み進んだところで1+1=2が証明されている。この本の出版者であるケンブリッジ大学出版局では、『プリンキピア・マテマティカ』の出版が600ポンドの損失をもたらすと見込んでいた。著者らが多少の金額をケンブリッジ大学に支払うまで、この本は出版されなかったのだ。

◀『プリンキピア・マテマティカ』第1巻を数百ページ読み進んだところで、著者らは1+1=2であると書いている。この証明は実際には第2巻で行われ、「上記の命題は時には有用である」というコメントが付けられている。

参照：アリストテレスの『オルガノン』(紀元前350年ころ)、ペアノの公理(1889年)、床屋のパラドックス(1901年)、ゲーデルの定理(1931年)

1912年

毛玉の定理

ライツェン・エヒベルトゥス・ヤン・ブラウアー
(1881-1966)

2007年、マサチューセッツ工科大学の材料科学者フランチェスコ・ステラッチが、数学の毛玉の定理を利用してナノ粒子を凝集させ、長い鎖状の構造を形成させることに成功した。オランダの数学者ライツェン・ブラウアーによって1912年に初めて証明されたこの定理は、非常に大ざっぱに言えば、毛でおおわれた球をスムーズにブラシ掛けしてすべての毛を平らになでつけようとしても、常に逆毛か穴(例えば、毛のない部分)が残る、というものだ。

ステラッチのチームは、金のナノ粒子を亜硫酸化合物分子の毛で覆った。毛玉の定理により、この毛は1か所以上の場所で突出することになり、これらの点は粒子の表面で不安定な欠陥となるため、容易にハンドルとしてふるまう化合物と置き換えて粒子を互いにくっつき合わせることができる。これを利用して電子デバイスに使われるナノワイヤが作られる日が来るかもしれない。

数学の言葉で言うと、毛玉の定理は球面上のどんな連続した勾配ベクトル場も少なくとも1つの零点を持つ、ということを言っている。球面上のすべての点pに、$f(p)$が常にpにおける勾配となるように3次元空間ベクトルを割り当てる連続関数$f(p)$を考えてみてほしい。すると、$f(p)=0$となるような少なくとも1つのpが存在するのだ。別の言い方をすれば、「毛玉の毛は、すべての点で平らになでつけられるようにブラシ掛けすることはできない。」

この定理の意味するところは興味深い。例えば、風は大きさと方向を持つベクトルと考えることができるため、この定理によれば地球上のどこかの場所では風速がゼロになっているはずだ(他のすべての場所でどれほど風が吹いていたとしても)。面白いことに、毛玉の定理はトーラスの表面(例えばドーナツの表面)では成り立たないため、すべての毛が平らになでつけられているような毛の生えたドーナツを作ることは理論的に可能だ(誰もそんなドーナツは食べたくないだろうが)。

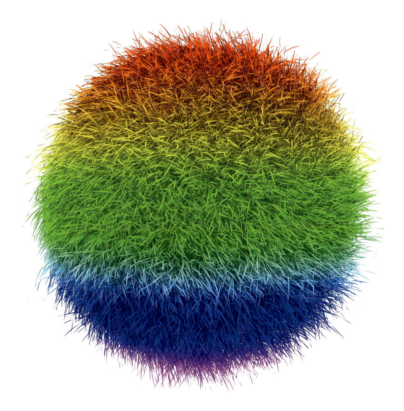

▶毛でおおわれた球をスムーズにブラシ掛けしてすべての毛を平らになでつけようとしても、常に逆毛か穴(例えば、毛のない部分)が残る。

参照:ブラウアーの不動点定理(1909年)

1913年

無限の猿定理

フェリクス・エデュアール・ジュスタン・エミール・ボレル（1871-1956）

　無限の猿定理は、猿がランダムにタイプライターのキーを無限の時間叩き続けると、ほぼ確実に特定の有限のテキスト、例えば聖書がタイプされることになる、というものだ。聖書に出てくる「In the beginning, God created the heavens and the earth.（初めに、神は天地を創造された、『聖書 新共同訳』創世記1章1節）」というフレーズを考えてみよう。猿がこのフレーズをタイプするには、どれだけの時間がかかるだろうか？　タイプライターには93の文字や記号があると仮定しよう。このフレーズには、56文字（スペースと最後のピリオドを含めて）が含まれる。タイプライターの正しいキーを叩く確率が$1/n$（ここでnは叩くことが可能なキーの数）であるならば、猿がこのフレーズの56文字を正しくタイプする確率は平均して$1/93^{56}$となる。つまり、猿は平均して10^{100}回以上試行しないと、正しいフレーズはタイプできないのだ！　猿が1秒に1回キーを押すとすれば、宇宙の現在の年齢をはるかに超える時間叩き続けることになるだろう。

　興味深いことに、正しくタイプされた文字を保存したとすれば、ずっと少ないキーストロークで済むことになる。数学的に分析すると、わずか407回の試行で、正しい文章がタイプされる確率は五分五分になる！　このことは、役立つ形質を保存し適応できない形質を取り除くことによってランダムでない変化を引き起こすことができれば、進化によって驚くべき結果が生み出せるということを、大ざっぱな形で示している。

　フランスの数学者エミール・ボレルは1913年の論文の中で「打鍵する猿たち」に触れ、1日に10時間タイピングする100万匹の猿が図書館にある本を作り出す確率についてコメントしている。物理学者のアーサー・エディントン卿は1928年に、次のように書いている。「一群の猿がタイプライターを叩けば、大英博物館にあるすべての本を書けるかもしれない。その確率は、［容器の中のすべての気体分子が突然］容器の片側へ移動する確率よりも、高いことは明らかだ。」

◀無限の猿定理によれば、猿がランダムにタイプライターのキーを無限の時間叩き続けると、ほぼ確実に特定の有限のテキスト、例えば聖書がタイプされることになる。

参照：大数の法則（1713年）、ラプラスの『確率の解析的理論』（1812年）、カイ二乗検定（1900年）、乱数発生器の発達（1938年）

1916年

ビーベルバッハ予想

ルートヴィヒ・ビーベルバッハ（1886-1982）、ルイ・ド・ブランジュ（1932-）

　ビーベルバッハ予想には、2人の対照的な人物が関わっている。この予想を1916年に行った性悪なナチ党員の数学者ルートヴィヒ・ビーベルバッハと、この予想を1984年に証明した一匹狼の数学者、フランスで生まれたアメリカ人のルイ・ド・ブランジュだ。ド・ブランジュには間違った証明を発表した前科があったため、最初はそれを疑う数学者もいた。著述家のカール・サバーはド・ブランジュについて、次のように書いている。「彼は変人ではないかもしれないが、気難しい。「私の同僚との関係は壊滅的なんだ」と彼は私に語った。実際に彼は、自分の研究分野に詳しくない学生や同僚に一切妥協しないという理由から、同僚たちの反感や怒り、さらには軽蔑まで買っているようだった。」

　ビーベルバッハは熱心なナチ党員で、ドイツの数学者エドムント・ランダウやイサイ・シューアを含めたユダヤ人の同僚たちの迫害に関わっていた。「あまりにも人種の異なる人たちが学生や教師として交流することはできない……学術的な団体にユダヤ人がいまだにいるのは驚きだ」とビーベルバッハは言っていた。

　ビーベルバッハ予想は、ある関数が単位円の中の点と平面の単連結な領域の中の点との間に1対1対応を提供する場合、その関数を表現するべき級数の係数は、対応するべき乗数よりも大きくなることはない、というものだ。別の言い方をすれば、$f(z)=a_0+a_1z+a_2z^2+a_3z^3+\cdots$ が与えられたとき、$a_0=0$ かつ $a_1=1$ であれば、$n\geq2$ であるようなすべての n について $|a_n|\leq n$ となる。「単連結な領域」は、きわめて複雑なものかもしれないが、穴は含まない。

▲ナチ党員の数学者ルートヴィヒ・ビーベルバッハは有名な予想を1916年に行ったが、それが証明されたのは1984年になってからのことだった。

　ド・ブランジュは自分の数学的アプローチについて、次のように語っている。「ぼくは頭があまり柔らかくない。ひとつのことに集中すると全体が見えなくなる。［手落ちがあると］よほど注意していないと気分が落ち込む……。」（カール・サバー著『リーマン博士の大予想』黒川信重監修、南條郁子訳、紀伊國屋書店より引用）ビーベルバッハ予想が重要な理由のひとつは、それが数学者に68年間にわたって挑戦を突き付けてきたからであり、またそこから重要な研究が生まれてきたためでもある。

参照：リーマン予想（1859年）、ポアンカレ予想（1904年）

1916年

ジョンソンの定理

ロジャー・アーサー・ジョンソン(1890-1954)

ジョンソンの定理は、3つの同じ大きさの円が共通の点を通るならば、それ以外の3つの交点は必ず元の3つの円と同じ大きさの別の円上にある、というものだ。この定理が注目に値するのはそのシンプルさだけではなく、実に1916年にアメリカの幾何学者ロジャー・ジョンソンによって「発見」されるまで知られていなかったためでもある。デヴィッド・ウェルズは、この定理が数学史の中で比較的最近になって発見されたことは「豊かな幾何学の財産が、いまだに発見を待って埋もれていることを示唆している」と書いている。

ジョンソンは『ジョンソンの現代幾何学』の著者であり、1913年にハーバード大学から博士号を授与され、1947年から1952年までハンター・カレッジのブルックリン支部(現在のブルックリン・カレッジ)の数学科主任を務めた。

非常にシンプルだが深遠な数学が今後も発見されるかもしれない、という考えは、それほど的外れなものではない。例えば、数学者のスタニスワフ・ウラムは20世紀後半にシンプルだが新しいアイディアを次々に生み出し、それらは**セル・オートマトン**理論やモンテカルロ法など、新しい数学の分野を切り開くことになった。シンプルだが深遠というもうひとつの例としては、ロジャー・ペンローズによって1973年ころに発見されたタイリングのパターン、**ペンローズ・タイル**がある。このタイルは、常に非周期的なパターンで無限の表面を完全に覆いつくすことができる。非周期的なタイリングは最初、単なる数学的な興味しか持たれていなかったが、その後ペンローズ・タイルと同一のパターンで原子が配置された物理材料が発見され、現在では化学や物理学の分野で重要な役割を演じている。また複雑で驚くほど美しいふるまいを示す**マンデルブロー集合**も外せない。これは$z=z^2+c$というシンプルな式で記述される複雑なフラクタル図形であり、20世紀の終わり近くまで埋もれていたものだ。

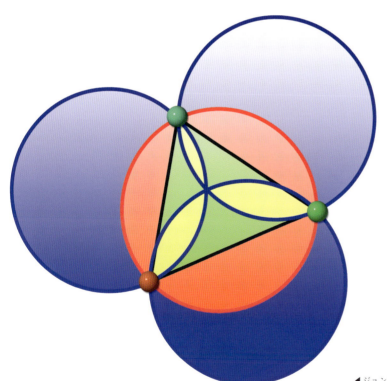

◀ジョンソンの定理によれば、3つの同じ大きさの円が共通の点を通るならば、それ以外の3つの交点は必ず元の3つの円と同じ大きさの別の円上にある。

参照:ボロミアン環(834年)、ビュフォンの針(1777年)、算額の幾何学(1789年ころ)、セル・オートマトン(1952年)、ペンローズ・タイル(1973年)、フラクタル(1975年)、マンデルブロー集合(1980年)

1918年

ハウスドルフ次元

フェリックス・ハウスドルフ（1868-1942）

1918年に数学者フェリックス・ハウスドルフによって導入されたハウスドルフ次元は、フラクタル集合のフラクタル次元を測定するために用いられる。日常生活の中でわれわれが通常考えるのは、なめらかな物体のトポロジー的な整数の次元だ。例えば平面は、x軸とy軸上の位置といった2つの独立したパラメーターによって記述できるので、2次元となる。直線は1次元だ。

一部のより複雑な集合や曲線については、ハウスドルフ次元によって別の意味での次元が定義される。例えば、複雑な形でジグザグにねじれながら平面を部分的に埋めつくす線を想像してみてほしい。そのハウスドルフ次元は1を超え、線が平面を埋めつくす度合いが増えるに従って2に近づく。

無限に入り組んだペアノ曲線などの空間充填曲線は、ハウスドルフ次元が2となる。海岸線のハウスドルフ次元は、南アフリカの海岸線では約1.02、英国の西海岸では1.25となる。実際、フラクタルは、ハウスドルフ次元がトポロジー的な次元を上回るような集合、と定義されることもある。小数次元を使って粗さ、スケーリング効果、複雑さを定量化することは、アート、生物学、地質学などの広い分野で行われている。

ハウスドルフはユダヤ人であり、ボン大学の数学教授であり、モダンなトポロジーの創始者の1人であって、関数解析と集合論の研究で有名だった。1942年、ナチスによって強制収容所へ送られる直前、彼は妻と義理の妹と共に自殺した。その前日、ハウスドルフは友人に宛てて「許してほしい。君とわれわれの友人すべてが、より良い時代を生きられることを願っている」と書いている。複雑な集合のハウスドルフ次元を計算するための手法の多くは、やはりユダヤ人だったロシアの数学者アブラム・サモイロヴィッチ・ベシコヴィッチ（1891-1970）によって定式化された。そのためハウスドルフ-ベシコヴィッチ次元という用語が使われることもある。

▶ハウスドルフ次元は、ポール・ナイランダーによって描画されたこの複雑なフラクタルなパターンなど、フラクタル集合のフラクタル次元を測定するために用いられる。

参照：ペアノ曲線（1890年）、コッホ雪片（1904年）、海岸線のパラドックス（1950年ころ）、フラクタル（1975年）

1919年

ブルン定数

ヴィッゴ・ブルン（1885-1978）

マーティン・ガードナーは次のように書いている。「素数の研究ほどミステリーに満ちあふれた数論の分野は存在しない。素数とは、自分自身と1以外のどんな整数でも割り切れない、いらだたしく御しがたい整数のことだ。素数に関する問題には、子供でも理解できるほどシンプルだが、それでいて深遠で解きがたく、多くの数学者に解がないのではないかと疑われているものもある……。もしかすると量子力学と同じように数論にも、それ特有の不確定性原理が存在し、正確さをあきらめて確率的な定式化を行うことが、特定の領域では必要とされているのかもしれない。」

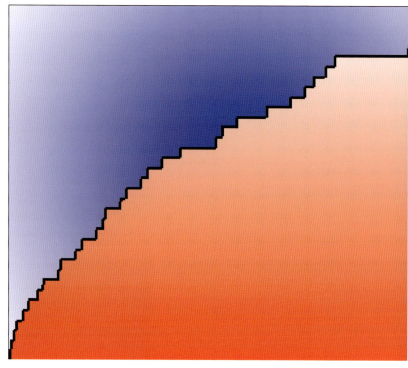

▲ x 未満の双子素数の数を示すグラフ。x 軸の範囲は0から800であり、グラフ上部にある右端の平坦な部分の値は30。

素数は、例えば3と5のように、連続する奇数のペアとして出現することが多い。2008年時点で知られている最大の**双子素数**は、どちらも5万8000桁を超える。無限に多くの双子素数が存在する可能性はあるが、その予想は証明されていない。この**双子素数予想**が重要な未解決問題のひとつであるためか、映画『マンハッタン・ラプソディ』ではジェフ・ブリッジズ演じる数学教授がバーブラ・ストライサンドにこの予想を説明している。

1919年、双子素数の逆数を次々に足し合わせて行くと、その和がブルン定数と呼ばれる特定の数値 $B = (1/3+1/5)+(1/5+1/7)+\cdots \approx 1.902160\cdots$ に収束することを、ノルウェーの数学者ヴィッゴ・ブルンが証明した。すべての素数の逆数の和が無限大に発散することを考えると、双子素数の和が収束すること、つまり一定の有限の値に近づいて行くことは興味深い。このことはさらに、双子素数は無限に存在するかもしれないが、相対的に「希少な」ものであることも示唆している。現在いくつかの大学で、双子素数やより正確な B の値の探求が継続中だ。最初のペアを除いて、双子素数のすべてのペアは $(6n-1, 6n+1)$ の形をしている。

アンドリュー・グランヴィルは、次のようにコメントしている。「素数は数学で最も基礎的な対象物だ。また最もミステリアスなものでもあり、何世紀にもわたって研究された後でも、素数集合の構造はまだよく理解されていない……。」

参照：セミと素数（紀元前100万年ころ）、エラトステネスのふるい（紀元前240年ころ）、調和級数の発散（1350年ころ）、ゴールドバッハ予想（1742年）、正十七角形の作図（1796年）、ガウスの『数論考究』（1801年）、素数定理の証明（1896年）、外接多角形（1940年ころ）、ギルブレスの予想（1958年）、ウラムのらせん（1963年）、アンドリカの予想（1985年）

1920年ころ

グーゴル

ミルトン・シロッタ (1911-81)、エドワード・カスナー (1878-1955)

　1の後に100個のゼロが続く数を意味する**グーゴル**という言葉は、9歳児のミルトン・シロッタによって名付けられた。ミルトンと弟のエドウィンは、生涯のほとんどをニューヨークのブルックリンにあった父親の工場で、アプリコットの種をすりつぶして工業用の研磨剤を作って過ごした。彼らはアメリカの数学者エドワード・カスナーの甥であり、このミルトンが作り出した非常に大きな数を表す言葉を普及させたのはカスナーだ。**グーゴル**という言葉が印刷物に初めて掲載されたのは、1938年のことだった。

　カスナーはコロンビア大学の科学系教職員に任命された最初のユダヤ人であり、また『数学と想像力』という本を共同で書き、その中で**グーゴル**という言葉を専門家以外の一般人に紹介したことで名高い。グーゴルは数学的には特に重要なものではないが、大きな数のたとえとして非常に有用であり、一般人の心の中に数学やわれわれの生きている広大な宇宙に対する畏敬の念をかき立てるためにも役立っている。また**グーゴル**は、数学とは別の分野でも世界を変えることになった。インターネット検索エンジン企業グーグルの共同創業者ラリー・ペイジは数学に興味を持っており、この言葉のスペルを間違えたことをきっかけに、グーゴルにちなんだ社名を付けることになったのだ。

　70個のものを順番に並べるやり方、例えば待っている70人の人を戸口から入れる順番の数は、グーゴルよりも少しだけ多い。大部分の科学者は、観測可能なすべての星のすべての原子を数えることができたとしたら、その数はグーゴルよりもかなり少なくなるということに同意している。宇宙に存在するすべてのブラックホールが蒸発するまでには、グーゴル年が必要だ。しかし、チェスで勝敗が決まるまでの指し手のバリエーションの数はグーゴルよりも**多い**。**グーゴルプレックス**という言葉は、1の後にグーゴル個の0が続く数を意味する。この数の**桁数**は、観測可能な宇宙の中の原子の数よりも多い。

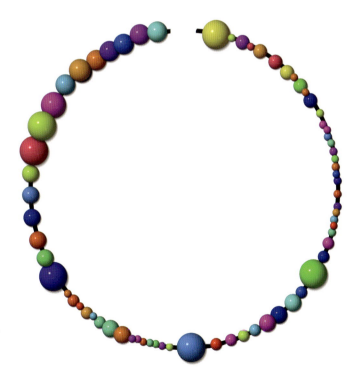

▶ 70個のビーズを並べる順番の数は、すべてのビーズが異なっていてネックレスが閉じていないと仮定すれば、グーゴルよりも少しだけ多くなる。

参照：アルキメデスの『砂粒』『牛』『ストマキオン』(紀元前250年ころ)、カントールの超限数(1874年)、ヒルベルトのグランドホテル(1925年)

1920年

アントワーヌのネックレス

ルイ・アントワーヌ（1888-1971）

アントワーヌのネックレスは、チェーンの中のチェーンの中のチェーン……とでも表現すべきゴージャスな数学的対象物だ。このネックレスを作り上げるには、まずドーナツの形をしたトーラス立体を考える。このトーラスの中に、n 個の構成要素（輪）からなるチェーン C を構築する。次に、チェーン C の輪のそれぞれを、n 個のトーラス立体からなる別のチェーン C_1 に置き換える。C_1 の輪のそれぞれを、さらに小さなトーラス立体のチェーンで置き換える。このプロセスを永遠に繰り返すことによってトーラスでできたデリケートなネックレスが作り出され、その直径はゼロに近づいて行く。

数学者はアントワーヌのネックレスを、カントール集合と同相であるとしている。2つの幾何的な対象物は、一方を引き延ばしたり折り曲げたりして他方に変形できる場合、同相であると呼ばれる。例えば、展性のある粘土のドーナツは、粘土を引きちぎってくっつけ直したりせずに、なめらかにコーヒーカップの形に変形できる。ドーナツの穴はコーヒーカップの持ち手の部分となる。ドイツの数学者ゲオルク・カントールによって1883年に導入されたカントール集合は、無限に多くのギャップを含む特別な点の集合だ。

フランスの数学者ルイ・アントワーヌは第一次世界大戦中、29歳で視力を失った。数学者アンリ・ルベーグはアントワーヌに2次元と3次元のトポロジーを研究するようアドバイスした。「そのような研究では、精神の眼と集中の習慣が失った視力の代わりになる」からだ。アントワーヌのネックレスが注目に値するのは、それが3次元空間への集合の「野性的な埋め込み」として最初のものだからだ。アントワーヌのアイディアを利用して、ジェームズ・アレクサンダーは有名な**アレクサンダーの角付き球面**を発明した。

ベヴァリー・ブレヒナーとジョン・メイヤーは次のように書いている。「アントワーヌのネックレスの構築にはトーラスが利用されるが、アントワーヌのネックレスに**実際にはまったくトーラスは含まれない**。あるのはただ、（無限に多くの）トーラス立体が交差する「ビーズ」だけだ。アントワーヌのネックレスは、完全に非連結である……どの2つの異なる点を取っても、それら2つの点が別々のトーラス上に存在するような構築段階が存在するからだ……。」

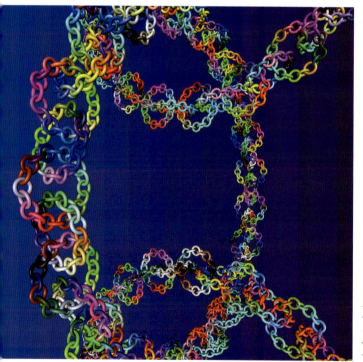

◀コンピュータ科学者で数学者のロバート・シャレンによる、アントワーヌのネックレスの描画。構築の次の段階では、ネックレスを形作る輪のそれぞれが、輪のリンクしたチェーンで置き換えられる。無限に多くの段階を経て、できるものがアントワーヌのネックレスだ。

参照：ケーニヒスベルクの橋渡り（1736年）、アレクサンダーの角付き球面（1924年）、メンガーのスポンジ（1926年）、フラクタル（1975年）

1921年

ネーターの『イデアル論』

アマリー・エミー・ネーター（1882-1935）

厳しい偏見にもめげず、数学界の支配体制に戦いを挑み、屈しなかった女性が何人かいる。ドイツの数学者エミー・ネーターは、アルベルト・アインシュタインによって「女性の高等教育が始まって以来、これまでに生まれた最も重要でクリエイティブな数学の天才」と評価されている。

1915年、ドイツのゲッチンゲン大学でのネーターの最初の重要な数学的ブレークスルーは理論物理学に関するものだった。具体的には、ネーターの定理は物理学の対称性と保存則が関係していることを示している。この定理とそれに関連する研究は、重力と時空の性質に関する一般相対論を構築していたアインシュタインへの救いの手となった。

ネーターは博士号を取得した後、ゲッチンゲン大学で教職につこうとしたが、反対者たちは男は「女の足元で」学ぼうとは思っていない、と言い放った。彼女の同僚だったダーフィット・ヒルベルトは、彼女を中傷する人々に対して「彼女を員外講師として承認することに、性別を理由として反対することは理解できない。そもそも、大学の評議会は浴場ではないのだ」と反論した。

またネーターは、掛け算の順番によって結果が異なる非可換代数学への貢献でも知られている。彼女の最も有名な研究は「環のイデアルの昇鎖条件」であり、1921年に出版されたネーターの著書『環のイデアル論』は、現代に至る抽象代数学の発展に大きな影響を与えている。この数学分野は演算の一般的な性質について研究するものであり、論理学や数論を応用数学と統一する役割を果たすことが多い。残念なことに1933年、彼女の数学における業績は完全に黙殺され、彼女はユダヤ人だという理由で、

▲エミー・ネーターの著書『環のイデアル論』は、現代に至る抽象代数学の発展に大きな影響を与えた。彼女はまた一般相対論の数学の一部を構築したが、報酬なしで働くことも多かった。

ナチスによってゲッチンゲン大学から追放されてしまった。

彼女はドイツを逃れ、ペンシルベニア州のブリンマー大学に落ち着いた。ジャーナリストのシュボーン・ロバーツによれば、ネーターは「毎週プリンストン高等研究所へ通って講義をし、アインシュタインやヘルマン・リイルといった友人たちと会っていた。」彼女の影響は広範囲にわたり、彼女のアイディアの多くは学生や同僚の書く論文に提供された。

参照：ヒュパティアの死（415年）、コワレフスカヤの博士号（1874年）

1921年

超空間で迷子になる確率

ジョージ・ポリヤ(1887-1985)

甲虫の形をしたロボットが、ねじれたチューブの中にいると想像してほしい。このロボットは、チューブの中でランダムに1歩前へ進むか1歩後ろへ下がるかという動きを永遠に繰り返し、無限ランダムウォークを行う。このチューブの長さが無限大だと仮定しよう。ランダムウォークによって、このロボットが出発点に戻って来る確率はどれほどだろうか?

1921年、ハンガリーの数学者ジョージ・ポリヤが、その答えは1であることを証明した。つまり1次元のランダムウォークでは、いつかは必ず元に戻って来るのだ。このロボットが2次元の世界(平面)の原点に置かれ、北、南、東、あるいは西へランダムに1歩進んで無限ランダムウォークを行う場合にも、元の場所へ戻って来る確率は1となる。

またポリヤは、3次元の世界が特別であることも示した。3次元空間は、ロボットがどうしようもなく迷子になってしまう可能性のある最初のユークリッド空間なのだ。3次元の宇宙の中を無限ランダムウォークするロボットは、0.34(34パーセント)の確率で元の場所に戻って来る。より高い次元になると、復帰の確率はさらに低くなり、次元数をnとして約$1/(2n)$となる。この$1/(2n)$という確率は、ロボットが2歩目で原点に戻る確率と同じだ。最初の数歩で戻ってこられなければ、おそらく永遠に空間内をさまようことになるだろう。

ポリヤの両親はユダヤ人だったが、彼が生まれる

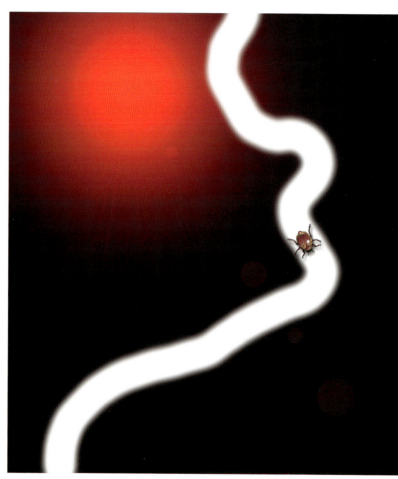

▲無限に長いチューブの中を、昆虫が1歩前進するか1歩後退するかのランダムウォークをしている。このランダムウォークによって、昆虫が出発点に戻って来る確率はどれほどだろうか?

前年にカトリックへ改宗した。彼はハンガリーのブダペストに生まれ、1940年代にはスタンフォード大学の数学の教授になった。彼の著書『いかにして問題を解くか』は100万部以上も売れ、多くの人が彼を20世紀で最も影響力のある数学者の1人と考えている。

参照:サイコロ(紀元前3000年ころ)、大数の法則(1713年)、ビュフォンの針(1777年)、ラプラスの『確率の解析的理論』(1812年)、マーフィーの法則と結び目(1988年)

1922年

ジオデシック・ドーム

ヴァルター・バウアースフェルト（1879-1959）、リチャード・バックミンスター「バッキー」フラー（1895-1983）

　ジオデシック・ドームは、**プラトンの立体**などの多面体の面を三角形の平面に分割し、球または半球をより良く近似するようにして作られる。そのようなドームには、いくつかのデザインが存在する。ひとつの例として、12個の五角形の面を持つ正十二面体を考えてみよう。それぞれの五角形の中心に1点を置き、その点を五角形の頂点と5本の直線で結ぶ。その点を、正十二面体を囲む仮想的な球面に接するように持ち上げる。すると、60個の三角形の面を持つ新しい多面体が得られるが、これがジオデシック球体のシンプルな一例だ。球をより良く近似したければ、これらの面をさらに三角形に分割すればよい。

　三角形の面は構造全体にかかる応力を分散させるので、このドームは剛性と強度が高く、理論上は非常に大きなサイズにできる。最初の真のジオデシック・ドームは、1922年にドイツの都市イエナにオープンしたプラネタリウムのために、ドイツの技師ヴァルター・バウアースフェルトによって設計された。1940年代後半、アメリカの建築家R.バックミンスター・フラーが独立にジオデシック・ドームを発明し、そのデザインについて米国特許を取得した。米国陸軍はこの構造に強い印象を受け、軍事用のドームの設計を彼に監督させた。このドームには、強度以外にも小さい表面積で大きな体積を囲めるという利点があり、建築資材や熱損失の面で効率が良い。フラー自身もジオデシック・ドームで生活していた時期があり、風力抵抗が少ないのでハリケーンにも耐えられるだろうとコメントしている。いつも夢を追っていたフラーは、直径が2マイル（3.2キロメートル）で中心の高さが1マイル（1.6キロメートル）のジオデシック・ドームを、ニューヨーク市の上に建築するという野心的な計画を立てていた。これが実現していれば気候は調整され、住民は雨や雪から守られることになっただろう！

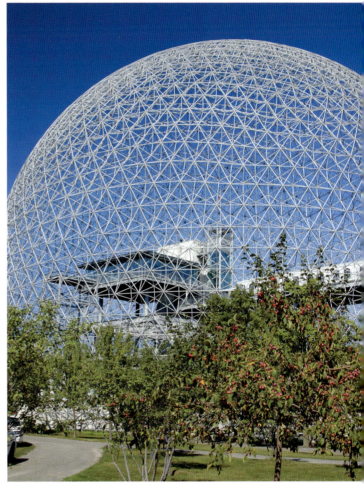

▲カナダのモントリオールで1967年に開催された万国博覧会（エキスポ67）の目玉となった、ジオデシック・ドームを採用した米国のパビリオン。このドームの直径は250フィート（76メートル）ある。

参照：プラトンの立体（紀元前350年ころ）、アルキメデスの半正多面体（紀元前240年ころ）、オイラーの多面体公式（1751年）、イコシアン・ゲーム（1857年）、ピックの定理（1899年）、チャーサール多面体（1949年）、シラッシ多面体（1977年）、スパイドロン（1979年）、ホリヘドロンの解決（1999年）

1924年

アレクサンダーの角付き球面

ジェームズ・ワデル・アレクサンダー（1888-1971）

アレクサンダーの角付き球面は、内側と外側とを見分けることが難しい、入り組んで絡み合った曲面だ。1924年に数学者ジェームズ・ワデル・アレクサンダーによって提起されたアレクサンダーの角付き球面は、互いに端点が相手の中へ入り込むような1対の角を次々に作り出すことによって形成される。構築の最初のステップは、あなたの指を使って視覚的に説明できる。両手の親指と人差し指を絡み合うように近づけ、そしてそのそれぞれにより小さな親指と人差し指を出芽させ、さらにこのような出芽を際限なく繰り返すのだ！　この物体はフラクタルであり、次々に半径を減らしながら垂直に交わる円に沿って絡み合う「指」のペアから構成される。

視覚的には理解しがたいが、アレクサンダーの角付き球面は（その内部を含めれば）球と位相同形だ。（2つの幾何的対象物は、一方を引き延ばしたり折り曲げたりして他方へ変形可能な場合に、位相同形と呼ばれる。）つまり、アレクサンダーの角付き球面は穴を開けたり切り離したりせずに、球に変形できるのだ。マーティン・ガードナーは次のように書いている。「角の先の無限にくり返してからまり合っている図形は、トポロジーの専門家が「野性の」構造とよんでいるものである。……それ自身は単連結な球の表面と同値であるが、それは単連結でない領域を囲んでいる。角の根元を囲む弾性のある輪は、無限回の手順を経ても角から外せない。」（『ペンローズ・タイルと数学パズル』一松信訳、丸善より引用）

アレクサンダーの角付き球面は、その難解さが興味深いだけではなく、ジョルダン-シェーンフリースの定理が高次元へ拡張できないという具体的で重要な実例でもある。この定理は、単純な閉曲線が平面を内側の有界な領域と外側の有界でない領域に分離し、これらの領域は円の内側と外側に位相同形であるというものだ。この定理は、3次元では成り立たない。

◀キャメロン・ブラウンによって描画された、アレクサンダーの角付き球面の一部。1924年に数学者ジェームズ・ワデル・アレクサンダーによって導入されたアレクサンダーの角付き球面はフラクタルであり、無限の数の「指」のペアから構成される。

参照：ジョルダン曲線定理（1905年）、アントワーヌのネックレス（1920年）、フラクタル（1975年）

1924年

バナッハータルスキのパラドックス

ステファン・バナッハ(1892-1945)、アルフレト・タルスキ(1902-83)

有名で奇妙な印象を与えるバナッハータルスキのパラドックスは、1924年にポーランドの数学者ステファン・バナッハとアルフレト・タルスキによって最初に述べられた。このパラドックスは(実際には証明なのだが)、球体の数学的な表現をいくつかの部分に分割し、それからこれらの部分を再び組み合わせると、元の球体とまったく同じコピーが2つ作れることを示している。さらに、豆粒の大きさの球体を分割したものを組み合わせて、月の大きさの球体が作れることも示しているのだ！(1947年、必要とされる分割の最小数が5であることをR. M. ロビンソンが示した。)

フェリックス・ハウスドルフの先行研究を踏まえたこのパラドックスは、(数学者の定義による)球体に含まれる点の無限集合を分割して平行移動と回転だけを使って組み替えた場合、われわれの物理的な世界で測定可能な量が保存されるとは限らないことを示している。バナッハータルスキのパラドックスで必要とされる非可測な部分集合(分割)は、非常に複雑で入り組んだものとなるため、物理世界における境界や体積に相当するものを持っていない。このパラドックスは2次元では成立しないが、2よりも大きなすべての次元で成り立つ。

バナッハータルスキのパラドックスは、**選択公理**に依存している。このパラドックスの結果は非常に奇妙に感じられるため、選択公理は間違っているはずだと主張する数学者もいる。一方、数多くの数学分野では選択公理を受け入れると非常に便利であるため、数学者は暗黙のうちに選択公理を使い、証明や定理に利用することが多い。

1939年、才能あるバナッハはポーランド数学協会の会長に選出されたが、数年後ナチスの占領下で、ドイツの感染症研究のためにバナッハは自分の血をシラミに与えることを強制された。ポーランドの大学でユダヤ人が職を得ることは難しかったため、タルスキはローマカトリックに改宗していた。第二次世界大戦中、彼の親類縁者はほとんどがナチスに殺害された。

▶バナッハータルスキのパラドックスは、球体の数学的な表現をいくつかの部分に分割し、それからこれらの部分を再び組み合わせると、元の球体とまったく同じコピーが2つ作れることを示している。

参照：ゼノンのパラドックス(紀元前445年ころ)、アリストテレスの車輪のパラドックス(紀元前320年ころ)、サンクトペテルブルクのパラドックス(1738年)、床屋のパラドックス(1901年)、ツェルメロの選択公理(1904年)、ハウスドルフ次元(1918年)、ヒルベルトのグランドホテル(1925年)、誕生日のパラドックス(1939年)、海岸線のパラドックス(1950年ころ)、ニューカムのパラドックス(1960年)、パロンドのパラドックス(1999年)

1925年

長方形の正方分割

ズビグニェフ・モロン (1904-71)

少なくとも100年もの間、数学者たちを悩ませてきた難しいパズルが、長方形や正方形の「正方分割」に関するものだ。後者はまた、「完全正方分割」とも呼ばれる。この問題を一般的に表現すれば、長方形や正方形の中に、辺の長さが整数ですべて**異なる**大きさの正方形を敷き詰めること、ということになる。簡単に聞こえるかもしれないが、紙と鉛筆とグラフ用紙で実験してみれば、うまく行く組合せが非常に限定されることがわかるはずだ。

最初の正方分割**長方形**は、1925年にポーランドの数学者ズビグニェフ・モロンによって発見された。具体的には、33×32の長方形の中に、一辺の長さが1, 4, 7, 8, 9, 10, 14, 15, 18の9個の正方形が敷き詰められることを発見したのだ。また彼は65×47の長方形に、一辺の長さが3, 5, 6, 11, 17, 19, 22, 23, 24, 25の10個の正方形タイルが敷き詰められることも発見した。何年もの間、数学者たちは正方形の完全正方分割は不可能だと主張していた。

1936年、この問題に魅了されたトリニティ・カレッジの4人の学生 (R. L. ブルックス、C. A. B. スミス、A. H. ストーン、ウィリアム T. タット) が1940年、ついに69個のタイルからなる正方形の正方分割を初めて発見した！ さらに努力を重ねたブルックスは、タイルの数を39にまで減らした。1962年、どんな正方形の正方分割にも少なくとも21個のタイルが含まれることをA. W. J. デュイヴェスチジンが証明し、そして1978年に彼はそのような正方形を発見して、それが唯一のものであることを証明した。

▲ポーランドの数学者ズビグニェフ・モロンは、この65×47の長方形に、一辺の長さが3, 5, 6, 11, 17, 19, 22, 23, 24, 25の10個の正方形タイルが敷き詰められることを発見した。

1993年にS. J. チャップマンは、たった5個の正方形のタイルを用いたメビウスの帯のタイリングを発見した。円筒も異なる大きさの正方形でタイリング可能だが、この場合には少なくとも9個のタイルが必要となる。

参照：壁紙群 (1891年)、フォーデルベルクのタイリング (1936年)、ペンローズ・タイル (1973年)

1925年

ヒルベルトのグランドホテル

ダーフィット・ヒルベルト（1862-1943）

部屋数が500の普通のホテルが、満室になっていると想像してみてほしい。あなたは午後に到着し、空き部屋はないと言われる。残念だが、あきらめるしかないだろう。ここにはパラドックスは存在しない。次に、無限の数の部屋があるホテルが、満室になっていると想像してみてほしい。ホテルは満室でも、フロント係はあなたに部屋を提供できるのだ。どうすればそんなことができるのだろうか？ 同じ日の後刻、果てしない数の会議参加者が到着しても、フロント係は彼ら全員に部屋を提供できる。ホテルはさぞ儲かることだろう！

ドイツの数学者ダーフィット・ヒルベルトは、無限のミステリアスな性質を説明するため、1920年にこのパラドックスを提起した。あなたにヒルベルトのグランドホテルの部屋がどう割り当てられるか説明しよう。満員のホテルに1人で到着したあなたに部屋を提供するためフロント係は、部屋1の客を部屋2に移し、部屋2にいた客を部屋3に移し、……とする。そうすると部屋1が空くので、あなたはそこに入れるわけだ。果てしない数の会議参加者を収容するには、現在の宿泊客をすべて偶数番号の部屋へ移動する。部屋1にいた客を部屋2に、部屋2にいた客を部屋4に、部屋3にいた客を部屋6に、といった具合だ。そうするとフロント係は会議参加者に、空いた奇数番号の部屋を提供できる。

ヒルベルトのグランドホテルのパラドックスは、カントールの**超限数**の理論を利用すれば理解できる。つまり、通常のホテルでは奇数番号の部屋の数は全体の部屋の数よりも少ないが、無限に部屋のあるホ

▲ヒルベルトのグランドホテルでは、満室でもフロント係はあなたに部屋を提供できる。どうすればそんなことができるのだろうか？

テルでは奇数番号の部屋の「数」は全体の部屋の「数」と同じなのだ。（数学者は、このような部屋の集合のサイズを示すのに**濃度**という用語を使う。）

参照：ゼノンのパラドックス（紀元前445年ころ）、カントールの超限数（1874年）、ペアノの公理（1889年）、ヒルベルトの23の問題（1900年）

1926年

メンガーのスポンジ

カール・メンガー（1902-85）

メンガーのスポンジは、無限の数の空洞のあるフラクタルな物体だ。歯医者にとっては悪夢のような存在だろう（訳注：空洞 cavity には虫歯の意味がある）。この物体がオーストリアの数学者カール・メンガーによって初めて記述されたのは、1926年のことだった。このスポンジを作り出すには、まず母体となる立方体を用意して、それを27個の同じ大きさの小さい立方体に分割する。次に、中心の立方体と、それと面を共有する6個の立方体を取り除く。結果として20個の立方体が残ることになる。このプロセスを永遠に繰り返すのだ。立方体の数は、母体となる立方体へ行われた操作の数を n とすれば、20^n に増加する。2度目の操作で400個の立方体ができ、6度目の操作では6400万個の立方体ができることになる。

メンガーのスポンジの各面は、シェルピンスキーのカーペットと呼ばれる。シェルピンスキーのカーペットの形をしたフラクタルなアンテナは、電磁波信号を効率的に受信するために用いられることがある。このカーペットも全体の立方体も、魅力的な幾何学的特性を持っている。例えば、このスポンジの表面積は無限大だが、包含する体積はゼロだ。

アメリカにある図形研究所によれば、操作を繰り返すごとにシェルピンスキーのカーペットの面は「泡のように溶け去り、最終的に面積は全くないが無限大の周囲長を持つ構造となる。動物の肉が消えて残る骨格のように、この最終形態には実体がない。平面を占有してはいるが、それを満たしてはいないのだ。」この穴だらけの骨格は、直線と平面の間に漂っている。直線は1次元であり平面は2次元だが、シェルピンスキーのカーペットは1.89という「小数」次元を持つ。メンガーのスポンジは平面と立体の間の約2.73という小数次元（専門的には**ハウスドルフ次元**と呼ばれる）を持ち、泡状の時空のモデルを視覚的に説明するため用いられている。ジェニーン・モーズリー博士は6万5000枚以上の名刺から、重さ約150ポンド（70キログラム）のメンガーのスポンジのモデルを作った。

◀無限の数の空洞が存在するメンガーのスポンジの中を探検している子供。このアートワークはフラクタル愛好家ゲイラ・チャンドラーとポール・パークの共同制作によるもので、パークがコンピュータで作成したスポンジを子供の画像と合成して作られている。

参照：パスカルの三角形（1654年）、ルパート公の問題（1816年）、ハウスドルフ次元（1918年）、アントワーヌのネックレス（1920年）、フォードの円（1938年）、フラクタル（1975年）

1927年

微分解析機

ヴァニヴァー・ブッシュ(1890-1974)

　微分方程式は物理学、工学、化学、経済学など数多くの分野で重要な役割を演じている。微分方程式とは、連続的に変化する量を表す関数を、導関数と呼ばれる変化速度と関連付けて表現したものだ。非常に簡単な微分方程式でなければ、簡潔で明示的な数式(有限個の**ベッセル関数**や三角関数などの基本的な関数)で表現される解は得られない。

　1927年、アメリカの技師ヴァニヴァー・ブッシュと同僚たちが微分解析機を開発した。これは円盤と回転子を利用したアナログコンピュータであり、いくつかの独立変数を持つ微分方程式を積分法によって解くことができた。微分解析機は、実用的な用途に利用された最初の高度な計算デバイスのひとつだった。

　この種のデバイスの初期のバージョンは、ケルヴィン卿の研究と**調和解析機**(1876年)にルーツがある。米国では、ライト・パターソン空軍基地とペンシルベニア大学ムーア校の研究者たちが、弾道計算表を作成するため、ENIACが発明される以前に微分解析機を作り上げていた。

　長年にわたり微分解析機は、土壌浸食の研究やダムの設計から第二次世界大戦中にドイツのダムを破壊するために使われた爆弾の設計に至るまで、数多くの用途に使われてきた。このようなデバイスは、1956年の古典的なサイエンスフィクション映画「世紀の謎 空飛ぶ円盤地球を襲撃す」などにも登場する。

　1945年のエッセイ「われわれが思考するごとく」で、ブッシュは**メメックス**の構想を説明している。これは、現代のウェブ上のハイパーテキストと同じように、関連付けによってリンクされた情報の保存や検索を可能にして人間の記憶を強化する、時代を先取りしたマシンだ。彼は次のように書いている。「**そろばん**から、現代のキーボード付き会計機までの道のりは長いものだった。未来の算術機械への道のりも、同じくらい長いものになるだろう……。高等数学の複雑で細かな操作は、軽減されなくてはならない……。人類の精神は高められるだろう……。」

▶ 1951年、ルイス飛行推進研究所で使われていた微分解析機。微分解析機は、第二次世界大戦中にドイツのダムを破壊するために使われた爆弾の設計など、実用的な用途に利用された最初の高度な計算デバイスのひとつだった。

参照：そろばん(1200年ころ)、ベッセル関数(1817年)、ハーモノグラフ(1857年)、調和解析機(1876年)、ENIAC (1946年)、クルタ計算機(1948年)、池田アトラクター(1979年)

1928年

ラムゼー理論

フランク・プランプトン・ラムゼー (1903-30)

ラムゼー理論は、システムの中に秩序やパターンを見つけ出すための方法だ。作家のポール・ホフマンは次のように書いている。「ラムゼー理論の背後にあるアイディアは、完全に秩序のない状態はあり得ないというものだ……。どんな数学的「対象」も、十分に大きな宇宙の中を探せば見つけだすことができる。ラムゼー理論の理論家は、特定の対象を確実に含む最小の宇宙を知りたいと望んでいる。」

ラムゼー理論は、英国の数学者フランク・ラムゼーにちなんで名づけられた。彼がこの数学分野を切り開いたのは 1928 年、論理の問題を探究していた時のことだった。ホフマンが言うように、ラムゼー理論の理論家は特定の性質が成り立つために必要なシステム中の要素の数を求めようとすることが多い。ポール・エルデーシュによるいくつかの興味深い業績を除けば、ラムゼー理論の研究が急速に進展し始めたのは 1950 年代末になってからのことだった。

最も単純な応用の一例は、**鳩の巣原理**に関するものだ。鳩の巣原理とは、m 個の鳩の巣と n 羽の鳩がいる場合、$n>m$ であれば少なくとも 1 つの鳩の巣に 1 羽以上の鳩が入っていることがわかる、ということだ。より複雑な例としては、紙の上に散らばった n 個の点を考えてみてほしい。それぞれの点は他のすべての点と、赤か青の直線で結ばれている。ラムゼーの定理(組合せ理論とラムゼー理論の基本的な成果のひとつ)によれば、青い三角形か赤い三角形のどちらかが**必ず**紙の上に現れるためには、n が 6 よ

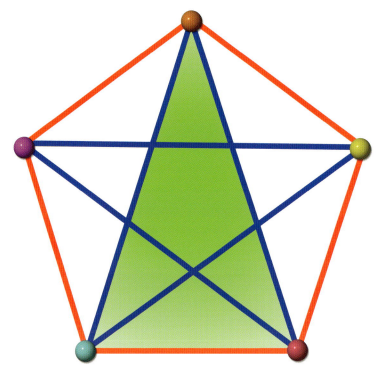

▲5 つの点を、他のすべての点と赤または青の直線で結ぶ。この例では、すべて赤の三角形やすべて青の三角形は存在しない。青か赤の三角形が必ずできるためには、6 つの点が必要だ。

りも大きくなくてはならないことがわかる。

ラムゼー理論のもう 1 つの考え方は、いわゆるパーティー問題だ。例えば、互いに(どの 2 人同士も)知り合いでない 3 人か、互いに(どの 2 人同士も)知り合いの 3 人が必ず存在するパーティーの最低の人数は何人だろうか? 答えは 6 人だ。互いに知り合いの 4 人か互いに知り合いでない 4 人が必ず存在するために必要なパーティーのサイズを求めることは、それよりもずっと難しい。さらに大きなパーティーサイズ問題への解は、永遠にわからないかもしれない。

参照:アルキメデスの『砂粒』『牛』『ストマキオン』(紀元前 250 年ころ)、オイラーの多角形分割問題(1751 年)、36 人の士官の問題(1779 年)、鳩の巣原理(1834 年)、誕生日のパラドックス(1939 年)、チャーサール多面体(1949 年)

1931年

ゲーデルの定理

クルト・ゲーデル（1906-78）

オーストリアの数学者クルト・ゲーデルは、傑出した数学者であり、20世紀で最も優れた論理学者の1人でもあった。彼の不完全性定理の影響は巨大であり、数学だけでなく計算機科学や経済学、物理学などの分野にも及んでいる。ゲーデルがプリンストン大学に在籍していた当時、最も親しい友人の1人がアルベルト・アインシュタインだった。

1931年に発表されたゲーデルの定理は、論理学者や哲学者たちに多大な覚醒効果を及ぼした。どんな厳密に論理的な数学体系の中にも、その体系中の公理に基づいて証明することも反証することもできない命題や問題が存在すること、そのため基本的な算術の公理から矛盾が導かれることもあり得ることを示しているからだ。これによって数学は、基本的に「不完全」なものとなった。この事実が投じた波紋は、その後も影響を与え議論され続けている。さらにゲーデルの定理は、すべての数学に堅固な基礎を与える公理系を確立しようという、何世紀にもわたる努力にも終止符を打つことになった。

著述家のハオ・ワンは、著書『ゲーデル再考』の中で、まさにこの話題について書いている。「ゲーデルの科学的なアイディアと哲学的考察の影響は増大してきており、その潜在的な意義はこれからも増し続けるだろう。彼の大きな予想のいくつかは、はっきり確証するか反証するのに**数百年かかるかもしれない**。」（ハオ・ワン『ゲーデル再考——人と哲学』土屋俊・戸田山和久訳、産業図書）ダグラス・ホフスタッターは、次のように書いている。ゲーデルの第2定理は数学系の本質的な制限をも示しており、「自己の無矛盾性を主張する形式的数論の唯一の型は矛盾的なものである、と述べる。」（ダグラスR.ホフスタッター『ゲーデル、エッシャー、バッハ——あるいは不思議の環 20周年記念版』野崎昭弘／はやし・はじめ／柳瀬尚紀訳、白揚社）

1970年、ゲーデルによる神の存在の数学的証明が、彼の同僚たちの間で回覧され始めた。1ページにも満たないこの証明は、大きな議論を巻き起こした。老年期に入ったゲーデルは偏執症となり、人々が彼を毒殺しようとしていると考えるようになった。彼は食べることをやめ、1978年に死んだ。彼は生涯を通じて、神経衰弱と心気症にも悩まされていた。

▶アルベルト・アインシュタインとクルト・ゲーデル。オスカー・モルゲンシュテルンによる撮影。プリンストン大学高等研究所アーカイブス所蔵。1950年代。

参照：アリストテレスの『オルガノン』（紀元前350年ころ）、ブール代数（1854年）、ベン図（1880年）、『プリンキピア・マテマティカ』（1910-13年）、ファジィ論理（1965年）

1933年

チャンパノウン数

デヴィッド・チャンパノウン（1912-2000）

正の整数 1, 2, 3, 4, …、を連結して先頭に小数点を付ければ、チャンパノウン数 0.12345678910111213 14… が得られる。π や e と同様に、チャンパノウン数は**超越数**であり、どんな整係数の多項式の根ともならない。またこの数は十進「**正規数**」であることもわかっている。つまりどんな有限個の数字から構成されるパターンも、完全にランダムな数列に期待されるのと同じ頻度で現れるのだ。デヴィッド・チャンパノウンは、極限において 0 から 9 までの数字がちょうど 10 パーセントの頻度で現れることを示しただけでなく、極限において 2 つの数字のブロックが 1 パーセントの頻度で現れ、3 つの数字のブロックが 0.1 パーセントの頻度で現れ、等々を示すことによって、この数が正規数であることを論証した。

暗号学者たちはチャンパノウン数が、非ランダム性を検出するシンプルで伝統的な統計的手法に引っかからない場合があることに注目している。つまりシンプルなコンピュータプログラムが、数列中の規則性を検出しようとしても、チャンパノウン数に内在する規則性を「発見」できないかもしれないのだ。この事実は、ある数列がランダムであるとか規則性がないと宣言する際には、統計学者は非常に注意深くなくてはならないという戒めを裏づけるものだ。

チャンパノウン数は、正規数の例として最初に構築されたものだ。デヴィッド・チャンパノウンがこの数を作り出したのは 1933 年のことで、そのとき彼はまだケンブリッジ大学の学部生だった。1937 年には、チャンパノウン定数が超越数であることをドイツの数学者クルト・マーラーが証明した。現在では、整数の 0 と 1 による二進表現を連結した二進チャンパノウン定数が、二進正規数であることがわかっている。

ハンス・フォン-バイヤーは、0 と 1 をモールス符号に変換することによって、「考え得るあらゆる有限の単語列は、この長ったらしく難解な文字列のどこかに埋もれているので、……いかなるラブレター、そしていかなる小説も、……全てこの文字列の中に存在しているのだ。……それを見つけるには、この文字列を何十億光年もの距離たどっていかなければならないだろうが、いずれもこの中のどこかには必ず存在している」（ハンス・クリスチャン・フォン-バイヤー『量子が変える情報の宇宙』水谷淳訳、日経 BP 社）と書いている。

◀エイドリアン・ベルショーとピーター・ボーウェインの論文から引用した、二進チャンパノウン数の最初の 10 万桁。この数列の 0 は −1 に変換され、数字のペア ($\pm 1, \pm 1$) は平面上を ($\pm 1, \pm 1$) だけ移動させる。このグラフの x 軸の範囲は (0, 8400) だ。

参照：超越数（1844 年）、正規数（1909 年）

1935年

秘密結社ブルバキ

アンリ・カルタン(1904-2008)、クロード・シュヴァリー(1909-84)、シュレーム・マンデルブロー(1899-1983)、アンドレ・ヴェイユ(1906-98)、その他

歴史家のアミール・アクゼルは、ニコラ・ブルバキが「20世紀最大の数学者」であり、「数学に対する我々の考え方を変え……た。20世紀半ばにアメリカなど各国の教育界に吹き荒れた「新しい数学」を引き起こし……た」と書いている(『ブルバキとグロタンディーク』水谷淳訳、日経BP社)。彼の著作は「今日の現代数学の大半を支える大きな土台となっている。現在活躍している世界中の数学者の中で、ニコラ・ブルバキの独創的な研究から影響を受けていない者など一人もいないと言えよう。」(同上)

しかし、天才数学者であり何十冊もの評価の高い教科書の著者であるブルバキは、実在しないのだ! ブルバキは個人ではなく、ほぼ全員がフランス人の数学者によって1935年に設立された秘密結社だった。このグループは、すべての現代数学の基本に、最初から最後まで、完全に自己完結した、非常に論理的かつ堅牢な取り扱いを行うことを目指して、集合論、代数学、トポロジー、関数論、積分論などの著作を出版した。この秘密グループの創立メンバーには、アンリ・カルタン、ジャン・クーロン、ジャン・デルサルト、クロード・シュヴァリー、ジャン・デュドネ、シャルル・エーレスマン、ルネ・ド・ポッセル、シュレーム・マンデルブロー、アンドレ・ヴェイユといった、そうそうたる数学者が含まれている。彼らは年長の数学者たちが不必要に古い習慣にとらわれていると感じていたため、ブルバキのメンバーは50歳で辞任するものとされた。

共同で本を書いている間、どのメンバーも不適当とみなした点に拒否権を発動する権利を持っていた。大声での口論が引き起こされた。会合のたびに、彼らの著作は音読され、1行1行吟味された。1983年、ブルバキは『スペクトル論』と題した最終巻を発行

▲フランスのヴェルダン近郊にある第一次世界大戦の墓地。第一次大戦直後、意欲的なフランスの数学者たちは困難に直面していた。膨大な数の学生たちや若い教師たちが死んでしまったことは、数名の若いパリ在住の数学学生たちがブルバキグループを設立する契機のひとつとなった。

した。現在でも毎年、ニコラ・ブルバキ協会によってブルバキのセミナーが組織されている。

著述家のモーリス・マシャルは次のように書いている。「ブルバキは、革新的な技法の発明や壮大な定理の証明をしたわけではないし、そんなことはしようともしていなかった。このグループが成し遂げたのは……数学の新しいビジョン、その構成要素の深い再整理と再説明、明確な用語と記法、そして独特のスタイルをもたらしたことにあった。」

参照:プリンキピア・マテマティカ(1910-13年)

1936年

フィールズ賞

ジョン・チャールズ・フィールズ(1863-1932)

フィールズ賞は、最も有名で権威ある数学賞だ。他の分野の業績に対して授与されるノーベル賞と同様に、フィールズ賞は数学を国家間の軋轢から超越させたいという思いから生まれた。この賞は、過去の業績を顕彰し将来の研究を促進するため、4年ごとに授与される。

この賞は、「数学のノーベル賞」と呼ばれることがある。ノーベル賞に数学部門がないためだが、フィールズ賞が授与されるのは40歳以下の数学者だけだ。賞金の額は比較的少なく、2006年には約1万3500ドルであり、100万ドルを超えるノーベル賞とは比べ物にならない。この賞はカナダの数学者ジョン・チャールズ・フィールズによって設立され、最初の授与は1936年に行われた。フィールズは亡くなる際、この賞の基金へ4万7000ドルを寄付するよう遺言していた。

メダルの表側には、ギリシアの幾何学者アルキメデスの肖像が刻まれている。裏側にあるラテン語のフレーズは、「傑出した論文に対して、全世界から集まった数学者が［このメダルを］授与する」という意味だ。

数学者アレクサンドル・グロタンディークは、1966年に授与されたフィールズ賞の式典をボイコットした。その式典がモスクワで開催され、彼にはソ連の東ヨーロッパ侵攻に抗議したい気持ちがあったからだ。2006年にはロシアの数学者グリゴリ・ペレリマンが、受賞を辞退した。彼は**ポアンカレ予想**の証明につながった「彼の幾何学への貢献およびリッチフローの解析的および幾何的構造への革新的な洞察」に対してこの賞を与えられたのだが、賞には興味がないと言って断った。

興味深いことに、受賞者の約25パーセントはユダヤ人であり、ほぼ半数はニュージャージー州にあるプリンストン高等研究所に在籍している。スウェーデンの科学者でダイナマイトの発明者であるアルフレッド・ノーベル(1833-96)はノーベル賞を創立したが、数学部門の賞を設けなかった。彼は発明家で実業家であり、個人的に数学や理論科学にはあまり興味がなかったためだと言われている。

▲フィールズ賞は「数学のノーベル賞」と呼ばれることもあるが、フィールズ賞が授与されるのは40歳以下の数学者だけだ。

参照: アルキメデスの『砂粒』『牛』『ストマキオン』(紀元前250年ころ)、ポアンカレ予想(1904年)、ラングランズ・プログラム(1967年)、カタストロフィー理論(1968年)、モンスター群(1981年)

1936年

チューリングマシン

アラン・チューリング(1912-54)

　アラン・チューリングは才能ある数学者であり計算機理論研究者だったが、薬物治療の実験台となることを強制され、同性愛を「矯正」するための薬物実験を受けさせられた。彼は、暗号解読の研究によって第二次世界大戦の早期終結に貢献し、大英帝国勲章を受章したにもかかわらず、このような迫害を受けたのだ。

　イングランドにあるチューリングの自宅に強盗が入り、捜査のため警察を呼んだ際、チューリングは同性愛嫌いの警官によって同性愛者の嫌疑を掛けられた。チューリングは1年間刑務所へ入るか、実験的な薬物療法を受けるかの選択を迫られた。投獄を避けるため、彼は1年間のエストロゲン注射に同意した。逮捕から2年後、42歳での彼の死は、友人や家族にショックを与えた。チューリングはベッドの中で死んでいた。検死の結果は青酸中毒だった。自殺だったのかもしれないが、現在でも真相はわかっていない。

　多くの歴史家は、チューリングが「近代計算機科学の父」であると考えている。1936年に書かれた彼の記念碑的な論文「計算可能な数について」の中で、彼はチューリングマシン(抽象的な記号操作デバイス)が、アルゴリズムとして表現されたものであれば、どんな数学の問題も実行できることを証明した。チューリングマシンは、科学者が計算の限界の理解を深めるためにも役立っている。

　またチューリングはチューリングテストの発案者でもある。チューリングテストは、機械の「知性」とは何か、機械が「思考」する日が来るのかといった疑問について、科学者の思考を明確化するために役立っている。チューリングは、最終的には機械がチューリングテストをパスでき、人間と区別がつかないほど自然に人間と対話できると信じていた。

　1939年、チューリングはナチスドイツのエニグマ暗号機によって作成された暗号の解読を支援する電気機械式のマシンを発明した。「ボンブ」と呼ばれたこのマシンは、数学者ゴードン・ウェルチマンによって改良され、エニグマ通信を解読する主要なツールとなった。

▶ボンブマシンのレプリカ。アラン・チューリングはこの電気機械式のデバイスを発明し、ナチスドイツのエニグマ暗号機によって作成された暗号の解読を支援した。

参照：ENIAC(1946年)、情報理論(1948年)、公開鍵暗号(1977年)

1936年

フォーデルベルクのタイリング

ハインツ・フォーデルベルク（1911-42）

平面のテセレーションあるいはタイリングとは、タイルと呼ばれる小さな図形を、重なりも隙間もないように平面に敷き詰めることだ。たぶん最もわかりやすいテセレーションは、正方形や六角形の形のタイルを使ったタイル張りの床だろう。六角形のタイリングは蜂の巣の基本的な構造だが、所定の面積に格子状の部屋を作る際に必要な材料の面で効率的であるため、蜂にとってはこのタイリングが「都合がよい」のかもしれない。2種類以上の凸の正多角形を利用した、多角形の各点を同一の多角形が同じ順番で取り巻くような平面のテセレーションは8種類存在する。

テセレーションは古代イスラム美術や、オランダの画家M.C.エッシャーの絵画などによく見られる。実際、テセレーションには数千年の歴史があり、シュメール文明（紀元前約4000年）にまでさかのぼることができるのだ。シュメール文明では、建物の壁の飾りとして粘土から作られたタイリングのデザインが使われていた。

1936年にハインツ・フォーデルベルクによって発見されたフォーデルベルクのタイリングが特別なのは、最初に見つかったらせん形の平面テセレーションであるためだ。この魅力的なパターンは、不規則な九角形の形をした1種類のタイルだけを繰り返し使って作られる。この九角形をらせん状に配置した部品を組み合わせることによって、隙間なく平面を覆うことができるのだ。フォーデルベルクのタイリングは、すべて同一のタイルを使うテセレーションであるため、**モノヘドラル**と呼ばれる。

1970年代には、すばらしく新しい種類のらせん形タイリングがブランコ・グリュンバウムとジェフリーC.シェパードという2人の数学者によって議論された。彼らのタイルからは、平面をタイリングする2つ、3つ、6つの腕を持つらせんが作り出せる。1980年にはマージョリー・ライスとドリス・シャットシュナイダーが、五角形のタイルから複数の腕を持つらせん形のタイリングを作り出す別の方法を見つけ出した。

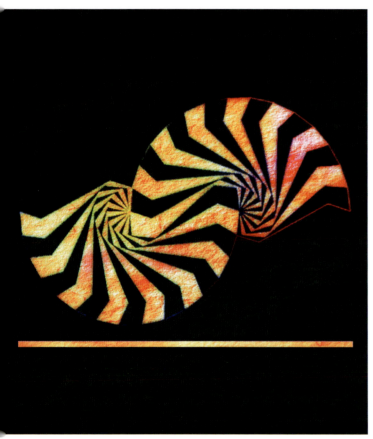

◀テーヤ・クラシェクによって描画された、らせん形のフォーデルベルクのタイリング。この種のタイリングは、すべて同一のタイルを使うテセレーションであるため、モノヘドラルと呼ばれる。

参照：壁紙群（1891年）、長方形の正方分割（1925年）、ペンローズ・タイル（1973年）、スパイドロン（1979年）

1937年

コラッツ予想

ロター・コラッツ（1910-90）

渦巻く風の中を雹が飛び交う猛烈な嵐の中を歩いていると想像してみてほしい。雹は地表からはるか高くまで巻き上げられたかと思うと、次の瞬間にはまるで隕石のように地表へ激突する。

ヘイルストーン（雹）数の問題は、計算は簡単だが解決は手に負えないほど困難に思えるため、何十年にもわたって数学者たちに興味を持たれ、研究されてきた。ヘイルストーン数（$3n+1$数とも呼ばれる）を計算するには、まず任意の正の整数を選ぶ。その数が偶数であれば、2で割る。奇数であれば、3を掛けて1を足す。そして得られた答えに対して、このルールを繰り返し適用する。例えば、3のヘイルストーン数列は3, 10, 5, 16, 8, 4, 2, 1, 4, …となる。（最後の…は、この数列が4, 2, 1, 4, 2, 1, 4を永遠に繰り返すという意味だ。）

空から雷雲の中を落ちてくる雹と同様に、この数列は時には非常に不規則に見えるパターンで上下動を繰り返す。また雹と同様に、どのヘイルストーン数も最終的には「地面」（整数「1」）へ落下するように見える。コラッツ予想（1937年にこの予想を提示したドイツの数学者ロター・コラッツにちなんで名づけられた）は、どの正の整数から始めても、このプロセスが最終的に1に到達するというものだ。現在まで、数学者たちはこの予想の証明の糸口さえつかんでいないが、この予想は $19×2^{58} ≒ 5.48×10^{18}$ までのすべての初期値についてコンピュータによってチェックされている。

この予想を証明または反証できた人物に対して、さまざまな賞が提供されてきた。数学者ポール・エルデーシュは $3n+1$ 数の複雑さについて、「数学はまだ、この種の問題への準備ができていない」とコメントしている。人当たりがよく謙虚なコラッツは、

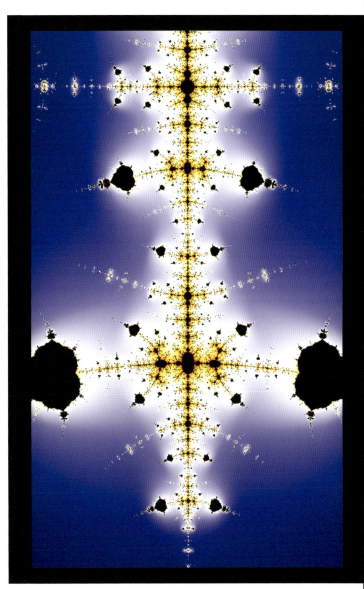

▲フラクタルなコラッツパターン。$3n+1$数のふるまいは整数について研究されるのが普通だが、この数学的対応付けを複素数にまで拡張し、複雑でフラクタルなふるまいを複素平面の色付けで表現することもできる。

数学への貢献に対して大いに称賛され、1990年にブルガリアで開かれていたコンピュータ算術に関する数学会議の出席中に死去した。

参照：エルデーシュの膨大な共同研究（1971年）、池田アトラクター（1979年）、オンライン整数列大辞典（1996年）

1938年

フォードの円

レスター・ランドルフ・フォード（1886-1967）

泡立ったミルクシェイクを想像してみてほしい。さまざまな無数の泡が互いに接しているが相互に交わってはいない。泡はどんどん小さくなり、大きな泡の間の隙間を埋めていく。そのようなミステリアスな泡の一種が1938年に数学者レスター・フォードによって論じられ、これが有理数の構造の特徴を示していることが判明した。（**有理数**とは、1/2のように分数として表現できる数のことだ。）

フォードの泡を作り出すには、まず任意の2つの整数hとkを選ぶ。$(h/k, 1/(2k^2))$を中心とする半径$1/(2k^2)$の円を描く。例えば、$h=1$と$k=2$を選んだとすれば、$(0.5, 0.125)$を中心とした半径0.125の円を描くことになる。異なるhとkの値について、円を描き続ける。図に円が密集してくるにつれて、どの円も交わることはないが一部の円は互いに接していることに気付くはずだ。どの円も、無限に多くの円と接することになる。

神のような射手が、十分に大きなyの値のフォードの泡の上にいると考えてみてほしい。矢を射ることをシミュレーションするために、射手の位置（例えば$x=a$）からx軸へ向かって垂直な直線を引く。（この直線は、x軸と直交する。）もしaが有理数であれば、この直線はフォードの円のどれかを貫いて、その円がちょうどx軸と接している場所でx軸と交わる。しかし、射手の位置が**無理数**（$π=3.1415…$のように、繰り返さず無限に続く小数）であるならば、その直線は貫いたすべての円から必ず**抜け**、また必ず別の円を貫くことになる。つまり、射手の放った矢は、無限個の円を貫通することになるのだ！フォードの円をさらに詳しく数学的に研究すれば、これがさまざまなレベルの無限と**カントールの超限数**の素晴らしい視覚的表現になっていることが示される。

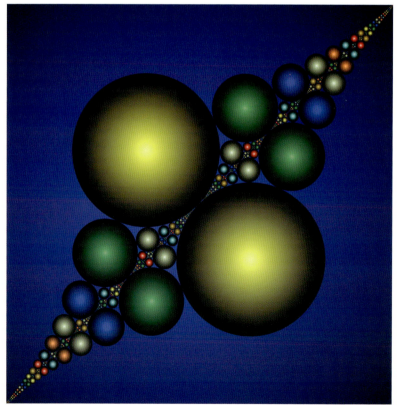

◀ヨス・レイスによって描画されたフォードの円。この画像は45°回転されており、x軸は左下から右上に向かって伸びている。円はどんどん小さくなり、大きな円の間の隙間を埋めて行く。

参照：カントールの超限数（1874年）、メンガーのスポンジ（1926年）、フラクタル（1975年）

1938年

乱数発生器の発達

ケルヴィン卿ことウィリアム・トムソン(1824-1907)、モーリス・ジョージ・ケンダル(1907-83)、バーナード・バビントン・スミス(1905-93)、レナード・ヘンリー・カレブ・ティペット(1902-85)、フランク・イェーツ(1902-94)、ロナルド・エイルマー・フィッシャー(1890-1962)

　現代の科学では、自然現象のシミュレーションやデータのサンプリングに乱数発生器が用いられる。現代のように電子計算機が発達する以前、研究者たちは乱数を得るための手法をさまざまに工夫しなくてはならなかった。例えば1901年、ケルヴィン卿は数を書いた小さな紙をボウルから取り出して乱数を作ろうとした。しかしこの手法は「満足できるものではなかった。」「ボウルの中身をどんなによく混ぜても、紙を引き抜く確率に偏りがでてしまうのだ」(ブライアン・ヘイズ『ベッドルームで群論を』冨永星訳、みすず書房、一部改変)と彼は書いている。

　1927年、英国の統計学者レナード・ティペットが、英国の行政区の面積を示す数値の中間の数字を取り出して作った4万1600個の乱数の表を研究者に提供した。1938年には、英国の統計学者ロナルド・フィッシャーとフランク・イェーツが2組のプレイングカードを使って対数表から数字を選び出し、さらに1万5000個の乱数を公表した。

　1938年から1939年にかけて、英国の統計学者モーリス・ケンダルが英国の心理学者バーナード・バビントン・スミスと共同で、機械によって乱数を作り出す研究を始めた。彼らの乱数発生器は最初の機械式デバイスであり、10万個の乱数表を作り出すために使われた。また彼らは、得られた数値が本当に統計的にランダムなのかどうか確かめるため、一連の厳密なテストを考案した。ケンダルとスミスの乱数表は、1955年にランド・コーポレーションが『10万正規偏差の100万乱数表』を出版するまで、よく使われた。ランドではケンダルとスミスの機械に似たルーレット回転盤状の機械を使い、同様の数学的テストを利用して数値が統計的にランダムであることを検証していた。

　ケンダルとスミスは、直径が10インチ(25センチメートル)ほどのボール紙の円板をモーターに取り付けて使っていた。この円板は「できるだけ大きさの等しい」10個の部分に分割され、0から9までの数字が順番に振られていた。円板にはネオンランプの照明が付いていて、コンデンサーが十分に充電されるとランプが瞬間的に点灯するようになっていた。乱数発生器のオペレーターがその瞬間の数字を読み取り、記録したのだ。

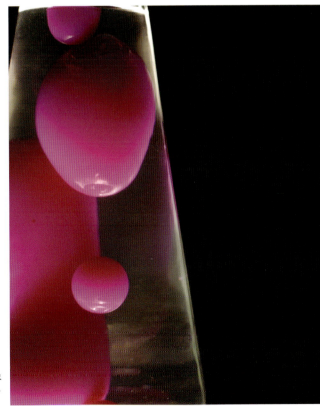

▶ラバランプに入っているリックスの複雑で予測不可能な動きは、乱数の元として使われてきた。そのような仕組みで乱数を発生するシステムが、1998年に出願された米国特許5732138号の中で言及されている。

参照：サイコロ(紀元前3000年ころ)、ビュフォンの針(1777年)、フォン・ノイマンの平方採中法(1946年)

1939年

誕生日のパラドックス

リヒャルト・フォン・ミーゼス（1883-1953）

マーティン・ガードナーは次のように書いている。「歴史の開闢以来、神秘的な力が人生に影響を与えるという思い込みは偶然の一致によって補強されてきた。不思議にも確率の法則に従わないように見える出来事は、神や悪魔の意を伝えるもの、あるいは少なくとも科学や数学の及ばない未知の神秘的な法則のため、ということにされた。」偶然の一致の研究者たちの興味を引いてきた問題のひとつが、**誕生日のパラドックス**だ。

あなたが広いリビングルームにいて、お客さんの到着を待っていると想像してみてほしい。部屋にどれだけの人数がいれば、同じ誕生日の人がいる確率が50パーセント以上になるだろうか？ 1939年にオーストリア生まれのアメリカの数学者リヒャルト・フォン・ミーゼスによって提起されたこの問題は、よく知られている。なぜかというと、その答えがたいていの人の直観に反するためでもあり、現在でも教室で最もよく取り上げられる確率の問題のひとつだからでもあり、またこの問題を少し変形すると日常生活の驚くような偶然の一致を分析する便利なモデルにもなるためだ。

1年の日数を365日とすれば、この問題の答えはたった23人になる。別の言い方をすれば、23人以上のランダムに選ばれた人のいる部屋では、誕生日が同じ人のペアが存在する確率が50パーセントを超えるのだ。人数が57人以上になると、その確率は99パーセントを超える。部屋に少なくとも366人がいれば確率は100パーセントとなるが、これは鳩の巣原理によるものだ。ここでは365日が誕生日となる確率はすべて等しいと仮定し、またうるう年は無視している。n人のうち少なくとも2人が同じ誕生日である確率を計算するための公式は $1-365!/[365^n(365-n)!]$ であり、これは $1-e^{-n^2/2\cdot365}$ と近似できる。

たった23人という数は、あなたの予想よりずいぶん少なかったかもしれない。こうなる理由は、特定の2人や特定の誕生日についてではなく、**任意の日付で任意の2人が一致すれば十分だからだ**。実際、23人いればペアの作り方は253通りあり、このどれかが一致すればよいことになる。

◀部屋にどれだけの人数がいれば、同じ誕生日の人がいる確率が50パーセント以上になるだろうか？ 1年の日数を365日とすれば、この問題の答えはたった23人になる。

参照：ゼノンのパラドックス（紀元前445年ころ）、アリストテレスの車輪のパラドックス（紀元前320年ころ）、大数の法則（1713年）、サンクトペテルブルクのパラドックス（1738年）、鳩の巣原理（1834年）、床屋のパラドックス（1901年）、バナッハ–タルスキの（1924年）、ヒルベルトのグランドホテル（1925年）、ラムゼー理論（1928年）、海岸線のパラドックス（1950年ころ）、ニューカムのパラドックス（1960年）、パロンドのパラドックス（1999年）

1940年ころ

外接多角形

エドワード・カスナー（1878-1955）、ジェームズ・ロイ・ニューマン（1907-66）

　半径が1インチ（約2.5センチメートル）の円を描き、その円に正三角形を外接させる。次に、その三角形に別の円を外接させる。そしてその2番目の円に正方形を外接させる。続けて、その正方形に3つ目の円を外接させる。この円に、正五角形を外接させる。この手順を、正多角形の辺の数を1つずつ増やしながら、無限に続ける。正多角形と次の正多角形の間には円が描かれ、次第に大きさを増すその円にはそれ以前の図形がすべて含まれている。このプロセスを、円を1つ増やすのに1分かけて繰り返すとすれば、最も大きな円の半径がわれわれの太陽系の半径と同じになるまでにはどのくらいの時間がかかるだろうか？

　図形を円で取り囲むことを続けて行けば、円の半径はどんどん大きくなるように思えるかもしれない。このプロセスを続けて行くと無限大に発散するように思える。しかし、この入れ子になった多角形と円の図形が太陽系の大きさにまで大きくなることはないし、地球の大きさにも、通常の大人用自転車のタイヤほどの大きさにもならないのだ。最初のうち円は急速に大きくなるが、その成長速度は次第にゆっくりとなり、円の直径は無限積 $R=1/[\cos(\pi/3)\times\cos(\pi/4)\times\cos(\pi/5)\cdots]$ で与えられる上限値へ近づいて行く。

　おそらく、最も興味深いのは R の上限値をめぐる論争だろう。それは簡単に計算できそうに思える。1940年代にその値を初めて報告した数学者エドワード・カスナーとジェームズ・ニューマンによれば、R は12にほぼ等しいということだった。12という値は、1964年に発行されたドイツの論文にも言及されている。

　クリストフェル J. バウカンプは1965年に発表した論文の中で、真の値が $R=8.7000$ であることを報告した。1965年になるまで、数学者たちが R の正しい値が12だとみなしていたことは興味深い。R の17桁までの正しい値は $8.7000366252081945\cdots$ だ。

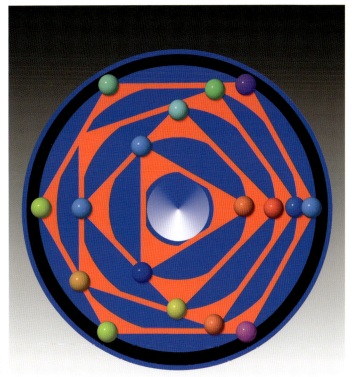

▶中心にある円が、本文の説明のように交互に多角形と円とで囲まれている（見やすいように図では赤い線を強調してある）。このパターンが、通常の大人用自転車のタイヤほどの大きさになることはあり得るだろうか？

参照：ゼノンのパラドックス（紀元前445年ころ）、チェス盤上の麦粒（1256年）、調和級数の発散（1350年ころ）、円周率の級数公式の発見（1500年ころ）、ブルン定数（1919年）

1942年

ボードゲーム「ヘックス」

ピート・ハイン（1905-96）、ジョン・フォーブズ・ナッシュ・ジュニア（1928-2015）

　ヘックスは六角形を敷き詰めた盤上で2人のプレイヤーがプレイするボードゲームで、盤は11×11のひし形をしているのが普通だ。これがデンマークの数学者で詩人でもあったピート・ハインによって発明されたのは1942年のことで、それとは独立にアメリカの数学者ジョン・ナッシュによって1947年に再発明された。ノーベル賞受賞者のナッシュは、彼の統合失調症との戦いと数学的才能を描いたハリウッド映画「ビューティフル・マインド」の主人公として、一般にはよく知られている。書籍の『ビューティフル・マインド』によれば、ナッシュは14×14のボードを最適な大きさとして推奨していた。

　プレイヤーは異なる色（例えば赤と青）の駒を使って、それらを交互に六角形のマスの中に置いて行く。赤の目的は対向する2辺の間を結ぶ赤の経路を作り上げることであり、青の目的は別の2辺の間を結ぶ経路を作り上げることだ。ナッシュは、このゲームが引き分けにはならないこと、そしてこのゲームは先手が有利であり、先手に必勝戦略が存在することを発見した。このゲームをより公平なものにするには、先手が最初の手を指した後、または最初の3手を指した後に、後手に自分の色を選ばせるという方法がある。

　1952年、パーカー・ブラザーズという玩具メーカーが、六角形の駒を使ったこのゲームの1バージョンを一般向けに売り出した。先手の必勝戦略は、いくつかのサイズのゲーム盤について知られている。このゲームはシンプルに見えるが、数学者たちは**ブラウアーの不動点定理**の証明など、より高尚な目的のためにもこのゲームを利用してきた。

　ハインはデザインや詩、そして数学ゲームで国際

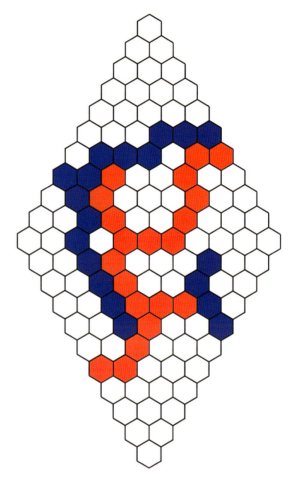

▲ヘックスというボードゲームは、六角形を敷き詰めた盤上でプレイされる。赤の目的は対向する2辺の間を結ぶ赤の経路を作り上げることであり、青の目的は別の2辺の間を結ぶ経路を作り上げることだ。この例では、赤が勝っている。

的な名声を得た。ドイツが1940年にデンマークへ侵攻した際、彼は反ナチスグループのリーダーだったため地下へ潜行することを余儀なくされた。1944年に彼は自分の創造的アプローチをこう説明している。「アートは、解かれるまで明確に定式化できないような問題への解決法だ。」

参照：ブラウアーの不動点定理（1909年）、ビッグ・ゲームの戦略（1945年）、ナッシュ均衡（1950年）、インスタント・インサニティ（1966年）

1945年

ピッグ・ゲームの戦略

ジョン・スカーニ（1903-85）

　ピッグは、ルールはシンプルだが戦術や分析は驚くほど複雑なゲームだ。このゲームは、見かけはシンプルだが何年もかけて綿密な数学的研究が行われる多くの問題の象徴として、そしてゲームの戦略を議論する際に多くの教育者が利用する教育ツールとして、重要視されている。

　アメリカのマジシャン、ゲームの達人、カード師、そして発明家でもあったジョン・スカーニによってピッグが初めて書物に掲載されたのは1945年のことだが、このゲームのルーツは、さらに古い「民衆ゲーム」のいくつかのバリエーションにまでさかのぼることができる。ピッグをプレイするには、1が出るまで、または「ホールド」を宣言するまで1人のプレイヤーがサイコロを振る。「ホールド」した場合には、自分の番中に振ったサイコロの目の合計を得点に加える。1の目が出たら、その手番ではそのプレイヤーの得点には何も加算されず、対戦相手に手番が移る。100点以上の得点を先に得たプレイヤーが勝ちだ。例えば、あなたがサイコロを振って3の目が出た。もう一度振ったら、今度は1が出た。そのため、あなたの得点には何も加算されず、サイコロを対戦相手に渡すことになる。対戦相手は3と4と6の目を出し、ホールドした。こうして彼の得点には13が加算され、サイコロはあなたの手に戻る。

　ピッグはリスクと背中合わせのタイプのサイコロゲームだ。得点をさらに増やすためには、サイコロを振ってそれまでの得点を失う危険を冒す決断をしなくてはならない。2004年、ペンシルベニア州にあるゲティスバーグ大学のコンピュータ科学者トッド W. ネラーとクリフトン・プレッサーがピッグ・ゲームを詳細に分析し、最適なプレイの戦略を明らかにした。彼らは数学とコンピュータグラフィックを用いて複雑で直観に反する勝利戦略を明らかにし、1回の手番での得点を最大化するための分かりやすいプレイが勝利のためのプレイとは異なる理由を示した。彼らの結論と最適ポリシーの視覚的説明に関して、彼らは詩的に「このポリシーの「ランドスケープ」を眺めることは、それまでぼんやりとした画像しか見たことのない、遠く離れた惑星の表面がくっきりと見えてくることに似ている」と書いている。

▲ピッグは、ルールはシンプルだが戦術や分析は驚くほど複雑なゲームだ。アメリカのマジシャンで発明家でもあったジョン・スカーニによってピッグが初めて書物に掲載されたのは1945年のことだった。

参照：サイコロ（紀元前3000年ころ）、ナッシュ均衡（1950年）、囚人のジレンマ（1950年）、ニューカムのパラドックス（1960年）、インスタント・インサニティ（1966年）

1946年

ENIAC

ジョン・モークリー(1907-80)、J. プレスパー・エカート(1919-95)

電子数値積算計算機の略称である ENIAC は、アメリカの科学者ジョン・モークリーと J. プレスパー・エカートによってペンシルベニア大学で組み立てられた。この装置は、最初のプログラム変更可能な電子式のディジタルコンピュータであり、幅広い計算問題を解くために使うことができた。ENIAC の本来の目的は米国陸軍の弾道射撃表の計算だったが、その最初の重要な用途には水素爆弾の設計も含まれていた。

約50万ドルの費用を掛けて作られ、1946年に運転を開始した ENIAC は、1955年10月2日に電源が切られるまで、ほぼ連続して稼働し続けた。このマシンには1万7000本以上の真空管が使われ、500万か所ほどの接続が手作業でハンダ付けされていた。IBM のカード読み取り機とカード穿孔機が入出力に使われた。1997年、ヤン・ファン・デル・シュピーゲル教授に指導された工学部の学生たちのチームが、30トンもあった ENIAC の「レプリカ」を、たった1つの集積回路の上に作り上げた！

ENIAC 以外の1930年代と1940年代の重要な電子計算機には、アメリカのアタナソフとベリーのコンピュータ(1939年12月に稼働)、ドイツの Z3(1941年5月に稼働)、英国のコロッサスコンピュータ(1943年に稼働)などがある。しかし、これらの機械はどれも完全には電子式ではないか、汎用性に欠けていた。

ENIAC 特許(3120606号、1947年に出願)の著者は、次のように書いている。「繁雑な計算が日常的に行われるようになった現在、速度が非常に重要な課題となってきているが、現在市販されている機械で現代の計算手法の需要を完全に満たせるものは存在しない……。本発明は、そのような時間のかかる計算を数秒に短縮することを目的とする……。」

現在コンピュータは、数値解析、数論、確率論など、数学の大部分の分野に進出している。もちろん数学者も研究や教育にコンピュータをますます利用するようになり、時にはコンピュータグラフィックスを利用して洞察を得ている。著名な数学的証明のいくつかは、コンピュータの助けを借りて行われた。

◀ 米国陸軍による ENIAC の写真。ENIAC は最初のプログラム変更可能な電子式のディジタルコンピュータであり、幅広い計算問題を解くために使うことができた。その最初の重要な用途には水素爆弾の設計も含まれていた。

参照：そろばん(1200年ころ)、計算尺(1621年)、バベッジの機械式計算機(1822年)、微分解析機(1927年)、チューリングマシン(1936年)、クルタ計算機(1948年)、最初の関数電卓 HP-35(1972年)

1946年

フォン・ノイマンの平方採中法

ジョン・フォン・ノイマン(1903-57)

暗号の開発、原子運動のモデリング、そして正確な調査の実施など、幅広い種類の問題に取り組むために科学者は乱数発生器を利用する。疑似乱数発生器は、乱数の統計的性質を模倣する数列を発生するアルゴリズムだ。

1946年に数学者ジョン・フォン・ノイマンによって開発された**平方採中法**は、最も有名な初期のコンピュータベースの疑似乱数発生器のひとつだ。例えば1946という数から始めることにして、この数を平方(2乗)すると3786916が得られる。これを03<u>7869</u>16と書くことにする。中間の4つの数字7869を取り出し、さらに平方して中間の数字を取り出すプロセスを続ける。実際には、フォン・ノイマンは10桁の数を使って同様のルールを適用していた。

水爆を生み出した熱核反応に関する共同研究で有名なフォン・ノイマンは、このシンプルな乱数発生手法には欠陥があること、そして数列が最終的には繰り返しになることを理解していたが、数多くの用途にこの手法は十分に使えると見ていた。1951年、フォン・ノイマンはこの方式の利用者に、次のような警告を与えている。「ランダムな数字を作り出すために算術的な手法を使おうと考えるものはすべて、罪を犯しているのだ。」それでも彼は、値を保存しないため手順を繰り返して問題を特定することが難しいハードウェアベースの乱数発生器よりも、この手法のほうを好んでいた。いずれにせよ、フォン・ノイマンは数多くの「乱数」値を保存できるほど十分なコンピュータのメモリーは利用できなかった。実際に彼の素晴らしくシンプルなアプローチは、ENIACコンピュータ上でパンチカードから数値を読み込むよりも何百倍も高速に、疑似乱数を作り出すことができたのだ。

▲ 1940年代のジョン・フォン・ノイマン。フォン・ノイマンは、最も有名な初期のコンピュータベースの乱数発生器である平方採中法を開発した。

最近よく使われる疑似乱数発生器は、$X_{n+1} = (aX_n + c) \bmod m$ という形の線形合同手法を利用している。ここで、$n \geqq 0$、aは乗数、mは法、cは増分、X_0は初期値だ。松本眞と西村拓士によって1997年に開発されたメルセンヌ・ツイスター疑似乱数発生アルゴリズムも、多くの現代的な用途に適している。

参照：サイコロ（紀元前3000年ころ）、ビュフォンの針（1777年）、乱数発生器の発達（1938年）、ENIAC（1946年）

1947年

グレイコード

フランク・グレイ（1887-1969）、エミル・ボー（1845-1903）

グレイコードは位取り表記による数の表現だが、**数え上げ順序**に並んだ隣同士の数を比較すると、1つの桁だけが1だけ異なるという性質を持つ。例えば、十進グレイコードで182と172は数え上げ順序が隣接する（真ん中の桁が1だけ違う）数だが、182と162（1つだけ異なる桁が存在しない）や182と173（1つだけ異なる桁が複数存在する）はそうではない。

シンプルで有名な、そして役に立つグレイコードの一種が交番二進グレイコードと呼ばれるもので、0と1だけを使って表記される。マーティン・ガードナーは、右端の桁から始めて順番に1桁ずつ、通常の二進数を交番二進グレイコードに変換する方法を以下のように説明している。左隣の桁が0であれば、その桁の数字はそのままにする。左隣の桁が1であれば、その桁の数字を変化させる。（左端の桁は、その左に0があるものとみなし、変化させない。）例えば、この変換を110111という数に対して行うと、グレイコード101100が得られる。このようにして通常の二進数すべてを変換すると、0, 1, 11, 10, 110, 111, 101, 100, 1100, 1101, 1111, …というグレイコード列が得られる。

もともと交番二進コードは、電子機械的なスイッチから誤った信号が出力されにくくするために設計された。スイッチに応用した場合、位置がわずかに変化しても出力は1ビットしか変わらない。現在グレイコードは、例えばテレビ信号伝送など、ディジタル通信のエラー訂正を容易にし、伝送システムがノイズの影響を受けにくくするために利用されている。フランスの技師エミル・ボーは、1878年にグレイコードを利用した電信機を発明した。このコードの名前はベル研究所の物理学研究者フランク・グレイに由来している。彼は自分の特許にこのコードをよく利用していた。グレイは、真空管を使ってアナログ信号を二進グレイコードに変換する手法を発明した。現在、グレイコードはグラフ理論や数論でも重要な役割を担っている。

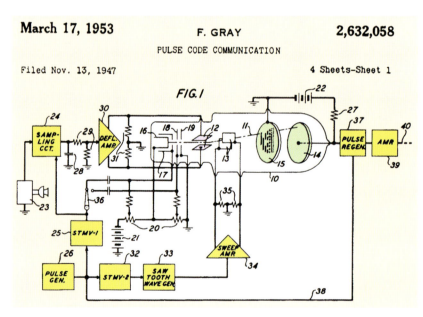

◀ 1947年に出願され、1953年に登録されたフランク・グレイの米国特許2632058号の図。この特許で、グレイは彼の有名なコードを「交番二進コード」という名前で紹介している。このコードは、後に別の研究者によってグレイコードと名付けられた。

参照：ブール代数（1854年）、グロの『チャイニーズリングの理論』（1872年）、ハノイの塔（1883年）、情報理論（1948年）

1948年

情報理論

クロード・エルウッド・シャノン (1916-2001)

テレビを見たり、インターネットをサーフィンしたり、DVDを見たり、電話で長々と話し続けたりするティーンエージャーは知らないかもしれないが、この情報時代の基礎を築いたのが1948年に「通信の数学的理論」を発表したアメリカの数学者クロード・シャノンだ。情報理論はデータの数量化に関する応用数学の分野であり、これを利用して科学者はさまざまなシステムが情報を保存・伝送・処理する能力を理解している。また情報理論は、ノイズやエラー率の低減手法やデータ圧縮にも関係しており、可能な限り多くのデータを確実に保存し、チャネルを通して通信することを可能としている。情報エントロピーとして知られる情報の尺度は、保存または通信に必要とされるビット数の平均値で表現されるのが普通だ。情報理論の基礎となる数学の大部分は、ルートヴィヒ・ボルツマンとJ.ウィラード・ギブズによって熱力学の分野で確立されたものだった。アラン・チューリングも、第二次世界大戦中にドイツのエニグマ暗号を解読する際、同様のアイディアを利用していた。

情報理論は幅広いさまざまな分野に影響を与えており、その範囲は数学や計算機科学から神経生物学、言語学、そしてブラックホールにまで及ぶ。情報理論は暗号の解読や、映画DVDの表面の傷によるエラーの復元など、実用的にも応用されている。1953年の「フォーチュン」誌によれば、「爆弾であろうと発電所であろうと、人類の平和や戦争は、アインシュタインの有名な方程式による物理学的な表現より、情報理論の有益な応用に大きく依存していると言っても過言ではなかろう。」

クロード・シャノンはアルツハイマー病との長い戦いの後、2001年に84歳で死去した。人生のある時期、彼は優れたジャグラーであり、一輪車乗りであり、チェスの指し手であった。病気のため、彼が誕生に貢献した情報時代を見ずして亡くなったのは残念なことだ。

▶技術者は情報理論を利用して、さまざまなシステムが情報を保存・伝送・処理する能力を理解している。情報理論は計算機科学から神経生物学に至る分野で応用されている。

参照：ブール代数(1854年)、チューリングマシン(1936年)、グレイコード(1947年)

1948年

クルタ計算機

クルト・ヘルツシュタルク（1902-88）

クルタ計算機が、初めて商業的に成功したポータブルな機械式計算機だと考えている科学史家は多い。オーストリアのユダヤ人クルト・ヘルツシュタルクがブーヘンヴァルト強制収容所に囚われている間に開発したハンドヘルドのクルタ計算機は、加減乗除の計算が可能だ。通常は左手で握り込んで使われるクルタ計算機の円筒形のボディには、数値を入力するための8個のスライダーがある。

1943年、ヘルツシュタルクは「ユダヤ人をほう助」し「アーリア人女性との不適切な接触を持った」として告発された。最終的に彼はブーヘンヴァルトに収容されたが、彼の技術的知識と計算機に関するアイディアを聞きつけたナチスは、彼に計算機の設計図を描くことを命じた。彼らはその計算機を、ヒトラーへの年末のプレゼントとして贈ろうと考えたのだ。

戦後1946年になって、ヘルツシュタルクはリヒテンシュタイン公爵に招かれてこのデバイスの製造工場を立ち上げ、1948年には一般に広く販売されるようになった。当時のクルタ計算機は入手可能な最高のポータブル計算機であり、1970年代に電子計算機が普及するまでよく使われていた。

クルタ計算機タイプIの結果カウンターは11桁だった。1954年に導入された大型のタイプIIは、15桁の結果カウンターを備えていた。約20年の期間に、約8万台のクルタIと6万台のクルタIIデバイスが製造された。

天文学者で著述家のクリフ・ストールは、次のように書いている。「ヨハネス・ケプラー、アイザック・ニュートン、ケルヴィン卿は、単純な計算に時間を取られることを嘆いていた……。加減乗除のできるポケット計算機があればよかったのに！ ディ

▲クルタ計算機は、最初に商業的に成功したポータブルな機械式計算機と言えるだろう。このハンドヘルドのデバイスは、クルト・ヘルツシュタルクがブーヘンヴァルト強制収容所に囚われている間に開発した。ナチスはこのデバイスを、アドルフ・ヒトラーへのプレゼントとして贈ろうと考えたのだ。

ジタルの読取機構と記憶装置。指で簡単に操作できるシンプルなインタフェース。しかしそのようなデバイスは、1947年まで登場しなかった。そして四半世紀の間、最高のポケット計算機がリヒテンシュタインから供給された。このアルプスの絶景と税金免除で知られる小国で、クルト・ヘルツシュタルクはクルタ計算機という、エンジニアに愛された史上最も精巧な計算機を作っていたのだ。」

参照：そろばん（1200年ころ）、計算尺（1621年）、バベッジの機械式計算機（1822年）、リッティ・モデルIキャッシュレジスター（1879年）、微分解析機（1927年）、最初の関数電卓 HP-35（1972年）

1949年

チャーサール多面体

アーコシ・チャーサール（1924-）

多面体とは、いくつかの多角形をその辺でつなぎ合わせて作られる立体だ。すべての頂点のペアが辺で結ばれているような多面体は、何種類存在するだろうか？ 四面体（三角錐）を除けば、対角線のない多面体はチャーサール多面体しか知られていない。ここで対角線とは、辺で結ばれていない2頂点を結ぶ線のことだ。四面体は4つの頂点、6本の辺、4つの面を持ち、対角線を持たないことに注意してほしい。すべての頂点のペアの間に辺が存在するからだ。

チャーサール多面体は、ハンガリーの数学者アーコシ・チャーサールによって1949年に初めて記述された。組合せ論（対象物の集まりから選択したり配列したりする方法を研究する）を用いて、四面体以外の対角線を持たない多面体には少なくとも1つの穴（トンネル）がある、ということを現代の数学者は理解している。チャーサール多面体には1つの穴があり（実物模型なしで理解するのは難しい）、トポロジー的にはトーラス（ドーナツ型）と等しい。この多面体には7つの頂点、14の面、21本の辺があり、**シラッシ多面体**と双対関係にある。双対関係にある2つの多面体は、一方の多面体の頂点が他方の多面体の面に対応付けられる。

デヴィッド・ダーリングは次のように書いている。「すべての頂点のペアが辺で結ばれているような、他の多面体が存在するかどうかは分からない。次の候補としては12の頂点、66本の辺、44の面、6つの穴がある図形が考えられるが、そのような組合せは現実には存在しないように思われる。そしてこの興味深いファミリーのより複雑なメンバーについては、さらに存在する可能性が低い。」

マーティン・ガードナーはチャーサール多面体の幅広い応用について、以下のようにコメントしている。「チャーサール多面体として知られている奇妙な立体の骨組みを研究しているうちに、……円環面上の7色地図、最小の「有限射影平面」、7人の少女の3人組に関する古いパズルの解、8チームのブリッジ試合の問題の解、ルーム正方形として知られている新種の魔方陣の構成の間に存在する注目すべき同型を発見したのである。」（『マーティン・ガードナーの数学ゲームⅢ』一松信訳、別冊日経サイエンス190、一部改変）

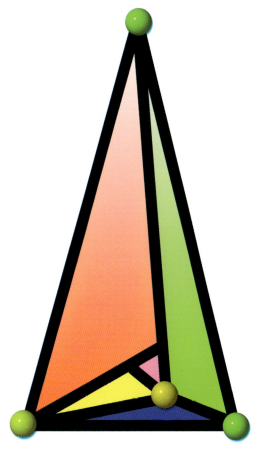

▶チャーサール多面体。四面体（三角錐）を除けば、対角線のない多面体はチャーサール多面体しか知られていない。ここで対角線とは、辺で結ばれていない2頂点を結ぶ線のことだ。

参照：プラトンの立体（紀元前350年ころ）、アルキメデスの半正多面体（紀元前240年ころ）、オイラーの多面体公式（1751年）、イコシアン・ゲーム（1857年）、ピックの定理（1899年）、ジオデシック・ドーム（1922年）、ラムゼー理論（1928年）、シラッシ多面体（1977年）、スパイドロン（1979年）、ホリヘドロンの解決（1999年）

1950年

ナッシュ均衡

ジョン・フォーブズ・ナッシュ・ジュニア (1928-2015)

アメリカの数学者ジョン・ナッシュは、1994年ノーベル経済学賞の受賞者だ。彼の受賞対象となった研究は、ほぼ半世紀前、21歳のときに書いた27ページという薄い博士論文に示されていた。

ゲーム理論のナッシュ均衡とは、2人以上のプレイヤーのいるゲームで、どのプレイヤーも自分の戦略を変更して利益を増やすことができないような状態をいう。各プレイヤーが戦略を選んだ状態で、どのプレイヤーも自分の戦略を変えることによって利益が得られない(他のプレイヤーの戦略は変わらないものとする)場合、その選択された戦略のセットがナッシュ均衡を形成する。1950年、ナッシュは論文「非協力ゲーム」の中で、任意の数のプレイヤーのすべての有限ゲームについて、混合戦略にナッシュ均衡が存在することを初めて示した。

ゲーム理論は1920年代、ジョン・フォン・ノイマンの研究によって大きく前進し、彼とオスカー・モルゲンシュテルンとの共著『ゲーム理論と経済行動』となって実を結んだ。彼らは、2人のプレイヤーの利害が完全に対立する「ゼロサム」ゲームを主に取り扱っていた。現在では、ゲーム理論は人間の対立や交渉、動物個体群のふるまいの研究に応用されている。

ナッシュは、1958年に彼のゲーム理論、代数幾何学、非線形理論における業績を取り上げた「フォーチュン」誌の記事の中で、若い世代の中で最も優秀な数学者と呼ばれた。彼はさらなる活躍が期待されていたが、1959年に入院し統合失調症と診断された。彼は異星人が彼を南極の皇帝に即位させたと信じており、また新聞記事といった普通のものに重要な意味が隠されているとも信じていた。ナッシュは次のように言ったことがある。「数学と狂気との間に直接の関係があるなどというつもりはないが、偉大な数学者が強迫的な性格や精神錯乱、統合失調症の徴候に苦しんでいたことには疑いがない。」

▲ゲーム理論の数学は、社会科学や国際関係、生物学などさまざまな分野の現実世界のシナリオをモデル化するために用いられる。その後の研究ではナッシュ均衡が、生息リソースを奪い合うミツバチの群れのモデル化に用いられている。

◀ノーベル経済学賞受賞者のジョン・ナッシュ。この写真は2006年に、ドイツのケルン大学で行われたゲーム理論のシンポジウムで撮影されたもの。

参照:ボードゲーム「ヘックス」(1942年)、ビッグ・ゲームの戦略(1945年)、囚人のジレンマ(1950年)、ニューカムのパラドックス(1960年)、チェッカーの解決(2007年)

1950年ころ

海岸線のパラドックス

ルイス・フライ・リチャードソン（1881-1953）、
ブノワ・マンデルブロー（1924-2010）

　海岸線や2つの国の境界線の長さを測定しようとすれば、その測定値は使われる物差しの長さによって異なってくる。物差しの長さが小さくなれば、より小さな境界線のうねりが測定値に影響するため、原則として物差しの長さがゼロに近づくに従って海岸線の長さは無限大へと発散する。英国の数学者ルイス・リチャードソンは2つ以上の国を隔てる境界線の性質と戦争の発生との関係を研究する中で、この現象について考察している。（彼は、ある国の戦争の回数は、その国が国境を接する国の数と比例することを発見した。）フランス生まれのアメリカの数学者ブノワ・マンデルブローは、リチャードソンの研究を踏まえて、物差しの長さ（ε）と海岸線の見かけの全長（L）との間の関係が、フラクタル次元 D というパラメーターによって表現できることを示した。

　物差しの数 N とその長さ ε との関係を調べることによって、D を評価することができる。円のようななめらかな曲線については $N(\varepsilon)=c/\varepsilon$ が成り立つ。ここで c は定数だ。しかし、海岸線のようなフラクタルな曲線については、この関係式は $N(\varepsilon)=c/\varepsilon^D$ となる。この式の両辺に ε を掛ければ、物差しの長さに関する式 $L(\varepsilon)=\varepsilon/\varepsilon^D$ が得られる。D は伝統的な次元の概念（直線は1次元、平面は2次元）に似ているが、D は小数の値を取り得るという点が異なる。海岸線はさまざまな大きさのスケールで入り組んでいるため、平面をわずかに「埋めつくし」、その次元は直線と平面との間の値を取る。フラクタルな構造は、そのグラフを拡大すればするほど、より細かなレベルの微細構造が出現する。マンデルブローは、英国の海岸線について $D=1.26$ を与えた。もちろん、

▲英国の海岸線の長さを測定するための物差しの長さが小さくなれば、海岸線の長さは無限大へと発散する。この「パラドックス」はさまざまな大きさの物差しに関して地勢が小数次元を呈することを物語っている。

現実世界の事物について、無限に小さな物差しを使うことは実際にはできないが、この「パラドックス」はさまざまな大きさの物差しに関して地勢が小数次元を呈することを物語っている。

参照：ワイエルシュトラース関数（1072年）、コッホ雪片（1904年）、ハウスドルフ次元（1918年）、フラクタル（1975年）

1950年

囚人のジレンマ

メルビン・ドレシャー(1911-92)、メリル・ミークス・フラッド(1908-91)、アルバート W. タッカー(1905-95)

天使が2人の囚人と取引をしていると想像してみてほしい。カインとアベルは2人とも、不法にエデンの園へ舞い戻った疑いを掛けられている。彼らのどちらにも、不十分な証拠しかない。もし2人とも自白しなければ、天使は不法侵入への「量刑」を引き下げざるを得ず、2人の兄弟は6か月だけ砂漠を放浪する刑を言い渡される。もしどちらか片方が自白すれば、自白者は釈放され、他方は30年間はい回り塵を食らう定めとなる。また、もしカインとアベルの**両方**が自白すれば、それぞれの刑は5年の放浪に短縮される。カインとアベルは別々に収容されており、連絡手段はない。カインとアベルはどうすべきだろうか？

一見すると、このジレンマの解は明白に思える。カインもアベルも自白すべきではない。そうすれば2人とも、6か月の砂漠の放浪という最も軽い刑罰で済むからだ。しかし、カインが協力するつもりでも、アベルが最後の瞬間に裏切って、無罪放免という自分にとって最上の結果を得ようとするかもしれない。1つの重要なゲーム理論のアプローチでは、このシナリオは両方の容疑者が自白するという結論に至ることが示される（協力戦略を取って自白しない場合よりも重い刑罰が科されることになるとしても）。カインとアベルのジレンマは、個人の利益と集団の利益との対立を掘り下げるものだ。

この囚人のジレンマは、メルビン・ドレシャーとメリル M. フラッドによって1950年に初めて定式化された。アルバート W. タッカーは、**非ゼロサムゲーム**（一方の勝利が必ずしも他方の敗北とはならない状況）の分析の難しさを理解し明らかにするため、このジレンマを研究した。それ以来、タッカーの研究は哲学や生物学から社会学、政治学、そして経済学に至るまで、広い分野に関連する膨大な数の文献を生み出すことになっていった。

◀囚人のジレンマは、メルビン・ドレシャーとメリル M. フラッドによって1950年に初めて定式化された。このジレンマは、一方の勝利が必ずしも他方の敗北とはならない非ゼロサムゲームの分析の難しさを説明するために役立っている。

参照：ゼノンのパラドックス(紀元前445年ころ)、アリストテレスの車輪のパラドックス(紀元前320年ころ)、サンクトペテルブルクのパラドックス(1738年)、床屋のパラドックス(1901年)、バナッハ-タルスキのパラドックス(1924年)、ヒルベルトのグランドホテル(1925年)、誕生日のパラドックス(1939年)、ビッグ・ゲームの戦略(1945年)、ナッシュ均衡(1950年)、ニューカムのパラドックス(1960年)、パロンドのパラドックス(1999年)

1952年

セル・オートマトン

ジョン・フォン・ノイマン(1903-57)、スタニスワフ・マルチン・ウラム(1909-84)、ジョン・ホートン・コンウェイ(1937-)

　セル・オートマトンは一連のシンプルな数学的システムであり、複雑な挙動を示すさまざまな物理プロセスをモデル化することができる。植物種の広がり、フジツボなどの動物の繁殖、化学反応の振動、森林火災の延焼などのモデル化に応用されている。

　古典的なセル・オートマトンの中には、縦横に並んだマス目が「有り」と「無し」の2つの状態を取り得るものがある。1つのセルの有り無しは、隣接するセルの有り無しのシンプルな数学的分析によって決定される。数学者はルールを決め、ゲーム盤を設定し、そしてチェス盤の世界の中でゲームを展開させる。セル・オートマトンの生成を支配するルールはシンプルだが、それによって作り出されるパターンは非常に複雑であり、まるで液体の乱流や暗号システムの出力のように、ほとんどランダムに見えることもある。

　この分野の初期の研究は1940年代に、シンプルな格子を使って結晶の成長をモデル化しようとしていたスタニスワフ・ウラムによって始められた。ウラムは数学者のジョン・フォン・ノイマンに、同様のアプローチを使って自己複製システム(例えばロボットを組み立てられるロボット)をモデル化することを提案し、そして1952年ころ、フォン・ノイマンはセルごとに29の状態を持つ最初の2次元セル・オートマトンを作り上げた。フォン・ノイマンは、所与のセルの世界の中で、特定のパターンが自分自身のコピーを無限に作り出せることを数学的に証明した。

　最も有名な2状態・2次元のセル・オートマトンは、ジョン・コンウェイの発明したライフゲームであり、マーティン・ガードナーによって「サイエン

▲隣り合う色素細胞の活性化と抑制作用によって生まれた、セル・オートマトンのパターンが貝殻に刻み込まれたイモガイ。このパターンは、ルール30オートマトンと呼ばれる1次元セル・オートマトンの出力にそっくりだ。

ティフィック・アメリカン」誌上で取り上げられて有名になった。ライフゲームのルールはシンプルだが、驚くほど多様なふるまいや形状が作り出される。例えばグライダーと呼ばれるセルのパターンはライフゲームの世界の中を自律的に移動し、相互作用によって計算を行うことさえできるのだ。2002年、スティーブン・ウルフラムは『新しい種類の科学』を出版し、セル・オートマトンが実質的にすべての科学分野で重要な意味を持つという認識は、さらに強化されることになった。

参照：チューリングマシン(1936年)、数学的宇宙仮説(2007年)

1957年

マーティン・ガードナーの数学レクリエーション

マーティン・ガードナー(1914-2010)

「きっと主の天使が果てのないカオスの海を調べて、そっと指でかき混ぜたのだろう。このわずかな、はかない均衡の乱れから、われわれの宇宙が形作られたのだ。」

―マーティン・ガードナー『秩序と驚き』

『数学ゲーム必勝法』の著者らは、マーティン・ガードナーが「誰よりも多く、百万人以上の人に数学を届けた」と書いている。アメリカ数学協会の副編集長アリン・ジャクソンは、ガードナーが「数学の美と魅力に一般大衆の目を見開かせ、多くの人に数学をライフワークとするよう促した」と書いている。実際、数学の著名な概念の中には、他のどんな出版物よりも早く、ガードナーの著作によって初めて世界の注目を引いたものもあったのだ。

マーティン・ガードナーは、1957年から1981年まで「サイエンティフィック・アメリカン」誌に「数学ゲーム」のコラムを書いていたアメリカの著述家だ。また出版された彼の著書は、65冊以上にのぼる。ガードナーはシカゴ大学で学び、哲学の学士号を取得した。彼の膨大な知識の大部分は、幅広い読書と文通によって得られたものだ。

多くの現代の数学者によれば、ガードナーは、20世紀の大部分の期間、米国内で数学への興味をかき立てた最も重要な人物だ。ダグラス・ホフスタッターはガードナーを「今世紀、この国に生まれた最も偉大な知識人の1人」と呼んでいた。ガードナーの「数学ゲーム」には、フレクサゴン、コンウェイのライフゲーム、ポリオミノ、ソーマキューブ、**ボードゲーム「ヘックス」**、タングラム、**ペンローズ・タイル**、**公開鍵暗号**、M.C.エッシャーの作品、**フラクタル**などの話題が取り上げられていた。

「サイエンティフィック・アメリカン」誌上のガードナーの最初の記事は、ヘキサフレクサゴン(折りたたみ方を変えることによって違った面が出現する物体)の話題に関するもので、1956年12月号に掲載された。発行者のジェラルド・ピールはガードナーをオフィスに呼び入れ、同様のネタが雑誌の連載記事にできるほど十分にあるかと聞いた。できると思う、とガードナーは答え、翌月、つまり1957年1月号からコラムが連載されることになった。

▲著書の前に立つマーティン・ガードナー。6段ある本棚には、1931年以来の彼の著作がすべて入っている。(この写真はオクラホマにある彼の自宅で2006年3月に撮影された。)

◀2008年のガードナー会に使われたロゴのひとつ。この1年おきに開催される国際会議はガードナーに敬意を表して行われているもので、レクリエーション数学や手品、パズル、芸術、哲学における新しいアイディアの発表が行われている。(このロゴはテーヤ・クラシェクによるものだ。)

参照:ボードゲーム「ヘックス」(1942年)、セル・オートマトン(1952年)、ペンローズ・タイル(1973年)、フラクタル(1975年)、公開鍵暗号(1977年)、NUMB3RS 天才数学者の事件ファイル(2005年)

1958年

ギルブレスの予想

ノーマン L. ギルブレス（1936-）

1958年、紙ナプキンに走り書きをしていたアメリカの数学者でマジシャンのノーマン L. ギルブレスが、素数に関する不思議な予想を提示した。ギルブレスは最初の数個の素数、つまり5や13といった自分自身と1でしか割り切れない1よりも大きな整数を書き出した。次に、彼は隣接する項を引き算してその絶対値を記録していった。

2, 3, 5, 7, 11, 13, 17, 19, 23, 29, 31, …
1, 2, 2, 4, 2, 4, 2, 4, 6, 2, …
1, 0, 2, 2, 2, 2, 2, 2, 4, …
1, 2, 0, 0, 0, 0, 0, 2, …
1, 2, 0, 0, 0, 0, 2, …
1, 2, 0, 0, 0, 2, …
1, 2, 0, 0, 2, …
1, 2, 0, 2, …
1, 2, 2, …
1, 0, …
1, …

ギルブレスの予想は、最初の列以外のすべての列は常に1で始まる、というものだ。数千億列について調査が行われたが、誰も例外を見つけたものはいない。数学者のリチャード・ガイは「ギルブレスの予想の証明が近い将来に見つかるとは思えないが、おそらくこの予想は正しいだろう」と書いている。数学者たちは、この予想が素数に特別な関係があるのか、それとも2から始まって十分なギャップを開けつつ十分な速度で増加する奇数が続く任意の数列で成り立つものか、確信を持てずにいる。

ギルブレスの予想はこの本で取り上げた他の出来事ほど歴史的に重要なものではないが、アマチュア数学者でも提示できる一方で数学者による解決には数世紀を必要とするような、シンプルに記述できる問題の素晴らしい実例だ。人類が素数の間のギャップの分布についてより良く理解した暁には、われわれは証明を手に入れられるのかもしれない。

▶ 2007年、ケンブリッジ大学で撮影されたノーマン・ギルブレス。偉大な数論学者のポール・エルデーシュは、ギルブレス予想は正しいと思うが証明にはおそらく200年かかるだろうと言っていた。

参照：セミと素数（紀元前100万年ころ）、エラトステネスのふるい（紀元前240年ころ）、ゴールドバッハ予想（1742年）、正十七角形の作図（1796年）、ガウスの『数論考究』（1801年）、リーマン予想（1859年）、素数定理の証明（1896年）、ブルン定数（1919年）、ウラムのらせん（1963年）、アンドリカの予想（1985年）

1958年

球面の内側と外側をひっくり返す

スティーブン・スメイル（1930-）、ベルナール・モラン（1931-）

昔からトポロジー研究者たちは、球面の内側と外側をひっくり返す（あるいは「裏返す」）ことが理論的に可能なことは知っていたが、どのようにすればよいかは全く見当もついていなかった。研究者たちにコンピュータグラフィックスが使われるようになって、数学者でありグラフィックス専門家でもあるネルソン・マックスが、ついに球面の変形を説明するアニメーション映画を制作した。マックスの1977年の映画「球面の内側と外側をひっくり返す」は、盲目のフランスのトポロジー研究者ベルナール・モランによる1967年の球面の裏返しの研究に基づいたものだ。このアニメーションは、穴や折り目を付けることなく表面を自分自身と交差させることによって裏返しを行う方法を示している。1958年ころまで、数学者たちはこの問題には解がないと信じていたが、アメリカの数学者スティーブン・スメイルが解があることを証明した。しかし、グラフィックスなしでは誰もその手順を明確に示せなかった。

球面の裏返しを論じる際には、空気を抜いたビーチボールの皮を空気穴から引っ張り出してもう一度膨らませるようなことを言っているわけではない。そうではなく、開口部のない球面を対象としているのだ。数学者たちは、引き伸ばすことができ、また引き裂いたり鋭いもつれや折り目を作ったりすることなく自分自身と交差できるような、薄い膜でできた球面を視覚的に表現しようとしている。そのような鋭い折り目を避ける必要があるために、数学的な球面の裏返しは非常に難しいものとなっている。

1990年代末、数学者たちはさらに一歩進んで幾何学的に**最適な**経路、つまり変形中に球面をゆがめるために必要なエネルギーが最小となる経路を発見した。この最適な球面の裏返し（オプティバースと呼ばれる）が、カラフルなコンピュータグラフィックス映画「ジ・オプティバース」のハイライトだ。しかし、この映画の方式を使っても、現実に穴の開いていない風船を裏返すことはできない。現実のボールや風船は自分自身と交差できるような材質ではできていないため、そのような物体に穴を開けずに内側と外側をひっくり返すことは不可能なのだ。

▲カルロ H. シークインによる、球面裏返しプロセスの数学的な1段階の物理モデル。（球面は最初、緑色が外側で赤が内側だった。）
◀現在の数学者たちは、球面の内側と外側をひっくり返す正確な方法を知っている。しかし長年の間、トポロジー研究者たちはこの困難な幾何学的タスクを実行する方法を示すことができなかった。

参照：メビウスの帯（1858年）、クラインのつぼ（1882年）、ボーイ曲面（1901年）

1958年

プラトンのビリヤード

ルイス・キャロル(1832-98)、ヒューゴ・シュタインハウス(1887-1972)、マシュー・ハドルソン(1962-)

1世紀以上にわたって数学者たちを悩ませてきたプラトンのビリヤード問題は、立方体の場合について解かれてから完全な解が得られるまでに50年近くもかかっている。立方体の内部を跳ね返る、ビリヤードのボールを想像してみてほしい。この理論的な議論では、摩擦と重力は無視する。ボールが各面で一度ずつ跳ね返って出発地点に戻って来るような経路を見つけることはできるだろうか? この問題は、英国の作家で数学者のルイス・キャロル(1832-98)によって最初に提示された。

1958年、立方体についてそのような経路が存在することを示す解をポーランドの数学者ヒューゴ・シュタインハウスが広く公開し、1962年には数学者ジョン・コンウェイとロジャー・ヘイワードが正四面体の内部に同様の経路を発見した。壁と壁との間の経路は、立方体でも正四面体でもすべて同じ長さになる。理論的には、ボールはこの経路に沿って永遠に跳ね返り続ける。しかし、その他のプラトンの立体について、この種の経路が存在するかどうかは誰にもわからなかった。

ついに1997年になって、アメリカの数学者マシュー・ハドルソンが、プラトンの立体(正八面体、正十二面体、正二十面体)の内部で跳ね返るビリヤードボールの興味深い経路を示した。これらのハドルソン経路は、各面の内側の壁に接触し、最終的に出発した方向を向いて出発地点に戻る。ハドルソンはコンピュータの助けを借りてこの研究を行った。彼の挑戦は、膨大な可能性を調査しなくてはならない正十二面体や正二十面体では特に困難なものだった。これらの立体について問題をより良く直観的に理解するために、ハドルソンは10万を超えるランダムな初期軌道を発生するプログラムを書き、正十二面体についてはすべての12の面に、正二十面体についてはすべての20の面に衝突する軌道を研究したのだ。

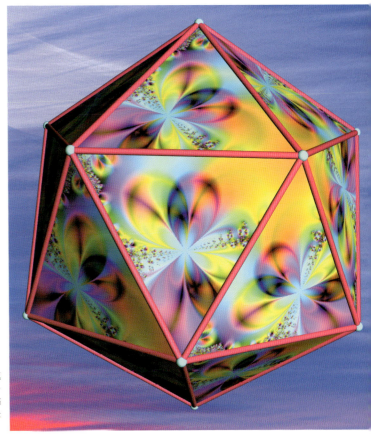

▶数学者たちは、5種類のプラトンの立体の内部で跳ね返り、元の位置に戻って来るビリヤードボールのショットを発見した。例えば、テーヤ・クラシェクによってここに描画された正二十面体にも、すべての内壁に接触する閉じた「跳ね返るボール」の経路が存在する。

参照:プラトンの立体(紀元前350年ころ)、外接ビリヤード(1959年)

1959年

外接ビリヤード

ベルンハルト・ノイマン(1909-2002)、ユルゲン・モーザー(1928-99)、リチャード・エヴァン・シュワルツ(1966-)

外接ビリヤードの概念は、ドイツ生まれの英国の数学者ベルンハルト・ノイマンによって1950年代に考察された。ドイツ系アメリカ人の数学者ユルゲン・モーザーは、1970年代に惑星運動の単純化されたモデルとして外接ビリヤードを広めた。外接ビリヤードを試してみるには、まず多角形を描いてほしい。点 x_0 を、多角形の外側に取る。これを、ビリヤードボールの出発点だと考えよう。ボールは、多角形の1つの頂点に接する直線に沿って移動し、x_0 と x_1 の中点が多角形の頂点になるような新しい点 x_1 で止まる。この手順を、時計回りに次の頂点について繰り返して行く。

ノイマンは、凸多角形の周囲のそのような軌道が束縛されず、ボールが無限の彼方へと飛び去ってしまうようなことがあり得るだろうかという問いを立てた。正多角形については、すべての軌道は束縛されており、多角形からどんどん離れて行ってしまうことはない。多角形の頂点が有理座標を持つ(つまり分数で表現できる)場合、軌道は束縛された周期的なものとなり、最終的には出発点に戻って来る。

ようやく2007年になってブラウン大学のリチャード・シュワルツが、ノイマンの外接ビリヤードがユークリッド平面上で束縛されない軌道となる場合があることを示し、ペンローズ・タイリングに用いられるペンローズ・カイトと呼ばれる四辺形でこのことを実証した。またシュワルツは、軌道が周期的に1つの領域から別の領域へ飛び移る、3つの大きな八角形の領域を発見した。それ以外の領域を出発点とすると、最終的に軌道は束縛されないふるまいを示すようになる。数学の最近の証明と同様に、シ

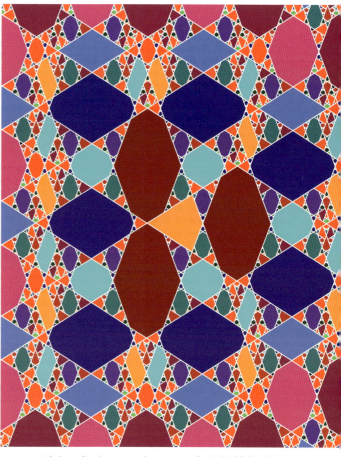

▲リチャード・シュワルツは、ペンローズ・カイト(中心にあるオレンジ色の多角形)の周囲の外接ビリヤードのふるまいが、複雑なタイリングのパターンによって視覚的に表現できることを実証した。さまざまな多角形領域の色は、それらの領域に端点を持つ軌跡のふるまいを示している。

ュワルツの最初の証明はコンピュータを利用したものだった。

ノイマンは、1932年にベルリン大学から博士号を授与された。1933年にヒトラーが権力を握ると、ユダヤ人だったノイマンは危険を感じてアムステルダムへ、そしてケンブリッジへと逃れた。

参照:プラトンのビリヤード(1958年)、ペンローズ・タイル(1973年)

1960年

ニューカムのパラドックス

ウィリアム A. ニューカム（1927-99）、ロバート・ノージック（1938-2002）

あなたの前には、それぞれ「宝箱1」「宝箱2」とラベルの付いた宝箱が2つ、ふたの閉じた状態で置いてある。天使の説明によれば、宝箱1には1000ドルの価値がある黄金の杯が入っているという。宝箱2には、全く何の価値もないクモか、何百万ドルもの価値がある本物の「モナリザ」のどちらかが入っている。あなたには2つの選択肢がある。**両方の宝箱の中身を取るか、宝箱2の中身だけを取るか**だ。

ここで天使は、あなたの選択をさらに悩ましくするようなことを言ってくる。「私たちは、あなたがどちらを選ぶか予測しました。私たちは、ほとんど間違えません。あなたが両方の宝箱を選ぶと**予測**した時は、宝箱2に価値のないクモだけを入れます。あなたが宝箱2だけを取ると予測した場合には、その中に「モナリザ」を入れます。宝箱1には、どちらを予測した場合でも、常に1000ドル相当の宝物が入っています。」

最初、あなたは宝箱2だけを選択すべきだと考える。天使は優秀な予言者なので、「モナリザ」を手に入れることができるだろう。もし両方の宝箱を取ることにすれば、天使はきっとその選択を予測して、宝箱2にはクモを入れてくることだろう。得られるものは、1000ドル相当の杯と、クモだけだ。

しかし、天使はあなたをさらに混乱させる。「40日前に、私たちはあなたがどちらを選ぶか予測しました。宝箱2には、**すでに**「モナリザ」かクモのどちらかが入っていますが、どちらが入っているかは教えられません。」

そこであなたは、**両方の宝箱を取り、得られるものはすべて得よう**と考える。宝箱2だけを選ぶのは馬鹿らしいように思える。手に入るものは「モナリ

▲ニューカムのパラドックスは、1960年に物理学者ウィリアム A. ニューカムによって定式化された。天使たちがとても賢く、ほとんど間違わないことを知っているあなたは、両方の宝箱を選ぶだろうか？

ザ」だけだ。なぜ1000ドルをあきらめるのか？

これが、1960年に物理学者ウィリアム A. ニューカムによって定式化されたニューカムのパラドックスの本質だ。このパズルは1969年、哲学者ロバート・ノージックによってさらに明確化された。今でもエキスパートたちはこのジレンマについて髪をかきむしり、最良の戦略について意見を戦わせている。

参照：ゼノンのパラドックス（紀元前445年ころ）、アリストテレスの車輪のパラドックス（紀元前320年ころ）、サンクトペテルブルクのパラドックス（1738年）、床屋のパラドックス（1901年）、バナッハ＝タルスキのパラドックス（1924年）、ヒルベルトのグランドホテル（1925年）、囚人のジレンマ（1950年）、パロンドのパラドックス（1999年）

1960年

シェルピンスキ数

ヴァツワフ・シェルピンスキ（1882-1969）

　数学者のドン・ザギエは、次のように書いている。「ある数が素数であり、別の数が素数でないことには、理由らしきものが見当たらない。それどころか、素数を見ていると説明不可能な創造の秘密のひとつがそこに存在するような気持ちがする。」1960年、ポーランドの数学者ヴァツワフ・シェルピンスキが、すべての正の整数 n について $k \times 2^n + 1$ が**絶対に素数**とならないような奇整数 k（シェルピンスキ数と呼ばれる）が無限に多く存在することを証明した。アイヴァース・ピーターソンは、こう書いている。「これは奇妙な結果だ。このような特定の数式が絶対に素数とならないという、明白な理由は何もないように思われる。」このことを踏まえて、シェルピンスキ問題は「最小のシェルピンスキ数は何か？」と表現される。

　1962年、現在知られている最小のシェルピンスキ数 $k = 78557$ を、アメリカの数学者ジョン・セルフリッジが発見した。また彼は、$k = 78557$ としたとき、$k \times 2^n + 1$ の形をしたすべての数が 3, 5, 7, 13, 19, 37, 73 のいずれかで割り切れることを証明した。

　1967年、シェルピンスキとセルフリッジは 78557 が最小のシェルピンスキ数であり、したがってシェルピンスキ問題への解答であると予想した。現在、数学者たちはより小さなシェルピンスキ数は発見されないのではないかと考えている。$k < 78557$ のすべての値についてしらみつぶしに調べ、それぞれについて素数が1つでも見つかれば、それは確実になるだろう。2008年2月時点で、より小さなシェルピンスキ数の可能性が残っている数は、たった6個だった。"Seventeen Or Bust"（訳注：17か破滅か、というプロジェクト名の由来は、このプロジェクト開始時に可能性が残っていた数が17個あったため）という分散コンピューティングプロジェクトが、これらの数をテストしている。例えば2007年10月、"Seventeen Or Bust" は $33661 \times 2^{7031232} + 1$ という 211 万 6617 桁の数が素数であることを証明し、$k = 33661$ がシェルピンスキ数である可能性を否定した。数学者が残りのすべての k について適切な形の素数を見つけることができれば、シェルピンスキ問題は解決され、50年近くに及ぶ探求も終わることになる。

▲ 78557 が最小のシェルピンスキ数かどうかを判定するための分散コンピューティングプロジェクト "Seventeen Or Bust" のロゴ。何年にもわたり、このプロジェクトは世界中の何百台ものコンピュータの計算能力を利用して、この問題に取り組んできた。

参照：セミと素数（紀元前100万年ころ）、エラトステネスのふるい（紀元前240年ころ）、ゴールドバッハ予想（1742年）、正十七角形の作図（1796年）、ガウスの『数論考究』（1801年）、素数定理の証明（1896年）、ブルン定数（1919年）、ギルブレスの予想（1958年）、ウラムのらせん（1963年）、エルデーシュの膨大な共同研究（1971年）、アンドリカの予想（1985年）

1963年

カオスとバタフライ効果

ジャック・サロモン・アダマール（1865-1963）、ジュール=アンリ・ポアンカレ（1854-1912）、エドワード・ノートン・ローレンツ（1917-2008）

　古代の人類にとって、カオスは未知の精神世界を代弁するものであり、人間の手に負えないものに対する恐怖と、不安に姿や形を与えたいという思いを反映した、おどろおどろしい悪夢のような幻影だった。現在では、カオス理論は刺激的な成長分野となっており、初期条件に敏感な依存性を示す、さまざまな現象の研究が行われている。カオス的なふるまいは「ランダム」で予測不能だと思われがちだが、数式から導出される厳密な数学的ルールに従っていて定式化や研究が可能な場合も多い。カオスの研究を助ける重要なツールのひとつに、コンピュータグラフィックスがある。ランダムに光が明滅するカオス的なおもちゃからたなびくタバコの煙の渦に至るまで、カオスは一般的には不規則で無秩序なふるまいを示す。その他の例としては、天気のパターン、神経や心臓の働きの一部、株式市場、コンピュータの電子ネットワークなどが挙げられる。またカオス理論は、視覚的アートにも幅広く応用されてきた。

　科学分野でよく知られたカオス的物理系の明らかな例としては、液体中の熱対流、超音速航空機のパネルフラッター、化学反応の振動、流体力学、個体数の変動、周期的に振動する壁面へ衝突する粒子、さまざまな振り子やローターの動き、非線形電子回路、梁の座屈などがある。

　カオス理論の起源は1900年ころ、ジャック・アダマールやアンリ・ポアンカレによる運動体の複雑な軌跡の研究に始まる。1960年代初頭、マサチューセッツ工科大学の気象学者エドワード・ローレンツが、連立方程式を利用して大気中の対流をモデル化した。この数式は単純なものだったが、すぐに彼はカオスの特徴である、非常にわずかな初期条件の変化が予測不可能な異なる結果を生み出すことに気付いた。ローレンツは1963年の論文の中で、世界のある場所での蝶の羽ばたきが、その後何千マイルも離れた場所の気候に影響を与える可能性があると説明している。現在、この現象は**バタフライ効果**と呼ばれている。

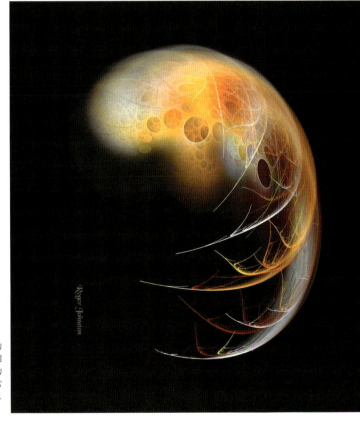

▶ロジャーA.ジョンストンによって作成された、カオス的な数学パターン。カオス的なふるまいは「ランダム」で予測不能だと思われがちだが、数式から導出される厳密な数学的ルールに従っていて定式化や研究が可能な場合も多い。非常にわずかな初期条件の変化が大幅に異なる結果を生み出すこともある。

参照：カタストロフィー理論（1968年）、フラクタル（1975年）、ファイゲンバウム定数（1975年）、池田アトラクター（1979年）

1963年

ウラムのらせん

スタニスワフ・マルチン・ウラム(1909-84)

1963年、退屈な会議の最中に紙にいたずら書きをしていたポーランド生まれのアメリカの数学者スタニスワフ・ウラムは、素数のパターンを浮かび上がらせる注目すべきらせんを発見した。(素数とは、例えば5や13のように、1よりも大きな整数でそれ自身か1でしか割り切れない数のことだ。) 1を中心として、反時計回りのらせん状に、ウラムは連続する自然数を書いていった。次に彼は、すべての素数に丸を付けた。らせんが大きくなって行くと、素数が対角線状のパターンを形成する傾向があることに彼は気づいたのだ。

その後コンピュータグラフィックスによって、この傾向はさらに明らかになった。この構造の一部は単純に奇数を含む対角線と偶数を含む対角線が1つおきに並んでいることによるのかもしれないが、一部の対角線には他と比べて素数が多く含まれる傾向が見られるのは興味深い。おそらくパターンの発見よりも重要なことは、コンピュータを一種の顕微鏡として利用して構造を視覚化し、新たな定理を生み出せる可能性が、このウラムのシンプルな実演によって明示されたことだ。1960年代初頭に行われたこの種の研究は、20世紀末の実験数学の爆発的な発展をもたらした。

マーティン・ガードナーは、次のように書いている。「ウラムのらせんグリッドは、素数の分布に見られる秩序と偶然性の不可思議な混在に関する考察に、ちょっとした空想を付け加えてくれた……。ウラムが数学のトワイライトゾーンに記したいたずら書きは、軽々しくとらえるべきではない。最初の熱核爆弾を可能とした「アイディア」を彼とエドワード・テラーが考え出したのは、彼の思い付きがきっかけだったのだ。」

ウラムは数学へ多大な貢献を行い、また第二次世界大戦中には最初の核兵器を開発したマンハッタン計画に参加したが、宇宙船推進システムに関する研究でも有名だ。彼は第二次世界大戦の直前に兄弟と共にポーランドから逃れたが、他の家族の命はホロコーストによって奪われた。

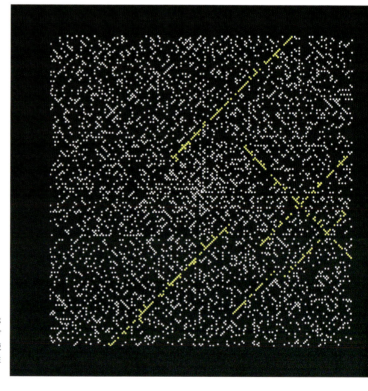

▶ 200×200のウラムのらせん。いくつかの対角線パターンが、黄色で示されている。このウラムのシンプルならせんは、コンピュータを一種の顕微鏡として使って構造を視覚化し、新たな定理を生み出せる可能性を示している。

参照：セミと素数(紀元前100万年ころ)、エラトステネスのふるい(紀元前240年ころ)、ゴールドバッハ予想(1742年)、ガウスの『数論考究』(1801年)、リーマン予想(1859年)、素数定理の証明(1896年)、ジョンソンの定理(1916年)、ブルン定数(1919年)、ギルブレスの予想(1958年)、シェルピンスキ数(1960年)、エルデーシュの膨大な共同研究(1971年)、公開鍵暗号(1977年)、アンドリカの予想(1985年)

1963年

連続体仮説の非決定性

ゲオルク・カントール(1845-1918)、ポール・ジョゼフ・コーエン(1934-2007)

カントールの超限数の項では、整数の個数に相当する、アレフ・ゼロと呼ばれる最小の超限数($\aleph_0$と表記される)について説明した。整数、**有理数**(分数として表記可能な数)、そして**無理数**(例えば2の平方根)はいずれも無限個存在するが、ある意味では無理数の無限のほうが、整数や有理数の無限よりも大きいのだ。同様に、**実数**(有理数と無理数が含まれる)の個数は整数の個数よりも多い。

この違いを示すために、数学者たちは有理数や整数の無限を$\aleph_0$と表記し、無理数や実数の無限をCと表記する。Cと$\aleph_0$との間には、$C = 2^{\aleph_0}$というシンプルな関係が成り立つ。ここでCは実数の濃度であり、実数は**連続体**と呼ばれることもある。

また数学者たちは、$\aleph_1$、$\aleph_2$などと記号化される、より大きな無限についても考えてきた。ここで、集合論の記号$\aleph_1$は$\aleph_0$よりも大きな最小の無限、等々を意味する。そしてカントールの連続体仮説とは、$C = \aleph_1 = 2^{\aleph_0}$というものだ。しかし、$C$が本当に$\aleph_1$と等しいのか、という問題は、われわれの現在の集合論では決定不可能であると考えられている。別の言い方をすれば、クルト・ゲーデルを始めとする偉大な数学者たちが、この仮説が標準的な集合論の公理と矛盾しない仮定であることを証明した一方で、1963年、アメリカの数学者ポール・コーエンが、連続体仮説が偽であると仮定しても矛盾しないことを証明したのだ！ コーエンはニュージャージー州

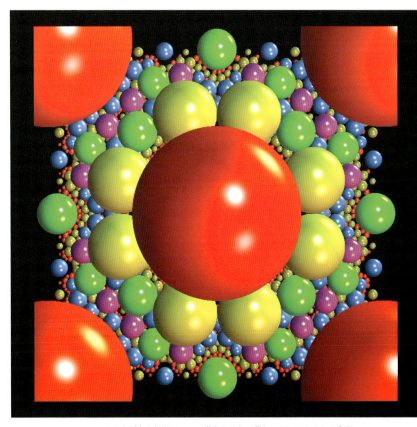

▲さまざまな無限について考えることは難しいが、このガウス有理数を描画して表したように、コンピュータグラフィックスを利用して読み解くことができるようになるかもしれない。この図では、球の位置が実部と虚部がともに整数である複素数の分数p/qを表している。球は、p/qの位置で複素平面に接し、半径は$1/(2q\overline{q})$に等しい。

ロングブランチのユダヤ人家庭に生まれ、ニューヨーク市のスタイヴェサント高校を1950年に卒業した。

興味深いことに、有理数の個数は整数の個数と同じであり、無理数の個数は実数の個数と等しい。(数学者たちは、無限の「個数」について論じるときには、**濃度**という用語を使うのが普通だ。)

参照：アリストテレスの車輪のパラドックス(紀元前320年ころ)、カントールの超限数(1874年)、ゲーデルの定理(1931年)

1965年ころ

スーパーエッグ

ピート・ハイン (1905-96)

1965年ころ、デンマークの科学者でデザイナー、そして発明家でもあったピート・ハインが使い始めたスーパーエッグ（超楕円体とも呼ばれる）は、どちらかの端を下にして不思議なほど安定して立つという、魅力的な性質を持つ美しい物体だ。この3次元形状は、$a/b=4/3$ であるような2数 a と b について $|x/a|^{2.5}+|y/b|^{2.5}=1$ で定義される超楕円を用いて、これを x 軸の周りに回転させて作られる。さらに一般的に言えば、0 よりも大きな a と b について、超楕円体の方程式は $(|x|^{2/a}+|y|^{2/a})^{a/b}+|z|^{2/b}=1$ として与えられる。

さまざまな素材で作られたハインのスーパーエッグは、1960年代には玩具やノベルティーによく使われるようになった。現在、このデザインはいたるところで目に入る。スーパーエッグは、ろうそく立てや家具のデザイン、そして氷の代わりに飲み物のグラスに入れるステンレス製のドリンククーラーなどに使われている。ハインのスーパーエッグが「産み出された」のは1965年のことで、デンマークのスキャーンにある Skjøde 社で手に持てる大きさのものが製造販売されたのが最初だ。1971年、世界最大のスーパーエッグ（金属製で重さは約1トンある）がグラスゴーのケルヴィン・ホールの屋外に設置された。

フランスの数学者ガブリエル・ラメ (1795-1870) は、ハインよりも前により一般的な形状の超楕円を研究していたが、スーパーエッグを作り出したのはハインが最初であり、またこれを建築や家具、さらには都市計画にまで普及させたことで知られている。

超楕円は、スウェーデンのストックホルムにある道路のロータリーの形としても利用されている。楕円は先端がとがっていて、ほぼ長方形のスペースのスムーズな交通を妨げるため不適当だった。1959年、ハインの意見が求められた。マーティン・ガードナーはストックホルムの道路について次のように書いている。「ハインの曲線は、不思議なほどぴったりであることがわかった。丸すぎず角ばりすぎず、楕円と長方形の美がちょうどよく調和しているのだ。ストックホルム市は、その新市街の基本的なモチーフとして指数 2.5 の［$a/b=6/5$ の］超楕円を採用した……。」

◀デンマークのフュン島、クヴェアンドロブにあるイーエスコウ城の堀に設置されたピート・ハインのスーパーエッグ。1550年代半ばに建設されたこの城は、最も保存状態のよいルネサンス期の「水城」のひとつだ。建設された当時、この城はつり上げ橋を使わずに出入りすることはできなかった。

参照：星芒形 (1674年)

1965年

ファジィ論理

ロトフィ・ザデー（1921-）

　古典的な2値論理は、真か偽かのどちらかの値を取り扱う。連続した範囲の真理値を許すファジィ論理は、イランで育ち1944年に米国へ移住した数学者・コンピュータ科学者のロトフィ・ザデーによって導入された。幅広く実用的に応用されているファジィ論理は、メンバーシップ（集合の要素であること）の度合いに注目するファジィ集合理論から生まれた。ザデーはファジィ集合に関する画期的な数学論文を1965年に発表し、1973年にはファジィ論理の詳細を示した。

　例として、装置の温度を監視するシステムを考えてみよう。冷たい、暖かい、熱いといった概念に対応したメンバーシップ関数が存在することになるだろう。1つの測定値は、「冷たくない」、「ちょっと暖かい」、「ちょっと熱い」のような3つの値から構成されるかもしれない。これを利用して、装置をコントロールするのだ。フィードバックコントローラーが不正確でノイズの多い入力を利用するようにプログラムできれば、より効果的で実装もしやすくなるとザデーは確信していた。ある意味では、この手法は人間が決断を下す方法にも似ている。

　ファジィ論理の船出は厳しいものであり、ザデーが1965年に書いた論文を発表させてくれる専門誌を見つけるのも簡単なことではなかった。それはおそらく、工学分野に「あいまいさ」が入り込むことが嫌われたためだろう。著述家の田中一男は次のように書いている。「ファジィ論理にとっての転換点は1974年、ロンドン大学のエブラヒム・マムダニがファジィ論理を……シンプルな蒸気機関の制御に応用した［ときの］ことだった。」1980年、ファジィ論理はセメント窯の制御に利用された。さまざまな日本企業が、水浄化プロセスや列車制御システムにファジィ論理を利用している。またファジィ論理は製鋼所、カメラのオートフォーカス、洗濯機、発酵プロセス、自動車のエンジン制御、アンチロックブレーキシステム、カラー写真の現像システム、ガラス加工、金融取引用のコンピュータプログラム、そして書き言葉と話し言葉との微妙な違いを認識するシステムなどに利用されている。

▶ファジィ論理は、効率的な洗濯機の設計にも利用されている。例えば、1999年に出願された米国特許5897672号では、ファジィ論理を使って洗濯機に入っている衣類のさまざまな繊維の種類の比率を検出する方法が記述されている。

参照：アリストテレスの『オルガノン』（紀元前350年ころ）、ブール代数（1854年）、ベン図（1880年）、『プリンキピア・マテマティカ』（1910-13年）、ゲーデルの定理（1931年）

1966年

インスタント・インサニティ

フランク・アームブラスター（1929-2013）

子供のころ、私はインスタント・インサニティというカラフルな立方体のゲームをどうしても解くことができなかった。しかし、あまり悲観しなくてもよかったはずだ。4個の立方体を並べる方法が41472通りある中で、正解はたった2通りだけなのだから。試行錯誤では絶対にうまく行くはずがない。

一見やさしそうに見えるこのパズルは、6つの面が4色に塗り分けられた4つの立方体から構成されている。目的は、4つの立方体を柱状に並べて、その柱の各面に4つの色が一度ずつ現れるようにすることだ。立方体にはそれぞれ24通りの向きがあるので、最大で $4! \times 24^4 = 7962624$ 通りの並べ方が存在する。しかしこの数は41472通りにまで減らすことができる。立方体を並べる順番は解に影響しないからだ。

数学者たちは、面の色を頂点とするグラフで立方体を表現して、このパズルを解く効率的な方法を考える。この手法を使えば、各立方体は向かい合う2つの面の色の間に辺が存在するグラフとして表現される。数学ジャーナリストのアイヴァース・ピーターソンによれば、「グラフ理論に詳しい人であれば、普通は数分間で解を見つけられる。実際、このパズルは論理的思考の巧みなレッスンとして役に立つ。」

インスタント・インサニティは、教育コンサルタントのフランク・アームブラスターが自分の考案したバージョンをパーカー・ブラザーズにライセンスしてからブームとなり、1960年代後半に1200万個以上が販売された。同様の色の付いた立方体のパズルは1900年ころにも流行しており、当時はグレート・タンタライザーと呼ばれていた。アームブラスターは私への手紙の中で、次のように書いている。「私は1965年にグレート・タンタライザーのサンプルをもらったとき、これは順列や組合せを教えるのに使えるのではないかと考えました。私の最初のサンプルは木製で、面は塗装されていました。私は次のプラスチックのバージョンに解き方を同封して販売したところ、この名前を提案してきたお客さんがいて、私はそれを商標登録しました。そしてパーカー・ブラザーズから、とても断れないほど魅力的なオファーがあったのです。」

▶有名なパズル、インスタント・インサニティを手にしたフランク・アームブラスター。4つの立方体を並べる方法が41472通りある中で、正解はたった2通りだけだ。このパズルは1960年代後半に1200万個以上が販売された。

参照：グロの『チャイニーズリングの理論』（1872年）、15パズル（1874年）、ハノイの塔（1883年）、ボードゲーム「ヘックス」（1942年）、ルービック・キューブ（1974年）

1967年

ラングランズ・プログラム

ロバート・フェラン・ラングランズ(1936-)

1967年、当時30歳のプリンストン大学の数学教授ロバート・ラングランズが著名な数論学者アンドレ・ヴェイユ(1906-98)に手紙を書き、いくつかの新しい数学のアイディアについてヴェイユの意見を求めた。「もしあなたが［私の手紙を］純粋な仮説として読んでいただけるのであれば、ありがたく思います。読んでいただけないのなら——きっとあなたも、ごみ箱はお持ちでしょう。」「サイエンス」誌のライター、デイナ・マッケンジーによれば、ヴェイユが返事を出すことはなかったとのことだが、ラングランズの手紙は数学の異なる2つの分野を橋渡しする「ロゼッタストーン」だった。具体的には、ラングランズはガロア表現（数論で研究される方程式の解の間の関係を記述する）と保型形式（コサイン関数などの高度に対称的な関数）との間に、ある同値な対応が存在すると推測していた。

ラングランズ・プログラムは非常に肥沃な分野であり、すでに2名の数学者にフィールズ賞をもたらしている。ラングランズの予想は、ある意味では、整数が他の整数の積和形式に分解できるパターンを一般化しようという取り組みから生まれてきたものだ。

C.J.モゾキの『フェルマー日記』によれば、ラングランズ・プログラムは数学の大統一理論とみなすことができ、「方程式を取り扱う代数学と、なめらかな曲線や連続的な変化を研究する解析学とが、密接に関係している」ことを示唆している。ラングランズ・プログラムにおける数々の予想が「非常に美しく組み立てられている様子は、まるで大聖堂のようだ。」しかし、これらの予想を証明する

ことは非常に難しく、ラングランズ・プログラムを完成させるには何世紀もかかると感じている数学者もいる。

数学者のスティーブン・ゲルバートは、次のように書いている。「ラングランズ・プログラムは、古典的な数論におけるいくつかの重要なテーマを統合したものである。それはまた——より重要なことに——将来へ向けた研究プログラムでもある。このプログラムは1967年ころ一連の予想の形で誕生し、ちょうどA.ヴェイユの予想が1948年以降の代数幾何学の道筋を形作ったのと同じように、その後数論の研究に影響を与え続けている。」

▲ラングランズ・プログラムは数学の異なる2つの分野を橋渡しするものであり、非常にエレガントに組み立てられているため「大聖堂のような」と言われる数々の予想が含まれる。ラングランズ・プログラムは数学の大統一理論とみなすことができ、完全に解明されるまでには何世紀もかかるかもしれない。
◀ロバート・ラングランズ。

参照：群論(1832年)、フィールズ賞(1936年)

1967年

スプラウト・ゲーム

ジョン・ホートン・コンウェイ(1937-)、マイケルS.パターソン(1942-)

スプラウト・ゲームは1967年に、数学者のジョンH.コンウェイとマイケルS.パターソンによって、両者のケンブリッジ大学在籍中に発明された。この病み付きになるゲームには、魅力的な数学的性質がある。コンウェイはマーティン・ガードナーに、次のように書いている。「スプラウトが芽生えた次の日には、みんなそのゲームをやっているようだった……幻想的なスプラウトの図をものめずらしそうに眺めている人々は稀であった。ある人々はすでに円環面やクラインの瓶やその他の曲面上のスプラウトを研究していた。……高次元の変形をも考えていた。」(『数学カーニバルI』一松信訳、紀伊國屋書店)

対戦相手とスプラウトをプレイするには、まず1枚の紙の上にいくつかの点を打つ。自分の手番には、2つの点の間に曲線を描くか、同じ点の上にループを描く。曲線は、他の曲線や自分自身と交差してはいけない。そして、この曲線の上に新しい点を打つ。こうして順番に曲線を描いて点を打つことを繰り返し、最後に手番を完了したプレイヤーが勝利する。点に接続できる曲線の数は3本までだ。

一見このゲームは、無限に曲線を描くことができるように思えるかもしれない。しかし、スプラウトをn個の点から始めた場合、そのゲームは少なくとも$2n$手は続き、最大でも$3n-1$手しか続かないことがわかっている。3, 4, 5個の点から始めたゲームでは、先手が常に勝つことができる。

2007年、研究者たちはコンピュータプログラムを使って、32点までのすべてのゲームで先手と後手のどちらが勝つかを判定した。33点のゲームがどうなるかは、まだ知られていない。スプラウトのエキスパートであるジュリアン・ルモワーヌとシモ

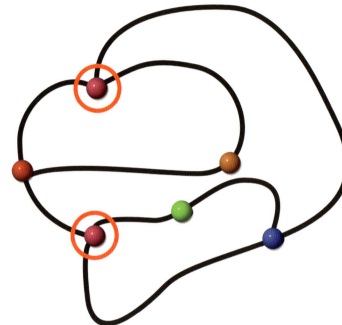

▲スプラウトの対戦。この例では、最初の点(丸が付いている)は2つだけで、対戦はまだ続いている。見た目は簡単だが、このゲームは最初の点の数が少し増えただけで分析は非常に難しくなる。

ン・ヴィエノは、次のように書いている。「手番の数は少ないのだが……先手も後手も完璧にプレイするという仮定の下で、どちらが勝つかを判定するのは難しい。これまでに発表された手作業による証明で最も完全なものはリカルド・フォカルディとフラミニア・ルチオによるもので、7点のゲームでどちらが勝つかを示している。」ジャーナリストのアイヴァース・ピーターソンは次のように書いている。「このゲームは、あらゆる種類の意外な成長パターンを示すため、勝利戦略の策定は厄介な問題だ。完璧にプレイした場合の完全な戦略を解き明かした人は、まだ誰もいない。」

参照:ケーニヒスベルクの橋渡り(1736年)、ジョルダン曲線定理(1905年)、チェッカーの解決(2007年)

1968年

カタストロフィー理論

ルネ・トム (1923-2002)

　カタストロフィー理論は、劇的な、あるいは突然の変化を説明する数学理論だ。数学者のティム・ポストンとイアン・スチュアートは、以下のような例を挙げている。「地震の発生［あるいは］バッタが飛蝗となる臨界密度……。突然分裂速度を増してがん化する細胞。タルソス出身の男が啓示を得る。」

　カタストロフィー理論は、フランスの数学者ルネ・トムによって1960年代に開発された。この理論を1970年代にさらに発展させたのが日本生まれの英国の数学者クリストファー・ジーマンであり、また彼はこの理論を行動科学や生物学へ応用した。トムはトポロジー（幾何的形状やそれらの関係について研究する数学の一分野）の業績に対して、1958年にフィールズ賞を受賞している。

　カタストロフィー理論は、何らかの量（脈拍など）の時間依存性を記述する力学系に着眼し、その系とトポロジーとの関連性を調べるのが普通だ。特に、この理論は関数の1次導関数とより高次の導関数がゼロとなる、一種の「臨界点」に注目する。デヴィッド・ダーリングは「多くの数学者たちがカタストロフィー理論の研究に取り組み、一時は非常に流行したが、有用な予測を与えることができなかったため、より歴史の浅いカオス理論のような成功を収めることはできなかった」と書いている。

　トムが目指していたのは、連続アクション（刑務所の中や国と国との間の平穏で安定したふるまい）から不連続な変化（刑務所の暴動や戦争）への突然の移行を、より良く理解することだった。彼はそのような現象が独特のランドスケープを持つ抽象的な数学的曲面の形で表現できることを示し、それらの曲面を**蝶**や**ツバメの尾**などと呼んだ。サルバドール・ダリの描いた最後の作品『ツバメの尾』(1983年)は、カタストロフィー曲面を取り上げている。ダリはまた『ヨーロッパの位相的外転』(1983年)という作品も描いており、これにはひび割れたランドスケープとそれを記述する数式が描写されている。

▶カタストロフィー理論は、例えばバッタの個体数の増加に伴う飛蝗への変化など、突然の変化を説明する数学理論だ。研究によれば、短時間に昆虫の後肢が触れ合う頻度が増加することによって飛蝗への変化が引き起こされるらしい。大規模な飛蝗には数十億の個体が含まれることもある。

参照：ケーニヒスベルクの橋渡り(1736年)、メビウスの帯(1858年)、フィールズ賞(1936年)、カオスとバタフライ効果(1963年)、ファイゲンバウム定数(1975年)、池田アトラクター(1979年)

1969年

トカルスキーの照らし出せない部屋

ジョージ・トカルスキー（1946-）

　平面の壁がすべて鏡で覆われた、真っ暗な部屋にいると想像してみてほしい。この部屋には、いくつかの曲がり角や脇道がある。私がこの部屋のどこかでマッチに火をつけたとして、あなたはこの部屋の中のどこに立っていても、部屋の形がどうなっていても、また脇道に入っていてもいなくても、それを見ることができるだろうか？　ビリヤード台の上を跳ね返るビリヤードの玉を使って、同じ質問を投げかけることもできる。多角形のビリヤード台の上の任意の2点を通過するショットは存在するだろうか？

　L字形をした部屋に閉じ込められている場合には、光線がさまざまな壁で反射してあなたの目に入ってくるので、どこに立とうと炎を目にすることができる。しかし、不思議な多角形の形をした、光が絶対に届かないような地点が存在するほど複雑な部屋を想像できるだろうか？（この問題については、人やマッチは光を通すものとする。）

　この謎が数学者ヴィクター・クリーによって最初に印刷物の中で提示されたのは1969年のことだったが、その歴史は数学者エルンスト・シュトラウスが同様の問題を考察していた1950年代にまでさかのぼる。そういった完全に照らし出すことのできない部屋はアルバータ大学のジョージ・トカルスキーによって1995年に発見されたが、それまで誰もこの問題の答えを知らなかったというのはショッキングなことだ。彼は26角形の部屋の見取り図を発表した。その後、トカルスキーは24角形の例を発見したが、これが現在知られている中で辺の数が最も少ない多角形の照らし出せない部屋だ。さらに辺の数が少ない多角形の照らし出せない部屋が存在するかどうかは、わかっていない。

　似たような問題は他にも存在する。1958年、数理物理学者のロジャー・ペンローズとその同僚たちが、曲面の壁を持つ特定の部屋に照らし出せない領域が存在し得ることを示した。さらに最近になって、すべての点を照らし出すためには無限に多くのマッチが必要となる曲面の部屋が発見されている。どれほどたくさんマッチを擦っても、マッチの数が有限である限り、照らし出せない曲面の部屋が存在するのだ。

◀ 1995年、数学者ジョージ・トカルスキーが、この照らし出せない26角形の「部屋」を発見した。この部屋には、そこでマッチに火をつけても部屋の中の別の場所には光が届かないような場所が存在する。

参照：射影幾何学（1639年）、美術館定理（1973年）

1970年

ドナルド・クヌースとマスターマインド

**ドナルド・エルビン・クヌース(1938-)、
モルデカイ・マイロヴィッツ**

マスターマインドは、イスラエルの郵便局長で通信専門家のモルデカイ・マイロヴィッツによって1970年に発明された当て物ボードゲームだ。大手のゲーム会社は軒並みマイロヴィッツを門前払いにしたので、彼はインヴィクタ・プラスチックスという小さな英国のゲーム会社からこのゲームを発表した。5000万個以上も売れたこのゲームは、1970年代で最も成功した新ゲームとなった。

このゲームをプレイするには、まず出題者が6種類の色の付いたピンを使って4色のシーケンスを設定する。解答者は、この秘密のシーケンスをなるべく少ない予想回数で当てなくてはならない。予想は、4本の色の付いたピンのシーケンスの形で提示される。出題者は、色と位置の両方が合っているピンの数と、色は合っているが位置が違っているピンの数を答える。例えば、秘密のシーケンスが緑-白-青-赤だったとしよう。予想がオレンジ-黄色-青-白だったとする。すると、出題者は色と位置の両方が合っているピンが1本で、色は合っているが位置が違っているピンが1本あることを解答者に示すが、具体的な色は知らせない。このような予想を積み重ねて、ゲームは続いて行く。6種類の色を4つ並べると仮定すれば、出題者が選択できるシーケンスの数は6^4(1296)になる。

マスターマインドが有名となった理由のひとつは、このゲームが長期にわたる研究を呼び起こしたことにある。1977年、アメリカのコンピュータ科学者ドナルド・クヌースが、5回以内の予想で正しいシーケンスを必ず当てられる戦略を発表した。これはマスターマインドを解くアルゴリズムとして知られ

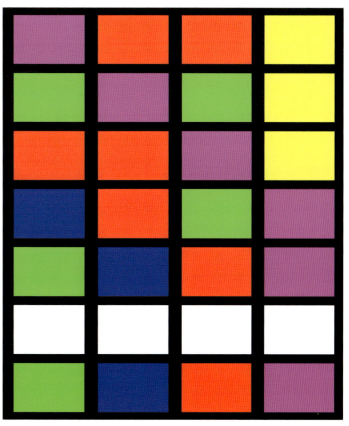

▲マスターマインドの図解。通常は隠されているシーケンスが一番下に緑-青-赤-紫と表示されている。解答者は一番上の列から予想を始め、ヒント(ここでは示されていない)を得ながら5回の予想で解に至っている。

ている最初のものであり、膨大な数の論文がそれに続いた。1993年にはケンジ・コヤマとトニー W.ライが、最悪の場合には最大で6回の予想が必要とされるが、平均予想回数がわずか4.340である戦略を発表した。1996年、ジシェン・チェンとその同僚たちが、先行する研究結果をn種類の色とmポジションの場合に一般化した。またこのゲームには、遺伝的アルゴリズム(進化生物学にヒントを得たテクニック)を利用した研究もいくつか行われている。

参照:三目並べ(紀元前1300年ころ)、囲碁(紀元前548年)、エターニティ・パズル(1999年)、オワリ・ゲームの解決(2002年)、チェッカーの解決(2007年)

1971年

エルデーシュの膨大な共同研究

ポール・エルデーシュ（1913-96）

多くの人は、数学者が個室に引きこもり、ほとんど他人と会話せずに何日も研究に没頭し、新しい定理を生み出したり昔の予想を解決したりしていると思っている。確かにそういう人もいるが、ハンガリー生まれのポール・エルデーシュは「ソーシャルな数学」と協力の価値を数学者たちに示した。彼は亡くなるまでに約1500本の論文を発表し（この数は世界の歴史に残るどんな数学者よりも多い）、511人と共同研究した。彼の研究は確率論、組合せ論、数論、グラフ理論、古典解析、近似法、集合論など、数学の広大なランドスケープに広がっている。

彼は83歳で亡くなる年にも定理を量産し講義を行い続け、数学は若者の仕事だという俗説を否定した。彼はすべての研究で常にアイディアを共有し、誰がその問題を解いたかということよりも問題が解けたことを重視した。著述家のポール・ホフマンは次のように書いている。「エルデーシュは歴史上のどんな数学者よりも多くの問題について考え、そして彼が書いた1500本の論文の詳細を説明することができた。コーヒーの力を借りながら、エルデーシュは1日に19時間も数学をした。もっとゆとりを持つようにと友人たちが説得しても、彼の答えはいつも同じだった。「墓に入ったら、いくらでも休む時間はあるさ！」」1971年以降、彼はうつ状態を逃れ、数学的なアイディアと共同研究を育むために、ほとんど毎日アンフェタミンを常用していた。エルデーシュは常に旅をしながらかばんひとつで生活し、完全に数学に集中していたため社交やセックス、食事にはまるで無頓着だった。

エルデーシュは弱冠18歳で数学に足跡を残している。1よりも大きなすべての整数nについて、nと$2n$の間には常に素数が存在するという定理のエレガントな証明を発見したのだ。例えば、素数3は2と4の間にある。その後エルデーシュは、素数の分布を記述する**素数定理**の初等的な証明を与えた。

▶ポール・エルデーシュは、コーヒー、カフェインの錠剤、そして中枢神経刺激剤ベンゼドリンを常用することで超人的な研究スケジュールを保ち、「数学者とはコーヒーを定理に変えるマシンである」と信じていた。彼は1日に19時間、週に7日働くこともよくあった。

参照：セミと素数（紀元前100万年ころ）、エラトステネスのふるい（紀元前240年ころ）、ゴールドバッハ予想（1742年）、ガウスの『数論考究』（1801年）、リーマン予想（1859年）、素数定理の証明（1896年）、ブルン定数（1919年）、ギルブレスの予想（1958年）、ウラムのらせん（1963年）

1972年

最初の関数電卓 HP-35

ウィリアム・レディントン・ヒューレット（1913-2001）と仲間たち

1972年、カリフォルニア州パロアルトに本社を置くヒューレット・パッカード（HP）社が、世界初の関数電卓（三角関数や指数関数が計算できる手のひらサイズの計算機）を発売した。このHP-35計算機は、科学的記数法で10^{-100}から10^{+100}という広範囲の数値を扱うことができた。HP-35が発売された際の小売価格は、395米ドルだった。（HPがこのデバイスに「35」という名前を付けたのは、キーが35個あったからだ。）

HPの共同創業者であるビル・ヒューレットは、電卓にはほとんど市場が存在しないという市場調査の結果が出たにもかかわらず、コンパクトな計算機の開発を始めた。この市場調査は大間違いだった！　最初の数か月で、発注数は会社の予想した市場規模を超えた。最初の年には10万台のHP-35が売れ、1975年の販売終了までに30万台以上が売れたのだ。

HP-35が発売された当時、ハイエンドの科学計算には計算尺が使われていた。その時点で存在した電卓は、加減乗除を行うものだった。HP-35がすべてを変えた。計算尺（有効数字は通常、たった3桁しかない）は「死に絶え」、その後米国の学校で教えられることはめったになくなった。昔日の偉大な数学者たちがHP-35を使えたとしたら（無限にバッテリーが供給されたとして）、何を成し遂げてくれたことだろうか。

現在の関数電卓は安価となり、大部分の国で教えられている数学のカリキュラムを大きく変えることになった。もはや紙と鉛筆で超越関数の値を計算する方法を教えることはない。将来、おそらく教師たちは退屈な計算の代わりに、さらに多くの時間をかけて数学の応用や概念を教えることになるだろう。

▲ HP-35計算機は、三角関数や指数関数が計算できる世界初の関数電卓だった。ビル・ヒューレットは、電卓にはほとんど市場が存在しないという誤った市場調査の結果が出たにもかかわらず、コンパクトな計算機の開発を始めた。

著述家のボブ・ルイスは次のように書いている。「ビル・ヒューレットとデイヴ・パッカードは、ヒューレットのガレージでシリコンバレーを作り出した。コイントスで、会社の名前はパッカード・ヒューレットではなくヒューレット・パッカードになった……。有名人になることにヒューレットが興味を示したことはなかった。彼は人生を通じて、心の底から、技術者であり続けたのだ。」

参照：そろばん（1200年ころ）、計算尺（1621年）、バベッジの機械式計算機（1822年）、微分解析機（1927年）、ENIAC（1946年）、クルタ計算機（1948年）、Mathematica（1988年）

1973年

ペンローズ・タイル

ロジャー・ペンローズ（1931–）

ペンローズ・タイルは2種類のシンプルな幾何学的図形で、適切に並べることによって隙間も重なりもなく、しかも周期的な繰り返しもないように平面を覆いつくすことができる。対照的に、バスルームの床で見かけるシンプルな六角形のタイルのパターンでは、シンプルな繰り返しパターンが現れる。興味深いことに、ペンローズのタイリング（英国の数理物理学者ロジャー・ペンローズにちなんで名づけられた）には、五芒星に見られる対称性と同様の五回対称性がある。タイルのパターン全体を72度回転すると、元と同じように見えるのだ。著述家のマーティン・ガードナーは次のように書いている。「高次の対称性を持つペンローズのパターンを作り出すことは可能ではあるが、大部分のパターンは、宇宙と同様に、秩序と秩序からの予期せぬ逸脱が不可思議に混じりあったものだ。パターンが拡大して行くにつれて、同じパターンを繰り返そうとしているように見えるが、それを制御することは全くできない。」

ペンローズの発見以前、大部分の科学者は五回対称性に基づいた結晶を作り出すことは不可能だろうと信じていたが、その後発見された準結晶はペンローズ・タイルのパターンに類似しており、驚くべき特性を示す。例えば、金属の準結晶は熱伝導率が低く、また滑りの良いくっつき防止加工の皮膜に使われている準結晶もある。

1980年代初頭、科学者たちは非周期的な格子（つまり、周期的な繰り返しを持たない格子）に基づいた原子構造を持つ結晶の可能性について考察していた。1982年、ダン・シェヒトマンがペンローズのタイリングを思わせる明らかな五回対称性を持つ非周期的構造を、アルミニウム–マンガン合金の電子顕微鏡写真の中に発見した。当時、この発見は非常に画期的なものであり、五角形の雪片の発見と同じくらいショッキングだと言われたものだ。

興味深い余談として、1997年にペンローズは英国でトイレットペーパーにペンローズのタイリングをエンボス加工したとされる会社を相手取って、著作権侵害訴訟を起こした。2007年には研究者たちが「サイエンス」誌に、西洋世界でペンローズ・タイルが発見される5世紀前、類似したタイリングが中世のイスラム美術に使われていたという証拠を発表した。

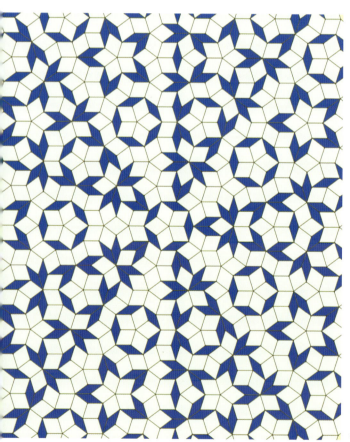

◀2種類の幾何学的図形によるペンローズのタイリングは、隙間も重なりもなく、しかも周期的な繰り返しもないように平面を覆いつくすことができる。（この描画はヨス・レイスによる。）

参照：壁紙群（1891年）、トゥーエ–モース数列（1906年）、長方形の正方分割（1925年）、フォーデルベルクのタイリング（1936年）、外接ビリヤード（1959年）

1973年

美術館定理

ヴァシェク・フバータル(1946-)、ヴィクター・クリー(1925-2007)

貴重な絵が展示されている美術館の、多角形の部屋の中にいると考えてほしい。この部屋のどこかの角（頂点）に監視員を配置する場合、多角形の内部全体が同時に見通せるために必要な監視員の数は何人だろうか？ 監視員はすべての方向を同時に見ることができるが、壁を透視することはできないものとする。また、絵を見る人の視線を妨げないように、監視員は部屋の角に配置される。この問題は、まず多角形の部屋を描き、いくつかの頂点に監視員を配置して、見通せる範囲を塗りつぶすことによって考察することができる。

チェコスロバキア生まれの数学者でコンピュータ科学者のヴァシェク・フバータルにちなんで名づけられたフバータルの美術館定理は、n個の角のある美術館全体を監視するには、たかだか$\lfloor n/3 \rfloor$人の監視員を角に配置する必要がある、というものだ。ここで$\lfloor \; \rfloor$という記号は数学のフロア関数であり、$n/3$以下の最大の整数を返す。また多角形は「単純」であると仮定する。これは美術館の壁は互いに交差することなく、端点だけで接しているという意味だ。

1973年、必要とされる監視員の数に関する問題を数学者ヴィクター・クリーがフバータルに投げかけ、その後しばらくしてフバータルはそれを証明した。興味深いことに、すべて直角の角でできている多角形の

美術館を監視するには、$\lfloor n/4 \rfloor$人の監視員だけで十分だ。つまり、そのような10個の角のある部屋に必要な監視員の数は、3人ではなく2人になる。

その後研究者たちは、一定の場所にとどまるのではなく直線に沿って動ける監視員を使った美術館問題について考えるようになった。この問題はまた、3次元や穴のある壁についても考察されている。ノーマン・ドゥは、次のように書いている。「ヴィクター・クリーが最初に美術館問題を提示したとき、そこから多数の研究が生まれ、30年以上たっても続くことになるとは思っていなかっただろう。この分野は［現在］、まさしく興味深い問題であふれかえっている……。」

▲大きな丸で示した場所に3人の監視員を配置すれば、この11角形の部屋の内部を同時に監視できる。
▶奇妙な壁の配置、移動できる監視員、そして高次元などの美術館定理から、多数の幾何学的研究が生まれている。

参照：射影幾何学(1639年)、トカルスキーの照らし出せない部屋(1969年)

1974年

ルービック・キューブ

エルノー・ルービック（1944-）

ルービック・キューブはハンガリーの発明家エルノー・ルービックによって1974年に発明され、1975年に特許化され、そして1977年にハンガリー市場で発売された。1982年までにハンガリー国内では1000万個ものルービック・キューブが売れたが、この数はハンガリーの人口よりも多い。世界中では1億個以上が販売されたと推定されている。

このキューブは小さなキューブを3×3×3の配置に積み重ねた形をしており、大きなキューブの6つの面は6種類の色で塗り分けられている。外側にある26個の小さいキューブは、6つの面が回転できるように内部で接続されている。このパズルの目的は、色がバラバラになったキューブを、各面が同じ色の状態に戻すことだ。小さなキューブの並べ替え方は

$$4325\ 2003\ 2744\ 8985\ 6000$$

通り存在し、このうち1つだけが元の配置、つまり6つの面すべての色がそろっている状態だ。これらの「合法的な」配置のキューブを1つずつすべて並べたとすると、地球の表面全体（海の上も含む）を約250回覆いつくすことができる。すべての配置のキューブを一列に並べたとすれば、その長さは約250光年になるだろう。色の付いたステッカーをはがして別の小さなキューブの面に貼り付けることを許せば、3×3×3のルービック・キューブの組合せの数は1.0109×10^{38}通りになる。

このパズルを任意の初期配置から解くために必要な最小の手数は、まだわかっていない（訳注：2010年に20手であることが証明された）。2008年、ルービック・キューブのすべての配置が22回以下の面の回転で解けることをトマス・ロキッキが証明した。

自然なバリエーションだがおもちゃ屋の店頭に並ぶことは絶対にないバージョンのひとつに、4次元のルービック・キューブ、つまりルービック四次元立方体がある。ルービック四次元立方体の配置の総数は1.76×10^{120}だ。宇宙の誕生以来、1秒ごとに違う配置を取るキューブや四次元立方体があったとすれば、それは今でもすべての場合を尽くすことなく、配置を変え続けているはずだ。

▲ 2008年、光センサーを使ってキューブの色を検知し、ルービック・キューブを解くことができるプラスチック製のロボットをハンス・アンダーソンが作り上げた。このロボットはPCとの接続なしで計算を行い、キューブを操作することができる。

◀ ルービック・キューブの形をした、ザカリー・ベイズリーの手作りスピーカーキャビネット。このダイレクト・サーボのサブウーファーは、150ポンド（68キログラム）の重さがある。このスピーカーの音は「コンクリートをも貫通し、自力でルービック・キューブを解けるほど強力だ！」とベイズリーは言っている。

参照：群論（1832年）、15パズル（1874年）、ハノイの塔（1883年）、四次元立方体（1888年）、インスタント・インサニティ（1966年）

1974年

チャイティンのオメガ

**グレゴリー・ジョン・チャイティン
（1947-）**

コンピュータプログラムは、例えば1000個目の素数を計算するとか、πの100桁目までを計算するとか、与えられたタスクを終えたときに「停止する」という。一方、例えばすべてのフィボナッチ数を計算するといった終わらないタスクの場合には、プログラムは永遠に実行を続ける。

チューリングマシンへのプログラムとしてランダムなビット列を与えると、何が起こるだろうか？（チューリングマシンは、コンピュータのロジックをシミュレーションできる抽象的な記号操作デバイスだ。）このプログラムがスタートしたとき、マシンが停止する確率はどのくらいだろうか？ その答えが、チャイティンのΩ（オメガ）だ。この数はマシンによって異なるが、ある特定のマシンについてはΩは明確に定義された無理数であり、0と1の間の値を取る。完全にランダムなプログラムはコンピュータに不可能な指示を与える場合が多いため、大部分のコンピュータでΩは1に近い値となる。アルゼンチン生まれのアメリカの数学者グレゴリー・チャイティンは、Ωの数字列にはパターンがないこと、Ωは定義可能だが完全に計算不可能であること、そして無限に多くの桁からなることを示した。Ωの性質は数学的に大きな意味があり、われわれが知り得ることには根本的に限界があることを教えてくれる。

量子情報学者のチャールズ・ベネットは、次のように書いている。「Ωの最も注目すべき特長は……もしもΩの最初の数千桁が計算できたならば、少なくとも原理的には、数学の多くのおもしろい未解決問題を決定することができるという点にある。」(『円周率と詩』一松信訳、丸善) Ωの性質は、解決可能な問

▲Ωの性質には数学的に大きな意味があり、われわれが知り得るものには根本的に限界があることを教えてくれる。Ωは無限に多くの桁からなり、その性質は、解決可能な問題が「決定不可能性の広大な大洋の中に浮かぶ、小さな群島に過ぎない」ことを示している。

題が「決定不可能性の広大な大洋の中に浮かぶ、小さな群島に過ぎない」ことを示しているのだとデヴィッド・ダーリングはいう。マーカス・チャウンによれば、Ωは「数学……が穴だらけであることを明らかにしている。無秩序……こそが宇宙の根本なのだ。」

「タイム」誌は次のように説明している。「この概念はさらに……数学のどんな体系にも常に証明不可能な命題が存在するというゲーデルの不完全性定理、そして特定の計算をコンピュータが完了できるかどうかを……予測することは不可能だというチューリングの停止問題へと広がって行く。」

参照：ゲーデルの定理（1931年）、チューリングマシン（1936年）

1974年

超現実数

ジョン・ホートン・コンウェイ（1937-）

　超現実数は実数の上位集合であり、多才な数学者ジョン・コンウェイによってゲームの分析のために発明されたものだが、その名前はドナルド・クヌースが1974年に書いた中編小説『超現実数』の中で作り出された。これは、重要な数学的発見がフィクションの作品として最初に発表されたという、珍しい例のひとつだ。超現実数には、数多くの奇妙な性質がある。前提として、実数には1/2のような有理数とπのような無理数の両方が含まれ、それらは無限に長い数直線上の点として示せることを知っておこう。

　超現実数には、実数以外に多くのものが含まれる。

マーティン・ガードナーは『ペンローズ・タイルと数学パズル』の中で、こう書いている。「超現実数は驚くべき手品の離れ業だ。標準集合論のいくつかの公理でできたテーブルに、空っぽの帽子が載っている。コンウェイが空中に2つのシンプルな規則を描くと、何もないところから無限に豊富な、本物の閉じた体を成す数の織物が引き出されるのだ。すべての実数は、他のどんな「実の」値よりも近くに存在する大量の新しい数に取り巻かれている。この体系は、まさに「超現実」的だ。」

　超現実数は集合のペア $\{X_L, X_R\}$ であり、添え字はペアの中で集合が（右と左の）どちらに位置するかを示す。超現実数の魅力は、非常に小さくシンプルな基礎の上に組み立てられているところにある。実際、コンウェイとクヌースによれば、超現実数には次の2つのルールがある。1)すべての数はそれ以前に作られた数の集合2つに対応し、左集合のどの要素も右集合のどの要素よりも大きくもなければ等しくもない。2)第1の数の左集合のどの要素も第2の数より大きくもなければ等しくもなく、また第2の数の右集合のどの要素も第1の数より小さくもなければ等しくもないとき、またそのときに限って、第1の数は第2の数よりも小さいか等しい。

　超現実数には無限大と無限小も含まれる。無限小とは、どんな実数よりも小さな数のことだ。

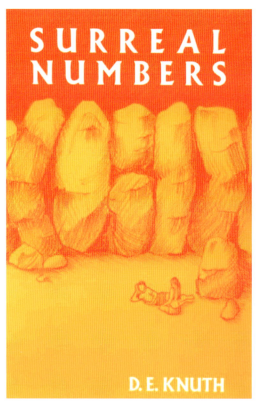

▲ 2005年6月にカナダのアルバータ州にあるバンフ国際研究ステーションで開催された組合せゲーム理論の国際会議に出席したジョン H. コンウェイ。

◀ ドナルド・クヌース著『超現実数』（英語版）の表紙。これは、重要な数学的発見がフィクションの作品として最初に発表されたという、珍しい例のひとつだ。超現実数には無限大と無限小も含まれる。無限小とは、どんな実数よりも小さな数のことだ。

参照：ゼノンのパラドックス（紀元前445年ころ）、微積分の発見（1665年ころ）、超越数（1844年）、カントールの超限数（1874年）

1974年

ペルコの結び目

ケネス A. ペルコ（1941-2002）、ヴォルフガング・ハーケン（1928-）

　何世紀にもわたって、数学者たちは結び目を区別する方法を探求し続けている。その1つの例として、ここに示す2つの形状は75年以上の間、異なる種類の結び目を表すものと考えられてきたものだ。1974年になって数学者たちは、一方の結び目の見方を変えるだけで両方の結び目が同一となることを発見した。現在これらの結び目は、ニューヨークの弁護士でパートタイムのトポロジー研究者であるケネス・ペルコにちなみ、**ペルコの結び目**と呼ばれている。彼は、居間の床の上で輪になったロープをいじっていて、これらが実際には同一の結び目であることに気づいたのだ！

　2つの結び目は、その一方を切断することなく操作して、他方と全く同じ見かけ（上下の交点の場所に関して）にできる場合、同一とみなされる。結び目は、その交点の配置と数、そしてその鏡像に関する特定の性質などによって分類される。もっと厳密に言えば、結び目はさまざまな不変量によって分類され、その不変量のひとつが結び目の対称性であり、もうひとつが交点数であり、そして鏡像の性質は分類の中で間接的な役割を演じる。絡み合った曲線が結び目であるかどうか、あるいは2つの結び目が与えられたときそれが絡み合っているかどうかを判定する一般的で実用的なアルゴリズムは存在しない。平面へ（交点の上下がはっきりわかるように）射影された結び目を見るだけでは、その輪が自明な結び目であるかどうかを簡単に判断できないことは明らかだ。（自明な結び目とは、単純な円と同様に閉じた輪で交点を持たないものと等価なものをいう。）

　1961年、数学者のヴォルフガング・ハーケンが、（交点の上下を保存した）平面への結び目の射影が実際には自明な結び目なのかどうかを判定するアルゴリズムを考え出した。しかし、手順が複雑すぎるため、まだ実装されたことはない。専門誌「アクタ・マセマティカ」に掲載された、そのアルゴリズムを記述した論文は130ページもある。

▶ここに示す2つの形状は75年以上の間、異なる種類の結び目を表すものと考えられてきた。1974年になって数学者たちは、これらの結び目が実際には同一であることを発見した。（この図の描画はヨス・レイスによる。）

参照：結び目（紀元前10万年ころ）、ジョーンズ多項式（1984年）、マーフィーの法則と結び目（1988年）

1975年

フラクタル

ブノワ・マンデルブロー（1924-2010）

現在、コンピュータで生成されたフラクタルなパターンはいたるところで見かける。コンピュータアートのポスターのくねくねしたデザインから最先端の物理学専門誌のイラストレーションまで、科学者や、ちょっと驚いたことにアーティストやデザイナーの間でも、フラクタルへの関心は高まる一方だ。数学者のブノワ・マンデルブローが見た目にも複雑な曲線群を記述するために**フラクタル**という言葉を作り出したのは1975年のことだが、その多くは大量の計算を高速に実行できるコンピュータが登場するまで目にすることはできなかった。フラクタルは自己相似性を示すことが多い。つまり、オリジナルの物体の中にその物体のさまざまなコピー（正確なものもあれば不正確なものもある）が、より小さなサイズで見つかるのだ。どれほど拡大しても、ディテールは現れ続ける。まるで無限に入れ子になったマトリョーシカ人形のようだ。これらの形状の中には抽象的な幾何学の世界にしか存在しないものもあるが、海岸線や血管の分岐など複雑な自然物のモデルとして使われるものもある。コンピュータによって生成された目のくらむようなイメージには陶酔効果があり、20世紀のどんな数学的発見よりも数学への興味をかき立ててくれる。

物理学者がフラクタルに興味を持つのは、惑星の運動、流体の流れ、薬の拡散、産業間関係のふるまい、航空機の翼の振動など、現実世界の現象のカオス的なふるまいを記述できることがあるからだ。（カオス的なふるまいは、フラクタルなパターンを作り出すことが多い。）伝統的に、物理学者や数学者は複雑な結果を見ると、複雑な原因があると考えることが多かった。これとは対照的に、フラクタルな形状は非常にシンプルな数式からとてつもなく複雑なふるまいが生まれることを教えてくれることが多い。

フラクタルの初期の探究者の中には、1872年にいたるところで連続だがいたるところで微分不可能な関数を考察したカール・ワイエルシュトラース、そして1904年にコッホ雪片などの幾何的図形について論じたヘルゲ・フォン・コッホなどがいる。19世紀から20世紀初頭にかけて、何人かの数学者が複素平面におけるフラクタルを探究していたが、コンピュータの助けを借りられなかった彼らには、これらの対象物を完全に理解したり視覚化したりすることはできなかった。

▶ヨス・レイスによるフラクタル構造。フラクタルは自己相似性を示すことが多い。つまり、異なるスケールでさまざまな構造的テーマが繰り返されるのだ。

参照：デカルトの『幾何学』(1637年)、パスカルの三角形(1654年)、ワイエルシュトラース関数(1872年)、ペアノ曲線(1890年)、コッホ雪片(1904年)、トゥーエ-モース数列(1906年)、ハウスドルフ次元(1918年)、アントワーヌのネックレス(1920年)、アレクサンダーの角付き球面(1924年)、メンガーのスポンジ(1926年)、海岸線のパラドックス(1950年ころ)、カオスとバタフライ効果(1963年)、マンデルブロー集合(1980年)

1975年

ファイゲンバウム定数

ミッチェル・ジェイ・ファイゲンバウム
(1944-)

シンプルな数式が、驚くほど多様でカオス的なふるまいを作り出し、動物個体数の増減やある種の電子回路のふるまいなどの現象を表現できることがある。特に興味深い数式のひとつがロジスティック写像であり、1976年の生物学者ロバート・メイによる個体数増加のモデル化に利用されて有名になった。これは人口変動のモデルを研究していたベルギーの数学者ピエール=フランソワ・フェルフルスト (1804-49) の先行研究を踏まえたものだった。この数式は $x_{n+1}=rx_n(1-x_n)$ と書き表すことができる。ここで x は時刻 n における人口を表す。変数 x は生態系の最大人口規模に対する比率として定義されるため、0と1の間の値を取る。r は繁殖率と餓死の速度をコントロールし、この値によって人口はさまざまなふるまいを示す。例えば r が増加するに従って、人口は一定の値への収束から2つの値の間を振動するように分岐し、さらに4つの値、8つの値の間を振動するようになり、最後にはカオス的となり、初期人口のわずかな変化が非常に異なる予測不可能な結果を生み出すようになる。

2つの連続する分岐区間の距離の比率は、ファイゲンバウム定数 4.6692016091… に近づいていく。これは、アメリカの数理物理学者ミッチェル・ファイゲンバウムによって1975年に発見された数だ。興味深いことに、ファイゲンバウムはこの定数をロジスティック写像に類似の写像に関する定数であると考えていたが、この数がこの種のすべての1次元写像に当てはまることも示した。つまり、大多数のカオス系は同一の比率で分岐するため、この定数を使って系がいつカオス的挙動を示すようになるのか予測できるのだ。この種の分岐のふるまいは、カオス

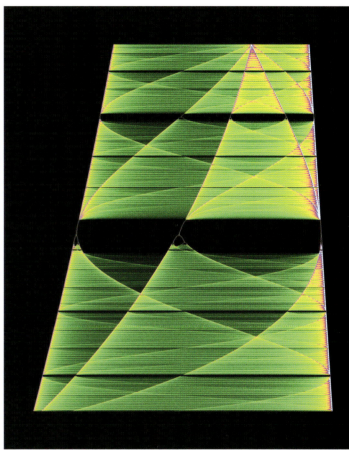

▲スティーブン・ホイットニーによる分岐図（右回りに90度回転させてある）。この図は、パラメーター r の変化によってシンプルな数式が驚くほどさまざまなふるまいを示すことを明らかにしている。「ピッチフォーク」分岐は、カオスの中の小さく細い、明るく描かれた分岐する曲線として見えている。

領域に入る前の多くの物理系に発見されている。

ファイゲンバウムはすぐにこの「普遍定数」が重要であることに気付き、次のようにコメントしている。「私はその夜両親に電話して、本当に驚くべきことを発見したと伝えた。私はそれを理解すれば、有名になれるだろう、と。」

参照：カオスとバタフライ効果 (1963年)、カタストロフィー理論 (1968年)、池田アトラクター (1979年)

1977年

公開鍵暗号

ロナルド・リン・リヴェスト(1947-)、アディ・シャミア(1952-)、レオナルド・マックス・エーデルマン(1945-)、ベイリー・ホイットフィールド・ディフィー(1944-)、マーティン・エドワード・ヘルマン(1945-)、ラルフ C. マークル(1952-)

歴史を通して暗号技術者たちは、厄介な暗号表を使わずに秘密のメッセージを送る方法を発明しようとしてきた。暗号化と復号化の鍵が書かれた暗号表は、簡単に敵の手に落ちる可能性があったからだ。例えばドイツは1914年から1918年の間に4冊の暗号表を紛失し、それらは英国の情報機関によって回収された。「ルーム・フォーティ」として知られる英国の暗号解読班はドイツ軍の通信を解読し、第一次世界大戦の連合国に重要な戦略的優位をもたらした。

鍵管理問題を解決しようと、カリフォルニアにあるスタンフォード大学のホイットフィールド・ディフィー、マーティン・ヘルマン、ラルフ・マークルは1976年、公開鍵暗号に取り組んでいた。これは公開鍵とプライベート鍵という暗号鍵のペアを使うことによって、暗号化したメッセージを配付する数学的な手法だ。プライベート鍵は秘匿されるが、その一方で注目すべきことに、公開鍵はセキュリティを一切損なうことなく広範囲に配ることができる。これらの鍵は数学的に関連付けられているが、実質的にどんな手段によっても公開鍵からプライベート鍵を求めることはできない。公開鍵で暗号化されたメッセージは、対応するプライベート鍵によってのみ復号化できる。

もっとよく公開鍵暗号を理解したければ、家の玄関にある郵便受けを考えてみてほしい。通りにいる人なら誰でも、何かを郵便受けに入れることができる。公開鍵は家の住所のようなものだ。しかし、家の鍵を持っている人でなければ郵便物を取り出して読むことはできない。

1977年、ロナルド・リヴェスト、アディ・シャミア、レオナルド・エーデルマンという3人のMITの科学者が、大きな素数を使ってメッセージが保護できることを示した。2つの大きな素数の積を求めることはコンピュータを使えば簡単だが、その積から元の2つの素数を求めるという逆のプロセスは非常に困難だ。それよりも前に、英国の情報機関のために公開鍵暗号を開発していたコンピュータ科学者たちがいたことも注記しておくべきだろう。しかしこの研究は、国の安全保障という理由から秘密にされていた。

◀近代的な暗号技術の登場前にメッセージの暗号化や復号化に使われた、エニグマ・マシン。ナチスドイツの使っていたエニグマ暗号には、暗号表が手に入ればメッセージが解読できてしまうといった、いくつかの弱点があった。

参照：セミと素数(紀元前100万年ころ)、エラトステネスのふるい(紀元前240年ころ)、『ポリグラフィア』(1518年)、ゴールドバッハ予想(1742年)、ガウスの『数論考究』(1801年)、素数定理の証明(1896年)

1977年

シラッシ多面体

ラジョス・シラッシ (1942-)

多面体は、平らな面と直線の辺を持つ3次元立体だ。おなじみの例としては立方体や正四面体が挙げられる。正四面体は、正三角形の形をした4つの面を持つピラミッドだ。正多面体は、すべての面が同じ大きさと形になっている。

シラッシ多面体は、ハンガリーの数学者ラジョス・シラッシによって1977年に発見された。この多面体は7つの六角形の面、14個の頂点、21本の辺、そして1つの穴のある七面体だ。シラッシ多面体の表面を滑らかにして角に丸みを付ければ、トポロジー的な観点からはシラッシ多面体がドーナツ（数学用語ではトーラスと呼ばれる）と等価であることが理解できるだろう。この多面体は180度対称の軸を持つ。面の3つのペアはそれぞれ合同、つまり同じ形と大きさをしている。残りのペアを持たない面は、対称的な六角形だ。

注目すべきことに、正四面体とシラッシ多面体という2種類の多面体だけが、すべての面どうしが辺を共有し合うという性質を持つことが知られている。ガードナーは「シラッシのコンピュータープログラムがこの構造を発見するまでは、そういうものが存在しうるかどうかも、わかっていなかった」（『超能力と確率』一松信訳、丸善）と書いている。

またシラッシ多面体は、地図の彩色問題にも洞察を与えてくれる。通常の地図は、少なくとも4色あれば隣接する領域が同じ色にならないように塗り分けられる。トーラスの表面に描かれた地図の場合、その数は7となる。つまり、シラッシ多面体の各面はすべて別の色でないと、隣接する2つの面が同じ色にならないように塗り分けられないのだ。ちなみに正四面体は、球面とトポロジー的に同じ表面に描かれた地図の場合には4色が必要であることを実証

▲ハンス・シェブカーによって作られたこのランプは、シラッシ多面体をベースとした形をしている。

している。この2つの多面体の性質は、以下のようにまとめることができる。

	面	頂点	辺	穴
正四面体	4	4	6	0
シラッシ多面体	7	14	21	1

参照：プラトンの立体（紀元前350年ころ）、アルキメデスの半正多面体（紀元前240年ころ）、オイラーの多面体公式（1751年）、四色定理（1852年）、イコシアン・ゲーム（1857年）、ピックの定理（1899年）、ジオデシック・ドーム（1922年）、チャーサール多面体（1949年）、スパイドロン（1979年）、ホリヘドロンの解決（1999年）

1979年

池田アトラクター

池田研介（1949-）

力学系には、目を見張るようなイメージが満ちあふれている。力学系とは、時間とともに変化する量を記述するルールから構成されるモデルのことだ。例えば、太陽の周りを公転する惑星の動きは、ニュートンの法則に従って惑星が運動する力学系としてモデル化できる。ここに示した図は、**微分方程式**と呼ばれる数式のふるまいを表現している。微分方程式のふるまいを理解するには、最初に変数へ値を取り込み、その後しばらくたってから新しい値を出力するマシンを想像してみてほしい。ジェット機が残した飛行機雲からその航跡をたどれるように、コンピュータグラフィックスを利用すれば、シンプルな微分方程式によって運動が記述される粒子の軌跡をたどることができる。実用的には力学系は、液体の流れ、橋梁の振動、衛星の軌道運動、ロボットアームの制御、電子回路の応答など、現実世界のふるまいを記述するために使われることがある。そこから得られるグラフィックなパターンは、煙や渦、ろうそくの炎、あるいは風に吹き散らされる霧などに似たものが多い。

ここで取り上げた池田アトラクターは、不規則で予測不可能なふるまいを見せるストレンジアトラクターの一例だ。アトラクターとは、ある程度の時間が経過した後に力学系がそこへ向かって収束する、あるいは発展してゆく集合だ。「たちの良い」アトラクターの場合、初期状態で接近していた点は、アトラクターに迫ってもまとまりを保つ。ストレンジアトラクターの場合、初期状態で隣接していた点が、最終的には大きく異なる軌道をたどることになる。つむじ風の中の木の葉のように、それらがどこへ行

▲力学系とは、時間とともに変化する量を記述するルールから構成されるモデルのことだ。ここで取り上げた池田アトラクターは、不規則で予測不可能なふるまいを見せるストレンジアトラクターの一例だ。

くのかを初期位置から予測することは不可能なのだ。

1979年、日本の理論物理学者である池田研介が、このアトラクターの変動を記述する論文を発表した。それ以外にもローレンツアトラクター、ロジスティック写像、アーノルドの猫写像、ホースシュー写像、エノン写像、レスラー写像など、有名なアトラクターやそれに関連する数学的写像が数学文献には数多く記載されている。

参照：ハーモノグラフ（1857年）、微分解析機（1927年）、カオスとバタフライ効果（1963年）、ファイゲンバウム定数（1975年）

1979年

スパイドロン

ダニエル・エルディ（1956-）

ジャーナリストのアイヴァース・ピーターソンはスパイドロンについてこう書いている。「一群の三角形がくしゃくしゃにねじれて、波打つ結晶化した海に変化する。水晶玉からの芽生えがらせんを描きながら、迷路のような軌跡をたどる。切り出されたレンガがぴったりと積み重なって、整然としたコンパクトな構造をとる。これらの対象物の根底にあるのは、三角形の連なりから作り出された驚くべき幾何学的図形だ。タツノオトシゴの尾にも似た、らせんを描く多角形だ。」

1979年、グラフィックアーティストのダニエル・エルディがブダペスト工業芸術大学在学中、エルノー・ルービックの形態論クラスの宿題として、スパイドロンの一例を作り出した。エルディは1975年から、この作品の初期バージョンを試作していた。

スパイドロンを作るには、まず正三角形を描き、その3つの頂点から中心に向かって3本の直線を引いて、3つの合同な二等辺三角形を作る。次に、1つの二等辺三角形の鏡像を、最初の三角形から突き出すように描く。この突き出した二等辺三角形の2辺のうち1つを使って、新しい小さな正三角形を描く。この作業を繰り返して行くと、次第に小さくなる三角形のらせん構造ができて行く。最後に、元の正三角形を消し、2つの三角形構造を、最も大きな二等辺三角形の底辺で貼り合わせると、タツノオトシゴの形ができる。

スパイドロンの真価はその注目すべき空間特性にあり、さまざまな空間充填多面体やタイリングパターンを作り出すことができる。タツノオトシゴの尾の中へアリのように這いこんで行ったとすれば、どの正三角形の面積もそれより小さなすべての三角形の面積の和と等しいことがわかるだろう。小さくなって行く三角形の無限の集まりは、すべて重なることなくそのような正三角形の中に詰め込むことができる。適切な方法で縮らせれば、スパイドロンから壮麗な3次元彫刻を無限に生みだすことができる。スパイドロンの実用例としては、防音タイルや機械のショックアブソーバーなどが挙げられる。

▲スパイドロン。2つの先端へ向かって次第に小さくなって行く三角形のらせん構造。

▶この彫刻（ダニエル・エルディの厚意による）のように、さまざまなタイリングパターンや空間充填多面体をスパイドロンから作り出すことができる。

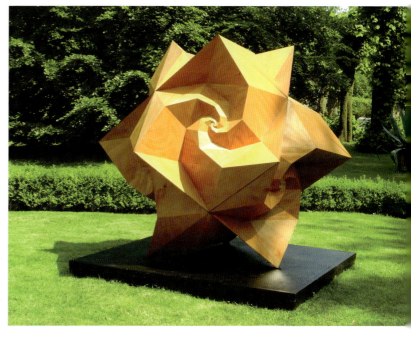

参照：プラトンの立体（紀元前350年ころ）、アルキメデスの半正多面体（紀元前240年ころ）、アルキメデスのらせん（紀元前225年）、対数らせん（1638年）、フォーデルベルクのタイリング（1936年）

1980年

マンデルブロー集合

ブノワ B. マンデルブロー（1924-2010）

デヴィッド・ダーリングは、マンデルブロー集合（略して M 集合とも呼ばれる）が「最もよく知られたフラクタルであり、そして最も……美しい既知の数学的対象物のひとつ」であると書いている。『ギネスブック』では、「最も複雑な数学の対象物」と呼ばれた。アーサー C. クラークは、洞察を得るためにコンピュータが役立つことを強調し、次のように書いている。「原理的には、[マンデルブロー集合は] 人類が数をかぞえることを学んだ直後に発見されてもよかったはずだ。しかし、たとえ疲れを知らなかったとしても、また間違いをひとつも犯さなかったとしても、これまでに存在した人間を全員集めたとしても、非常に控えめな大きさのマンデルブロー集合でさえ作り出すために必要な初等的な計算を十分に行うことはできなかっただろう。」

マンデルブロー集合はフラクタルであり、それをいくら拡大しても類似した構造的特徴を示し続ける対象物だ。美しい M 集合の画像は、数学的なフィードバックループによって作られていると考えてほしい。実際、この集合は複素数 z および c と $z_0=0$ に $z_{n+1}=z_n^2+c$ という非常にシンプルな数式を繰り返し適用することによって作られる。この集合には、この数式が無限大へ発散しない点がすべて含まれる。ロバート・ブルックスとピーター・マテルスキーが M 集合の最初の概略図を描いたのは 1978 年だった。その後 1980 年に発表されたマンデルブローの画期的な論文には、そのフラクタルな性質とそれに含まれるさまざまな幾何的・代数的情報が示されていた。

M 集合には非常に細いらせんと波打つ経路が含まれ、これらが無限の数の島状の図形を接続している。M 集合をコンピュータで拡大すると、それまで肉眼では見えなかったイメージが容易に得られる。M 集合の途方もない広がりについて、著述家のティム・ウェグナーとマーク・ピーターソンは次のようにコメントしている。「お金を払えば星にあなたの名前を付けて本に記録してくれる会社の話を聞いたことがあるだろう。もうすぐマンデルブロー集合についても、同じことが起きるかもしれない！」

◀マンデルブロー集合はフラクタルであり、それをいくら拡大しても類似した構造的特徴を示し続ける。M 集合をコンピュータで拡大すると、それまで肉眼では見えなかったイメージが容易に得られる。（この描画はヨス・レイスによる。）

参照：虚数（1572 年）、フラクタル（1975 年）

1981年

モンスター群

ロバート L. グリース・ジュニア (1945-)

1981年、アメリカの数学者ロバート・グリースがモンスターを作り出した。モンスターとは、**群論**の分野で散在型単純群と呼ばれる特別なファミリーの中で最も大きく、最もミステリアスなもののひとつだ。モンスターを理解するための取り組みは、数学者たちが対称性の基本的なビルディングブロックを理解するために役立ってきた。また、そのようなビルディングブロックとその例外的なサブファミリーは、数学と数理物理学の対称性に関する深遠な問題を解くために利用できる。モンスター群は、196884次元の空間に存在し、10^{53}を超える対称性を持つ、気の遠くなるような雪の結晶だと考えてほしい!

グリースは、彼がモンスター群の構築に「とりつかれた」のは1979年、彼が結婚した年のことであり、また彼が感謝祭とクリスマスの日しか休まずに熱心に研究している間、彼の妻は「とても良く理解してくれていた」と語っている。1982年、モンスター群に関する彼の102ページの論文が、ついに発表された。数学者たちは、グリースがコンピュータを使わずにモンスター群を構築できたことに驚嘆した。

モンスター群の構造は単に興味深いだけでなく、対称性と物理学との間の深い結び付きを示しており、さらには微小な振動するエネルギーのループから宇宙の中のすべての基本粒子が成り立っているという、ひも理論と結びついている可能性もあるのだ。『シンメトリーとモンスター』の著者であるマーク・ロ

▲アメリカの数学者ロバート・グリース(写真の人物)が1981年にモンスター群を構築した。モンスターを把握しようとする取り組みは、数学者たちが対称性の基本的なビルディングブロックを理解するために役立ってきた。モンスター群は、196884次元の空間を必要とする!

ナンは、この本の中でモンスター群が「時を超えて、22世紀の数学のかけらが偶然20世紀に迷い込んだ」と書いている。1983年、物理学者のフリーマン・ダイソンはモンスター群が「宇宙の構造の中に、何らかの思いがけない形で組み込まれている」のかもしれない、と書いていた。

1973年、グリースとベルント・フィッシャーがモンスター群の存在を予言し、ジョン・コンウェイがこの名前を付けた。1998年、モンスター群と物理学や数学の他の分野との深遠な結び付きを解明した業績について、リチャード・ボーチャーズがフィールズ賞を受賞した。

参照:群論(1832年)、壁紙群(1891年)、フィールズ賞(1936年)、例外型単純リー群E_8の探求(2007年)

1982年

n 次元球体内の三角形

グレン・リチャード・ホール(1954-)

1982年、グレン・ホールが有名な研究論文「n次元球体内の鋭角三角形」を発表した。これはホールが最初に発表した数学の論文であり、この中で彼はミネソタ大学の大学院で幾何学的確率論の授業を受講しながら行った研究について述べている。円の中でランダムに3点を選んで、三角形を作ることを考えてほしい。ホールは、円の中の三角形だけでなく、球の中や超球の中などより高い次元の中で、「鋭角三角形」が得られる確率はどのくらいだろうと考えた。このような円の一般化はn次元球体と呼ばれる。鋭角三角形とは、3つの角がすべて90度よりも小さいものだ。

三角形の3点が独立かつ一様に選ばれた場合に、n次元球体内で鋭角三角形が得られる確率P_nの値を以下にいくつか示す。

$P_2 = 4/\pi^2 - 1/8 ≒ 0.280285$(円)
$P_3 = 33/70 ≒ 0.471429$(球)
$P_4 = 256/(45\pi^2) + 1/32 ≒ 0.607655$(4次元超球)
$P_5 = 1415/2002 ≒ 0.706793$(5次元超球)
$P_6 = 2048/(315\pi^2) + 31/256 ≒ 0.779842$(6次元超球)

ホールは、球の次元が増加すると鋭角三角形を選ぶ確率も増加することに気付いた。9次元まで行くと、鋭角三角形を選ぶ確率は0.905106となる。1980年代初頭まで数学者たちが三角形選びを高次元へ一般化してこなかったという点で、この研究は注目に値する。ホールは私への私信の中で、球の次元が増えるに従って有理数の確率と無理数の確率とが交互に現れることに驚いたと書いている。このような次元振動を、この研究が行われるまで数学者たちが予想したことは一度もなかったようだ。有理数とは、2つの整数の比で表現できる数のことだ。数学者クリスチャン・ブフタが1986年に、ホールが示したこの確率を表す積分式から、初等的な計算で確率を導ける式を示した。

◀円の中でランダムに3点を選んで、三角形を作る。3つの角がすべて90度未満となる三角形が得られる確率はどのくらいだろうか?

参照:ヴィヴィアーニの定理(1659年)、ビュフォンの針(1777年)、ラプラスの『確率の解析的理論』(1812年)、モーリーの三等分線定理(1899年)

ジョーンズ多項式

ヴォーン・フレデリック・ランダル・ジョーンズ (1952-)

数学では、3次元でどんなに複雑に絡み合っている輪でも、平面への射影として表現できる。数学的な結び目が射影図として表現されるときには、糸が別の糸の上で交差しているのか、それとも下になっているのかを、短い線の途切れによって示すことが多い。

結び目理論の目標のひとつは、結び目の不変量を見つけることだ。ここで**不変量**という用語は、等価な結び目については同一になるような数学的な特性または値であって、2つの結び目が異なることを示せるものをいう。1984年、それまでの不変量よりも多くの結び目を区別できる不変量（現在はジョーンズ多項式と呼ばれる）をニュージーランドの数学者ヴォーン・ジョーンズが発明したというニュースに、結び目理論研究者たちは沸き立った。ジョーンズは、物理学の問題に取り組んでいるとき、偶然この画期的な発見を成し遂げたのだ。数学者のキース・デブリンは次のように書いている。「何か予期しない、隠れた関連性に行き当たったことを感じて、ジョーンズは結び目研究者のジョアン・バーマンに相談した。その後のことは、皆さんご存知の通りだ。」ジョーンズの研究は「膨大な新しい多項式不変量への道を開くことになり、それがもたらした結び目理論の研究の劇的な隆盛は、生物学と物理学におけるエキサイティングな新しい応用が耳目を集めるにつれ、さらに拍車がかかっている……。」DNAのらせん構造を研究している生物学者たちは結び目に関心を持ち、細胞中の遺伝材料の機能を明らかにするため、さらにはウイルス攻撃への耐性を持たせるために結び目を利用する方法を探っている。体系的な手順、つまりアルゴリズムを利用すれば、どんな結び目についてもその交差のパターンからジョーンズ多項式を表現できる。

結び目不変量の利用には、長い歴史がある。1928年ころ、ジェームズ W. アレクサンダー (1888-1971) が、結び目に関連する最初の多項式を導入した。残念なことに、このアレクサンダーの多項式は結び目とその鏡像との違いを検出できなかったが、ジョーンズ多項式ではそれが可能だ。ジョーンズがこの新しい多項式を発表した4か月後に、より一般的なHOMFLY多項式が発表された。

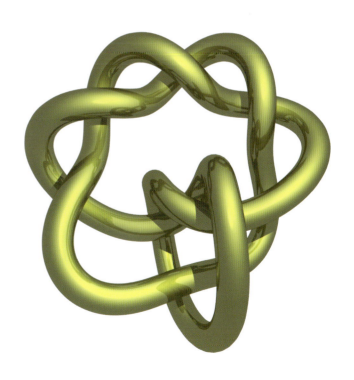

▶ヨス・レイスによって描画された、交点数10の結び目。結び目理論の目標のひとつは、等価な結び目については同一になるような数学的な特性または値であって、2つの結び目が異なることを示せるものを見つけることだ。

参照：結び目（紀元前10万年ころ）、ペルコの結び目（1974年）、マーフィーの法則と結び目（1988年）

1985年

ウィークス多様体

ジェフリー・レンウィック・ウィークス（1956-）

双曲幾何学は、ユークリッドの平行線公準が成り立たない**非ユークリッド幾何学**のひとつだ。この2次元の幾何学では、任意の直線とその上にない任意の点について、その点を通り最初の直線と交わらないような直線がたくさん引ける。双曲幾何学は鞍状の曲面を使って視覚的に示されることがあり、その表面に描いた三角形の内角の和は180度よりも小さくなる。そのような奇妙な幾何学は数学者だけでなく、われわれの宇宙が持ち得る特性や形状について考察する宇宙論研究者にも示唆を与えている。

2007年、プリンストン大学のデヴィッド・ガバイ、ボストンカレッジのロバート・マイヤーホフ、オーストラリアにあるメルボルン大学のピーター・ミリーが、ある双曲3次元空間（3次元多様体）が最小の体積を持つことを証明した。発見者のアメリカの数学者ジェフリー・ウィークスにちなんでウィークス多様体と呼ばれるこの図形は、この種の図形のカタログを作成しているトポロジー研究者の興味を大いに引いている。

通常のユークリッド幾何学では、3次元空間について「最小の体積」という概念は意味がない。図形や体積は、どんな大きさにも拡大できるからだ。しかし、双曲幾何学では空間曲率によって、長さ、面積、体積に固有の単位が与えられる。1985年、ウィークスは体積が約0.94270736という小さな多様体を発見した。（ウィークス多様体は、ホワイトヘッド絡み目として知られる絡み合った輪のペアの周りの空間と関係している。）2007年まで、ウィークス多様体が最小なのかどうかは誰も知らなかった。

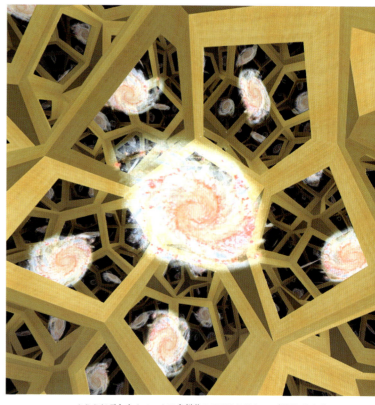

▲ここに示したウィークス多様体のモデルには1つの銀河しか含まれないが、その銀河が結晶構造パターンの中に繰り返し見えるため、空間が無限に広がっているような錯覚を覚える。その意味では、鏡の間と同じようなものだ。

「天才賞」と呼ばれるマッカーサー・フェローの受賞者であるジェフリー・ウィークスは、1985年にウィリアム・サーストンを指導教官としてプリンストン大学から数学の博士号を授与された。彼が熱中していることのひとつは、トポロジーを使って幾何学と観測宇宙論との間のギャップを橋渡しすることだ。彼はまた、若い学生たちに幾何学を紹介し、有限だが境界のない宇宙を探検できる対話型ソフトウェアも開発している。

参照：ユークリッドの『原論』（紀元前300年）、非ユークリッド幾何学（1829年）、ボーイ曲面（1901年）、ポアンカレ予想（1904年）

1985年

アンドリカの予想

ドリン・アンドリカ (1956-)

素数は、ちょうど2つの異なる約数(1とそれ自身)を持つ整数だ。素数の例には、2, 3, 5, 7, 11, 13, 17, 19, 23, 29, 31, 37 などがある。偉大なスイスの数学者レオンハルト・オイラー(1707-83)は、「数学者たちは今日まで素数の並び方に何らかの秩序を発見しようと試みてきたが成功した例はなく、それは人には到底見通すことのできない神秘なのだと信じるに足る理由がある」とコメントしている。数学者たちは長年にわたって、素数の並びや素数間のギャップにパターンを探し続けてきた。ここで**ギャップ**とは、2つの連続する素数の差のことだ。素数間のギャップの平均値は、ギャップの片側の素数の自然対数に比例して増加する。大きなギャップの例として知られているものには、素数 277900416100927 の後に 879 個の非素数が続くギャップがある。2009 年現在で、知られている最大の素数ギャップは 337446 の長さがあった。

1985年、ルーマニアの数学者ドリン・アンドリカが、素数間のギャップに関する「アンドリカの予想」を発表した。具体的には、p_n を n 番目の素数としたとき $\sqrt{p_{n+1}} - \sqrt{p_n} < 1$ であると述べている。例えば、23 と 29 という素数について考えてみよう。アンドリカの予想を適用すると、$\sqrt{29} - \sqrt{23} < 1$ となる。この予想を書き表すもう1つの方法は $g_n < 2\sqrt{p_n} + 1$ であり、ここで g_n は n 番目の素数ギャップであり、$g_n = p_{n+1} - p_n$ である。2008 年時点で、この予想は 1.3002×10^{16} までの n について正しいことが示されている。

アンドリカの予想の不等式の左辺 $A_n = \sqrt{p_{n+1}} - \sqrt{p_n}$ を調べてみると、これまでに見つかった中で A_n の最大値は $n=4$ のときで、その場合の A_n はほぼ 0.67087 に等しい。アンドリカの予想は、まさにコンピュータが普及しつつある時点で述べられたため、この予想を覆す反例を見つけ出そうとする試みが相次いで行われている。これまでのところ、アンドリカの予想には反証は見つかっていないが、証明もされていない。

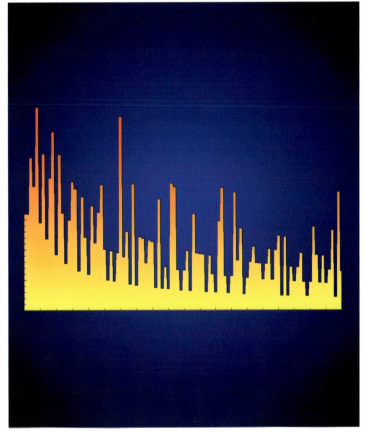

▶最初の 100 個の素数についての A_n のグラフ。このグラフの中で最も高い点(左端に近いところにある)の高さは 0.67087 で、x 軸の範囲は 1 から 100 まで。

参照:セミと素数(紀元前 100 万年ころ)、エラトステネスのふるい(紀元前 240 年ころ)、ゴールドバッハ予想(1742 年)、ガウスの『数論考究』(1801 年)、メビウス関数(1831 年)、リーマン予想(1859 年)、素数定理の証明(1896 年)、ブルン定数(1919 年)、ギルブレスの予想(1958 年)、シェルピンスキ数(1960 年)、ウラムのらせん(1963 年)、エルデーシュの膨大な共同研究(1971 年)

1985年

ABC 予想

デヴィッド・マッサー(1948-)、ジョゼフ・オステルリ(1954-)

ABC 予想は、数論（整数の性質についての研究）の中で最も重要な未解決問題のひとつとみなされている（訳注：2012年に京都大学の望月新一が *ABC* 予想を証明したとする論文を発表している）。もしこの予想が正しいとすれば、数学者たちはほんの数行で、他の有名な定理の多くを証明できるようになるだろう。

この予想は1985年、数学者ジョゼフ・オステルリとデヴィッド・マッサーによって最初に提示された。この予想を理解するために、**平方因子を含まない数**を、どの数の平方(2乗)でも割り切れない整数、と定義しよう。例えば13は平方因子を含まないが、9(3^2で割り切れる)は平方因子を含む。整数 n の平方因子を含まない部分を sqp(n) と書くことにする。これは n の素因数を掛け合わせることによって作られる、最も大きな平方因子を含まない数だ。したがって、$n=15$ については素因数が5と3であり、$3×5=15$ は平方因子を含まない数なので、sqp(15)$=15$ となる。一方、$n=8$ については、素因数は2だけなので sqp(8)$=2$ となる。同様に、sqp(18)$=6$(素因数3と2を掛け合わせる)であり、sqp(13)$=13$ だ。

次に、共通因子を持たない数 A と B を考え、C をそれらの和とする。例えば、$A=3$, $B=7$, $C=10$ だと考えてほしい。積 ABC の平方因子を含まない部分は210だ。sqp(ABC) が C よりも大きいことに注目してほしいが、このことは常に成り立つとは限らない。適切に A, B, C を選ぶことによって、比 sqp(ABC)$/C$ をいくらでも小さくできることが証明できる。しかし *ABC* 予想は、1よりも大きい任意の実数 n について、(sqp(ABC))$^n/C$ が必ずある値以上になると言っている。

ドリアン・ゴールドフェルドは次のように書いている。「*ABC* 予想……は役に立つだけでなく、数学者にとっては美しいものでもある。これほどまでに数多くのディオファントス[整数解]問題が予想外にもたった1つの数式に要約されてしまうのを見ると、さまざまな数学の分野も根本はひとつなのだ、と思われてならない……。」

◀ *ABC* 予想は、数論（整数の性質についての研究）の中で最も重要な未解決問題のひとつとみなされている。この予想は1985年、数学者デヴィッド・マッサー(この写真の人物)とジョゼフ・オステルリによって最初に提出された。

参照：セミと素数(紀元前100万年ころ)、エラトステネスのふるい(紀元前240年ころ)、ゴールドバッハ予想(1742年)、正十七角形の作図(1796年)、ガウスの『数論考究』(1801年)、リーマン予想(1859年)、素数定理の証明(1896年)、ブルン定数(1919年)、ギルブレスの予想(1958年)、ウラムのらせん(1963年)、アンドリカの予想(1985年)

1986年

読み上げ数列

ジョン・ホートン・コンウェイ (1937-)

以下の数列を考えてみてほしい。1, 11, 21, 1211, 111221, …。この数列がどのように作られているかを理解するために、声に出して各項を上の桁から読み上げてみよう。第2項には2つの「1」がある。そのため第3項は21となる。第3項には1つの「2」と1つの「1」がある。そこで第4項は1211。これは1つの「1」、1つの「2」、2つの「1」だから第5項は111221。このパターンを続けて行けば、数列全体が作り出される。この数列は数学者ジョン・コンウェイによって詳細に研究され、彼は数列を作り出すプロセスを「読み上げ」と呼んだ。

この数列は、かなり急速に大きくなる。例えば、第16項は13211321322113311213211331121113122112132113121113222112311311222113111231133211121321132211131221121321132211331121321322112は多く、2や3は比較的少なく、そして3よりも大きい数は存在しないことがわかるだろう。333と3が3つ続くことがないことは、証明できるだろうか？ 次の第11項の表記（ここでは3が■で表現されている）を見れば、まるで無限の海に浮かぶ難破船のように、3の存在が不規則であることが理解できるだろう。-■---■-■----■■----■■-----■-------■------■--■■-----■-------■---■----■--■■--■■■-----■---

この数列の第n項の桁数は、コンウェイの定数(1.303577269034296391257099112152551890730702504 6594…)^{n}に大まかに比例する。この「奇妙な」読み上げ構築プロセスによってこの定数が得られ、しかもそれがある多項式の唯一の正の実根であることに、数学者たちは注目している。興味深いことに、この定数は(22を例外として)**すべての初項について**当てはまる。

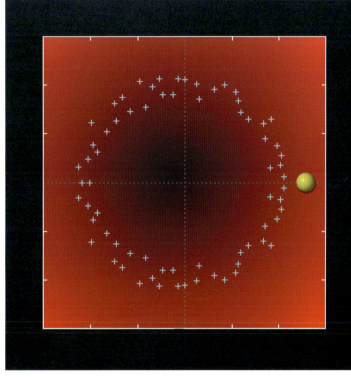

▲この奇妙な読み上げ構築手法によって得られるコンウェイの定数1.3035…は、69項からなる多項式の唯一の正の実根であることがわかっている。この根は黄色い丸の場所にある。それ以外の根は「+」記号で示されている。

この数列には、数多くの変種が存在する。英国の研究者ロジャー・ハーグレイブはこのアイディアを拡張し、前項に存在する数字の**出現数**を数え上げる変種を作り出した。例えば、123からスタートする数列は123, 111213, 411213, 14311213, …となる。興味深いことに、彼はすべての数列が最終的には23322114と32232114の繰り返しになると信じている。あなたには、これが証明できるだろうか？ 下から読み上げる逆読み上げ数列の性質はどうなるだろうか？ 特定の項から始めて、読み上げ数列を逆にたどって初項を計算することはできるだろうか？

参照：トゥーエ-モース数列(1906年)、コラッツ予想(1937年)、オンライン整数列大辞典(1996年)

1988年

Mathematica

スティーブン・ウルフラム（1959-）

過去20年間に、数学のやり方は大きく変化した。純粋な理論と証明から、コンピュータと実験の利用へと移行したのだ。この変化の一因となったのが計算ソフトウェアパッケージであり、数学理論家のスティーブン・ウルフラムによって開発され、イリノイ州シャンペーンのウルフラム・リサーチ社から販売されているMathematicaだ。Mathematicaの最初のバージョンは1988年にリリースされ、現在では数多くのアルゴリズムや可視化、ユーザーインターフェース機能を統合した汎用計算環境を提供している。Mathematicaは、Maple、Mathcad、MATLAB、Maximaなど、実験数学に現在利用できる数多くのパッケージの一例だ。

1960年代以降、特定の数値計算やアルゴリズム、グラフィックなどのタスクを行うための個別ソフトウェアパッケージは存在していたし、カオスやフラクタルに興味を持つ研究者たちは以前からコンピュータを利用して研究に取り組んできた。Mathematicaは、さまざまな専用パッケージの機能を統合し、便利に使えるようにしてくれた。現在、Mathematicaは工学、科学、金融、教育、芸術、服飾デザインなど、可視化と実験が必要とされる分野で利用されている。

1992年、専門誌「実験数学」が創刊され、計算機を利用して数学的構造を研究し重要な性質やパターンを特定するための道しるべとなってきた。教育者で著述家のデヴィッド・バーリンスキーは次のように書いている。「コンピュータは……数学的な実験の本質を変容させた。歴史上初めて数学は、物理学のように、目に見えるという理由で物事が発見されるような経験的な学問になって行くのかもしれない。」

数学者のジョナサン・ボーウェインとデヴィッ

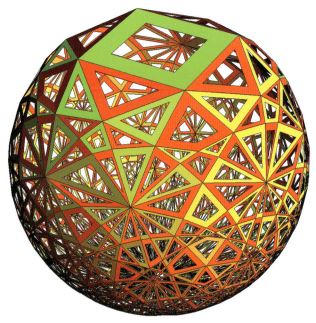

▲ Mathematicaは数多くのアルゴリズムや可視化、ユーザーインターフェース機能を統合した汎用計算環境を提供する。この3次元グラフィックのサンプルはMathematicaで作成されたもので、記号計算とコンピュータグラフィックスの専門家であるマイケル・トロットの厚意によるものだ。

ド・ベイリーは次のように書いている。「おそらく、この方向へ向けた最も重要な進歩は、MathematicaやMapleなど幅広い種類の数学ソフトウェア製品が開発されたことだろう。最近では、多くの数学者がこれらのツールを巧みに使いこなし、日常の研究の一部として利用している。結果として、部分的または全面的にコンピュータベースのツールの助けを借りて発見された、新しい数学的成果の大波がわれわれの前に押し寄せてきているのだ。」

参照：そろばん（1200年ころ）、計算尺（1621年）、バベッジの機械式計算機（1822年）、リッティ・モデルIキャッシュレジスター（1879年）、微分解析機（1927年）、クルタ計算機（1948年）、最初の関数電卓HP-35（1972年）

1988年

マーフィーの法則と結び目

ド・ウィット L. サムナーズ (1941-)、スチュアート G. ウィッティントン (1942-)

古代からの船乗りや織工たちの悩みの種は、ロープや糸がもつれて結び目を作ってしまうことだった。これはまさに、失敗の可能性があるものは失敗する、という有名なマーフィーの法則の具現化と言えるだろう。しかし最近まで、このいらだたしい現象を説明する厳密な理論は存在しなかった。ひとつだけ、実用的な影響を考えてみよう。登山者のロープに結び目が1つできただけで、そのロープが耐えられる応力は50パーセントも減少してしまうのだ。

1988年、数学者のド・ウィット L. サムナーズと化学者のスチュアート G. ウィッティントンが、ロープなどのひも状の物体（化学物質のポリマー鎖など）を自己排除的なランダムウォークとしてモデル化することで、この現象を明確化した。3次元格子の1点にアリがいると想像してほしい。アリは格子の中の経路をたどりながら、6つの方向（上下左右前後）にランダムウォークする。同時に同じ空間を占めることができない物理的対象物を模倣するために、アリの歩みは自己排除的、つまり同じ空間を二度通ることはないものとする。この研究に基づいて、サムナーズとウィッティントンは次の一般的な結果を証明した。ほとんどすべての十分に長い自己排除的なランダムウォークには、結び目が含まれる。

彼らの研究は、庭の水まき用ホースが長いほどガレージに入れている間に結び目ができやすくなる理由、あるいは犯行現場で見つかった結び目のあるロープには法医学的意義がなさそうな理由を説明してくれるだけでなく、DNAや

タンパク質骨格のもつれを理解する上で大きな意味がある。遠い昔、タンパク質折り畳みの専門家はタンパク質には結び目を作る能力はないと信じていたが、現在ではそのような結び目が数多く見つかっている。結び目の中には、タンパク質の構造を安定化させているものもあるかもしれない。科学者がタンパク質の構造を正確に予測できれば、病気をより良く理解し、タンパク質の3次元形状を利用した新薬を開発できる可能性もある。

▲もつれた漁網。
▶登山者のロープに結び目が1つできただけで、そのロープの破壊強度は大きく減少してしまう。

参照：結び目（紀元前10万年ころ）、ボロミアン環（834年）、超空間で迷子になる確率（1921年）、ペルコの結び目（1974年）、ジョーンズ多項式（1984年）

1989年

バタフライ曲線

テンプル H. フェイ（1940-）

　媒介変数表示とは、一連の量をいくつかの独立変数の関数として表現する、一連の方程式のことだ。平面内の曲線は、その曲線上の座標値のセット(x, y)が変数tの関数として表現されるとき、媒介変数表示と呼ばれる。例えば、通常のデカルト座標で標準的な円の方程式は$x^2+y^2=r^2$（ここでrは円の半径）だ。しかし次のように、円は媒介変数方程式でも定義できる。$x=r\cos t, y=r\sin t$（ここで$0°<t\leq360°$あるいは$0<t\leq2\pi$ラジアン）。グラフを作成する際、コンピュータプログラマーはtの値を増加させながら得られた(x, y)の点をつないで行くことになる。

　数学者とコンピュータアーティストは、媒介変数表示を用いることが多い。円のように単一の方程式として記述することが非常に難しい幾何学的形状もあるからだ。例えば円錐つる巻き線を描くには、$x=a\cdot z\sin t, y=a\cdot z\cos t, z=t/(2\pi c)$としてみよう。ここで$a$と$c$は定数だ。円錐つる巻き線は、現在ではある種のアンテナに利用されている。

　多くの代数曲線や超越曲線は、美しい対称性があり、切れこみのたくさんある葉っぱの形をして、漸近的なふるまいを示す。テンプル・フェイが南ミシシッピ大学在籍中に作り出したバタフライ曲線は、そのような美しく複雑な形状のひとつだ。バタフライ曲線の方程式は、極座標で$\rho=e^{\cos\theta}-2\cos 4\theta+\sin^5(\theta/12)$と表現できる。この数式は、バタフライの体の輪郭をたどる点の軌跡を記述している。変数ρは、原点からの距離だ。バタフライ曲線が重要なのは、それが最初に提示された1989年から学生や数学者を大いに魅了してきたからであり、また例えば$\rho=e^{\cos\theta}-2.1\cos 6\theta+\sin^7(\theta/30)$として長い周期で繰り返したらどうなるかといった実験する心を育んできたためでもある。

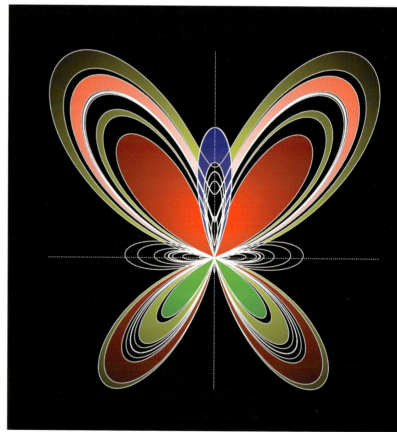

▶多くの代数曲線や超越曲線は、美しい対称性があり、葉っぱの形をして、漸近的なふるまいを示す。テンプル・フェイによって作り出されたこのバタフライ曲線は、極座標で$\rho=e^{\cos\theta}-2\cos 4\theta+\sin^5(\theta/12)$と表現できる。

参照：ハーモノグラフ（1857年）

1996年

オンライン整数列大辞典

ニール・ジェームズ・アレクサンダー・スローン (1939-)

オンライン整数列大辞典は、きわめて大規模で検索可能な整数列のデータベースであり、ゲーム理論やパズルや数論から化学、通信、物理学に至るまで、さまざまな分野の数列に興味を持つ数学者、科学者、そして一般人にも利用されている。この大辞典の驚異的な多様性の例として、2つの項目を挙げてみよう。1つは n 対のひも通し穴のある靴に靴ひもを通す方法の数、そしてもう1つはチュッカイロンと呼ばれる1人遊びボードゲームの勝ちパターンを、石の数の関数として示したものだ。オンライン整数列大辞典のウェブサイト (http://oeis.org/) には、本書の執筆時点で15万を超える数列が掲載されており、この種のデータベースとしては最も大きい。

各項目には、その数列の最初の数項、キーワード、数学的な意味が示され、参考文献も含まれる。英国生まれのアメリカの数学者ニール・スローンは、コーネル大学の大学院生だった1963年に整数列の収集を始めた。彼の最初の整数列辞典はパンチカードの形で保存され、次いで1973年には『整数列ハンドブック』という名前の2400数列を収録した本の形となり、そして1995には改版されて5487数列となった。1996年からはウェブバージョンが利用可能となり、その後も1年に約1万項目が新しく追加され続けている。現時点でこれを本として出版したとすれば、1995年版の大きさの本が750巻必要になるだろう。

オンライン整数列大辞典は記念碑的な偉業であり、数列を特定するため、あるいは既知の数列の現在の状況を知るため、頻繁に利用されている。しかし、その最も重要な用途は、新しい予想のヒントを与えることかもしれない。例えば、数学者のラルフ・シュテファンは最近、この大辞典に載っている数列を調べるだけで、多くの分野にわたって100を超える予想を提示した。最初の数項が同一の数列(またはシンプルな変換によって関連付けられる数列)を比較することは、べき級数展開、数論、組合せ論、非線形回帰、二進表現などの数学の分野に関連する新しい予想を考える手がかりを数学者に与えてくれる。

▲オンライン整数列大辞典には、各ひも通し穴が反対側の穴と直接に少なくとも1つ接続されるように、n 対のひも通し穴のある靴に靴ひもを通す方法の数 (1, 2, 20, 396, 14976, 907200…) が掲載されている。ひもの経路の最初と最後は、一番上の穴を通らなくてはならない。

参照:トゥーエ モース数列(1906年)、コラッツ予想(1937年)、読み上げ数列(1986年)、ベッドシーツ問題(2001年)

1999年

エターニティ・パズル

クリストファー・ウォルター・モンクトン (1952-)

エターニティ・パズルという名前の非常に難しいジグソーパズルが1999年から2000年にかけて大流行し、数学やコンピュータによる真剣な分析の対象となってきた。すべて異なる209個のパズルのピースは、正三角形とそれを半分にした形を組み合わせて作られ、三角形6個分の面積となっている。このパズルの目的は、ピースを組み合わせてほぼ正十二角形の形をした大きなフレームにぴったりと収めることだ。

このパズルの発明者であるクリストファー・モンクトンは、このパズルが1999年6月に発売された際、100万ポンドの賞金を告知した。モンクトンが行った初期のコンピュータ実験では、このパズルは数年間(たぶんもっと長い間)解かれないだろうと思われた。実際、**すべての可能性をしらみつぶしに検索**するには非常に長い時間がかかるため、最高速のコンピュータでも単純な検索で解を求めるには何百万年もかかったかもしれない。

きっとモンクトンはがっかりしただろうが、アレックス・セルビーとオリヴァー・ライオダンという2人の英国の数学者が、コンピュータの助けを借りて2000年5月15日に正しい敷き詰め方を明らかにし、賞金を獲得した。興味深いことに、エターニティのようなパズルはピースの数が増加すると約70ピースまでは難しさが増加することを彼らは発見した。しかし70ピースを超えると、正解の数が増加し始める。公式のエターニティ・パズルには、少なくとも10^{95}通りの解があると考えられている。この数は、われわれの銀河系に存在する原子の数よりもはるかに多い。そうであってもこのパズルが地獄のように難しいのは、正解よりもずっと多くの不正解が存在するからだ。

数多くの解があり得ることに気付いたため、セルビーとライオダンはモンクトンが提示したヒントをわざと無視して、より簡単な解を考えることにした。2007年、モンクトンはエターニティⅡパズルを発売した。これには256個の正方形のピースが含まれ、隣接する辺の色が合うように16×16のグリッドにピースを納めなくてはならない。あり得る場合の数は、1.115×10^{557}と見積もられている。

◀ここに示した三角形に分割された多角形(黄色く塗りつぶされた部分)が、エターニティ・パズルのピースの一例だ。すべてのピースは三角形と「半三角形」で構成されている。

参照:長方形の正方分割(1925年)、フォーデルベルクのタイリング(1936年)、ペンローズ・タイル(1973年)

1999年

四次元完全魔方陣

ジョン・ロバート・ヘンドリックス
(1929-2007)

伝統的な**魔方陣**は、正方形の格子の中に整数を配置して、すべての行、列、対角線の合計が同じになるようにしたものだ。使われている整数が1からN^2までの連続した数であるとき、その魔方陣は次数Nの魔方陣と呼ばれる。

四次元魔方陣の場合、1からN^4までの数が含まれ、N^3本の行、N^3本の列、N^3本の柱、N^3本の**ファイル**(4つ目の空間次元の方向を指す言葉)、そして8本の主**四次元対角線**(中心を通り反対側の角を結ぶ線)が定和$S=N(1+N^4)/2$となるように配置される。ここでNは、四次元魔方陣の次数だ。次数3の四次元魔方陣は、22272個存在する。

四次元完全魔方陣という用語は、行、列、柱、ファイル、そして四次元対角線だけでなく、すべての対角線と**立体対角線**(四次元立方体に含まれる立方体の空間対角線)も定和となるものをいう。四次元完全魔方陣には、それに含まれるすべての立方体が完全であることが要求され、またすべての正方形が完全(**汎斜**ともいい、正方形のすべての汎対角線(途切れた対角線)が定和となること)でなくてはならない。

高次元魔方陣の世界有数の専門家だったカナダの研究者ジョン・ヘンドリックスは、16未満の次数では四次元完全魔方陣が成り立たないこと、そして次数16の四次元完全魔方陣が存在することを証明した。この次数16の四次元完全魔方陣には1, 2, 3, …65536までの数が含まれ、定和は524296となる。1999年、知られている限りでは最初の完全な次数

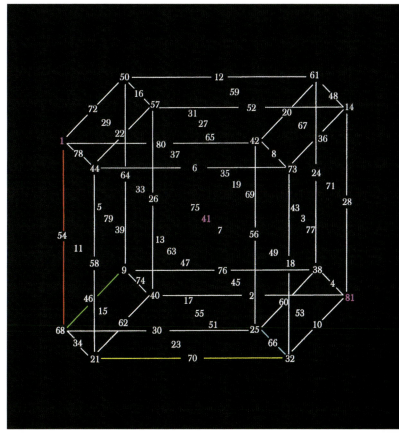

▲ 16次の四次元魔方陣は視覚化するのが難しいので、ここではジョン・ヘンドリックスの次数3の四次元魔方陣の一例を示す。サンプルの行(黄色)、列(緑)、柱(赤)、ファイル(ライトブルー)、そして四次元対角線(マゼンタ色の3つの数)の和が123になっていることがわかる。

16の四次元魔方陣を、彼と筆者が計算によって求めた。現在わかっていることをまとめると、次のようになる。最小の四次元完全魔方陣は次数16であり、最小の立方体完全魔方陣は次数8であり、そして最小の完全(汎斜)魔方陣は次数4である。

参照:魔方陣(紀元前2200年ころ)、フランクリン魔方陣(1769年)、四次元立方体(1888年)

1999年

パロンドのパラドックス

ユアン・マヌエル・ロドリゲス・パロンド（1964-）

1990年代末、プレイヤーが持ち金をすべて失ってしまうことが保証されている2つのゲームを交互にプレイすることで、そのプレイヤーがお金を儲けられる可能性があることを、スペインの物理学者ユアン・パロンドが示した。科学ライターのサンドラ・ブレイクスリーは、パロンドが「発見した新しい自然法則のようなものが、原始スープから生命が誕生したわけ、なぜクリントン大統領の人気がセックススキャンダルの後に上がったのか、そして値下がりしている株への投資が大きなキャピタルゲインをもたらすことがある理由などを説明してくれるかもしれない」と書いている。この信じがたいパラドックスは、人口動態から金融リスクの評価まで、さまざまに応用されている。

このパラドックスを理解するため、偏りのあるコインを使った2つのギャンブルゲームをプレイすることを考えてみよう。ゲームAでは、コインを投げたときに勝つ確率P_1は50パーセントよりも小さく、$P_1 = 0.5 - x$と表される。勝った場合には1ドルもらえ、負けた場合には1ドルを失う。ゲームBでは、まず手元の金額が3の倍数かどうかを調べる。3の倍数でなければ、もう1つの偏りのあるコインを投げる。このとき勝つ確率は$P_2 = 3/4 - x$だ。3の倍数であれば、3つ目の偏りのあるコインを投げる。このとき勝つ確率は$P_3 = 1/10 - x$だ。ゲームAかゲームBを別々にプレイした場合、例えば$x = 0.005$とすれば、長い目で見てあなたの負けは保証されている。しかし、2つのゲームを交互にプレイした場合（あるいはランダムにどちらかのゲームをプレイした場合でも）、あなたは想像をはるかに超えたお金を儲けることになるのだ！ このように交互にプレイする場合、ゲームAの結果がゲームBに影響することに注意してほしい。

パロンドが最初にこのパラドキシカルなゲームを思い付いたのは、1996年のことだった。オーストラリアにあるアデレード大学の医用生体技師デレク・アボットがこれをパロンドのパラドックスと名付け、1999年にパロンドの反直観的な結果を検証した研究を発表した。

▲物理学者のユアン・パロンドは、特に顕微鏡的な大きさのデバイスに使われた場合に反直観的なふるまいをする、このようなラチェットから発想を得た。パロンドは物理デバイスに関する洞察を、ゲームにも適用したのだ。

参照：ゼノンのパラドックス（紀元前445年ころ）、アリストテレスの車輪のパラドックス（紀元前320年ころ）、大数の法則（1713年）、サンクトペテルブルクのパラドックス（1738年）、床屋のパラドックス（1901年）、バナッハ・タルスキのパラドックス（1924年）、ヒルベルトのグランドホテル（1925年）、誕生日のパラドックス（1939年）、海岸線のパラドックス（1950年ころ）、ニューカムのパラドックス（1960年）

1999年

ホリヘドロンの解決

ジョン・ホートン・コンウェイ（1937-）、ジェイド P. ヴィンソン（1976-）

いくつかの多角形を辺で接続して作られる、通常の多面体を考えてみてほしい。**ホリヘドロン**は、各面に少なくとも1つ、多角形の穴が開いた多面体だ。穴の境界が、他の穴や面の境界と接する点はないものとする。例えば、6つの面のある立方体を考えてみよう。次に、その1つの面に五角錐を突き刺して、反対側の面に達する（例えば）五角形のトンネルを作ったと想像しよう。この時点で、11の面（6つの面は元の立方体の面で、5つの新しい面は五角形トンネルの内壁）を持つ対象物を作ったことになるが、11の面のうち2つの面にしか穴は開いていない。穴を開けるたびに、面の数は増えて行く。ホリヘドロンを見つけ出すことが非常に難しいのは、複数の面を貫通するような穴を開けることによって穴のない面の数を減らす必要があるためだ。

ホリヘドロンの概念は、1990年代にプリンストン大学の数学者ジョン H. コンウェイによって最初に導入され、彼はそのような対象物を発見した人物に1万ドルの賞金を提供すると申し出た。ただしその賞金は、その対象物の面の数で割った金額となるものとされた。1997年にデヴィッド W. ウィルソンが、穴だらけの多面体を意味するホリヘドロンという単語を作り出した。

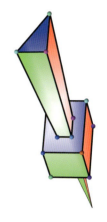

ついに1999年、アメリカの数学者ジェイド P. ヴィンソンが世界初のホリヘドロンの実例を発見したが、それには全部で78585627もの面があった（つまり、ヴィンソンの受け取る賞金はだいぶ少額になってしまったわけだ）！ 2003年、コンピュータグラフィックス専門家のドン・ハッチが492の面のあるホリヘドロンを発見した。その後も探索は続いている。

▲立方体に三角錐を突き刺した例。
▶南極の氷の洞窟の中の穴やトンネルは、ホリヘドロンのゴージャスな穴だらけの構造を思い起こさせる。もちろん、ホリヘドロンのトンネルの境界は多角形でなくてはならないし、ホリヘドロンの平らなトンネルの内壁には少なくとも1つの多角形の穴が開いていなくてはならない。

参照：プラトンの立体（紀元前350年ころ）、アルキメデスの半正多面体（紀元前240年ころ）、オイラーの多面体公式（1751年）、ルパート公の問題（1816年）、イコシアン・ゲーム（1857年）、ピックの定理（1899年）、ジオデシック・ドーム（1922年）、チャーサール多面体（1949年）、シラッシ多面体（1977年）、スパイドロン（1979年）

2001年

ベッドシーツ問題

ブリトニー・ギャリヴァン (1985-)

ある晩、寝付けないあなたはベッドシーツを片付けることにした。シーツの厚さは約 0.4 ミリしかない。あなたはそれを一度折り、厚さは 0.8 ミリになった。このベッドシーツの厚さを地球から月までの距離と等しくするには、何度折ればよいだろうか？驚いたことに、たった 40 回シーツを折れば月まで届くというのがその答えだ！ この問題には、あなたに普通の厚さ 0.1 ミリの紙が手渡されるというバージョンもある。これを 51 回折れば、その厚さは太陽までの距離を超えるのだ！

残念なことに、このような物理的対象物を何十回も折ることは物理的に不可能だ。いくら大きな紙から始めても、本物の紙を半分に折るのは 7 回か 8 回が限度だというのが 20 世紀に支配的だった通念だった。しかし 2002 年、誰も予想もしなかった 12 回も紙を半分に折ることに高校生のブリトニー・ギャリヴァンが成功し、世界を驚かせた。

2001 年、ギャリヴァンは所与のサイズの紙を一方向に折り曲げられる回数の限界を示す方程式を求めた。厚さ t の紙の場合、n 回折るために必要な紙の最初の長さの最小値 L は、$L=(\pi t/6)\times(2^n+4)\times(2^n-1)$ と見積もることができる。ここで $(2^n+4)\times(2^n-1)$ のふるまいを調べてみよう。$n=0$ から始めると、0, 1, 4, 14, 50, 186, 714, 2794, 11050, 43946, 175274, 700074…となる。つまり、紙を 11 回半分に折った状態では、丸みを帯びた折り目の角の部分に、最初に折った際と比べて 700074 倍もの素材が費やされるのだ。

▶ 2001 年、ギャリヴァンは所与のサイズの紙を一方向に折り曲げられる回数の限界を示す方程式を求めた。

参照：ゼノンのパラドックス (紀元前 445 年ころ)、オンライン整数列大辞典 (1996 年)

2002年

オワリ・ゲームの解決

ジョン W. ロメイン (1970-)、ヘンリ E. バル (1958-)

オワリは、3500年もの歴史のあるアフリカのボードゲームだ。現在、オワリはガーナの国技であり、西アフリカからカリブ海にかけての地域でプレイされている。「数えて取る」タイプのゲームに分類されるオワリは、マンカラと呼ばれる一群の戦略ゲームのひとつだ。

オワリのボードは6つのカップ型のくぼみが2列並んだ形をしており、くぼみにはそれぞれ4個の駒(豆、種、小石などが使われる)が入っている。2人のプレイヤーはそれぞれ6個のカップを自陣とし、交互に石を動かす。プレイヤーは自分の手番になると、6つのカップから1つを選び、その中に入っている石をすべて取り出し、このカップから反時計回りに移動しながらカップに石を1つずつ入れていく。次に対戦相手が自分の側の6つのカップのうち1つから石を取り出し、同じことを繰り返す。プレイヤーが最後に石を入れたカップが対戦相手の側のカップで石が1つか2つしか入っていない(石を入れて全部で2つか3つになる)場合、そのプレイヤーがそのカップからすべての石を取り出す。この取り出した石は、その後ゲームには使われない。またそのプレイヤーは、空になったカップの直前のカップにも全部で2つか3つ石が入っていた場合、そのカップからも石をすべて取り出す。プレイヤーが石を取り除くのは、ボードの対戦相手の側にあるカップだけだ。このゲームは、どちらかのプレイヤーの側に石がなくなったときに終わる。より多くの石を取ったプレイヤーが勝ちだ。

オワリは人工知能の分野の研究者たちの興味を大いに引き、パズルを解いたりゲームをプレイしたり

▲オワリは人工知能の分野の研究者たちの興味を大いに引いてきた。2002年、コンピュータ科学者がこのゲームに生じ得る 8890 億 6339 万 8406 通りのすべての局面の結果を計算し、完璧なプレイヤーであればオワリは引き分けとなることを証明した。

するアルゴリズムも開発されてきたが、2002年までは、このゲームが三目並べのように、完璧なプレイヤーならば必ず引き分けに持ち込むことができるのかどうかは誰にもわからなかった。最終的に、アムステルダム自由大学のコンピュータ科学者ジョン W. ロメインとヘンリ E. バルがこのゲームに生じ得る 8890 億 6339 万 8406 通りのすべての局面の結果を計算するコンピュータプログラムを作成し、完璧なプレイヤーであればオワリは引き分けとなることを証明した。この膨大な計算には、144個のプロセッサからなるコンピュータクラスター上で、51時間を要した。

参照：三目並べ (紀元前 1300 年ころ)、囲碁 (紀元前 548 年)、ドナルド・クヌースとマスターマインド (1970 年)、エターニティ・パズル (1999 年)、チェッカーの解決 (2007 年)

2002年

テトリスはNP完全

エリック D. ディメイン(1981-)、スーザン・ホーエンバーガー(1978-)、デヴィッド・ライベン-ノーウェル(1977-)

テトリスは非常にポピュラーな落ち物パズルのビデオゲームで、1985年にロシアのコンピュータ技術者アレクセイ・パジトノフによって発明された。2002年、アメリカのコンピュータ科学者たちがこのゲームの難しさを定量化し、シンプルな解が存在せず最適な解を見つけるためには徹底的分析が必要とされる非常に難しい数学の問題と、このゲームが類似していることを示した。

テトリスでは、ブロックピースは最初ゲーム領域の最上段に出現し、そこから落下する。ピースが落ちてくる間、プレイヤーはピースを回転させたり左右に移動させたりすることができる。ピースはテトロミノと呼ばれ、4個の正方形がT字形などのシンプルなパターンにくっついた形をしている。1個のピースが下まで落ちて固定されると、最上段から次のピースが落ちてくる。ブロックが隙間なしに横1列に揃うと、その列は消え、それよりも上にある列は1列分落下する。このゲームは、新しいピースがブロックされて落ちることができなくなったとき、終了する。プレイヤーの目的は、なるべく長い時間ゲームを続けてスコアを増やすことだ。

2002年、エリック D. ディメイン、スーザン・ホーエンバーガー、デヴィッド・ライベン-ノーウェルが、このゲームの一般化バージョン(縦横ともに任意の数のマス目でできたゲーム盤を使う)について研究した。このチームは、所与のピースのシーケンスをプレイする際に消す列の数を最大化しようとした場合、このゲームがNP完全であることを発見した(「NP」は「非決定性多項式時間」の略)。NP完全とは、解が正しいかどうかをチェックすることは簡単だが、

▲ 2002年、アメリカのコンピュータ科学者たちがこのゲームの難しさを定量化し、シンプルな解が存在せず最適な解を見つけるために徹底的分析を必要とする最も難しい数学の問題と、このゲームが類似していることを示した。

その解を実際に見つけるには法外に長い時間がかかるような問題のクラスだ。NP完全問題の古典的な例としては巡回セールスマン問題があり、これは数多くの都市を訪問しなくてはならないセールスマンや配達人の最も効率的な経路を求めるという、非常に困難なタスクだ。この種の問題が難しいのは、簡単に解が求められる賢いアルゴリズムや近道が存在しないためだ。

参照：三目並べ(紀元前1300年ころ)、囲碁(紀元前548年)、エターニティ・パズル(1999年)、オワリ・ゲームの解決(2002年)、チェッカーの解決(2007年)

2005年

NUMB3RS 天才数学者の事件ファイル

ニコラス・ファラッチとシェリル・ヒュートン

「NUMB3RS 天才数学者の事件ファイル」は、ニコラス・ファラッチとシェリル・ヒュートンという夫婦のチームによって制作されたテレビドラマだ。この刑事ドラマは、天才数学者チャーリー・エプスが数学の才能を生かして事件解決のためFBIに協力するという筋書きになっている。

この本に、フェルマーの最終定理やユークリッドの著作などの著名な数学の話題と並んでテレビドラマを取り上げるのは不謹慎だと思われるかもしれない。しかし「NUMB3RS 天才数学者の事件ファイル」は数学を主題とした最初の、しかも非常に人気を博した週1回放送のテレビドラマであり、数学者の顧問チームを擁し、数学者からも称賛されているという点が意義深い。このドラマに出てくる数式は本物で、そのエピソードに実際に関係したものだ。ドラマの数学的な内容は、暗号解読、確率論、フーリエ解析などから、ベイズ推定や基本的な幾何学にまで及んでいる。

また「NUMB3RS 天才数学者の事件ファイル」は、学生に学習の機会を数多く作り出しているという点でも意義深い。例えば、数学教師たちは「NUMB3RS 天才数学者の事件ファイル」を教材として使用しており、2007年にはこのドラマと制作者たちが、科学と数学のリテラシーの向上に寄与したという功績で、米国科学委員会の公益事業賞を受賞した。

「NUMB3RS 天才数学者の事件ファイル」に登場した著名な数学者には、アルキメデス、ポール・エルデーシュ、ピエール=シモン・ラプラス、ジョン・フォン・ノイマン、ベルンハルト・リーマン、スティーブン・ウルフラムなど、この本でこれまで取り上げた人々も大勢いる。ケンドリック・フレイジャーは次のように書いている。「ストーリーの中で科学、理性、合理的思考が重要な役割を演じているため、アメリカ科学振興協会は2006年の年次総会で、数学の一般認識を変えるにあたってのこの番組の役割について取り上げ、午後のシンポジウム全体にわたって話し合った。」

各エピソードは、数学の重要性に関する次のような言葉で始まる。「数学、それは日常の中にある。天気予報。時間を決める。お金のやり取り。数学は、単なる方程式ではない。ロジックであり、理性的な思考。数学を使えば、どんな謎も解決できる。」

▶天才数学者が数学の才能を生かして事件解決のためFBIに協力するというテレビドラマ「NUMB3RS 天才数学者の事件ファイル」の1シーン。これは数学を主題とした最初の、しかも非常に人気のある週1回放送のテレビドラマであり、数学者の顧問チームを擁していた。

参照：マーティン・ガードナーの数学レクリエーション（1957年）、エルデーシュの膨大な共同研究（1971年）

2007年

チェッカーの解決

ジョナサン・シェーファー（1957-）

2007年、コンピュータ科学者のジョナサン・シェーファーと同僚たちがコンピュータを使い、チェッカーは完璧にプレイした場合には勝ちのないゲームであることを、ついに証明した。これはチェッカーが三目並べと同様、どちらのプレイヤーも悪手を指さない限り勝ち負けが決まらないゲームであることを意味する。どちらのゲームも、最終的には引き分けとなる。

シェーファーの証明は数百台のコンピュータによって18年かけて行われ、チェッカーはこれまで解決された中で最も複雑なゲームとなった。またこのことは、人間を相手にして絶対に負けないマシンが作れるということも意味している。

8×8のボード上でプレイされるチェッカーは、16世紀のヨーロッパで非常に人気があり、またこのゲームの初期のバリエーションが、現在のイラクにあった古代都市ウル（紀元前3000年ころ）の遺跡で発見されている。チェッカーの駒は円形で表裏が黒と赤で塗り分けられていることが多く、斜めに動く。プレイヤーは交互に自分の駒を動かし、自分の駒で相手の駒を飛び越せば、その駒を取ることができる。もちろん、局面の数が$5×10^{20}$程度あることを考えれば、チェッカーは必ず引き分けに持ち込むことができるという証明のほうが、三目並べに必勝手順が存在しないことの証明より、はるかに難しい。

チェッカー研究チームは、ボード上に10個以下の駒が存在する39兆通りの配置を求め、赤と黒のどちらが勝つかを判定した。またこのチームは特別な検索アルゴリズムを使ってゲームの序盤を研究し、指し手が10駒の配置へどのように「収束」するかを判断した。チェッカーの解決は、人工知能の分野に大きな足跡を残した。この分野ではコンピュータに複雑な問題解決戦略が要求されることが多い。

1994年、チヌークと名付けられたシェーファーのプログラムが世界チャンピオンのマリオン・ティンズリーと対戦し、すべて引き分けとなった。ティンズリーはその8か月後にがんのため死去したが、チヌークが与えたストレスがティンズリーの死期を早めたと言って、シェーファーを非難する人もいた。

◀フランスの画家ルイ＝レオポルド・ボワイー（1761-1845）は、このチェッカーの家庭ゲームのシーンを1803年ころに描いた。2007年、チェッカーは完璧にプレイした場合には勝ちのないゲームであることをコンピュータ科学者たちが証明した。

参照：三目並べ（紀元前1300年ころ）、囲碁（紀元前548年）、スプラウト・ゲーム（1967年）、オワリ・ゲームの解決（2002年）

例外型単純リー群 E_8 の探求

マリウス・ソフス・リー(1842-99)、ヴィルヘルム・カール・ジョセフ・キリング(1847-1923)

1世紀以上にわたって数学者たちは、ある巨大な248次元の存在を理解しようとしてきた。この存在を、数学者たちは単に E_8 と呼ぶ。2007年、ついに数学者とコンピュータ科学者の国際チームがスーパーコンピュータを利用して、この御しがたい怪物を手なずけることに成功した。

背景として、ヨハネス・ケプラー(1571-1630)の『宇宙の神秘』について考えてみよう。彼はシンメトリーに心を奪われ、太陽系全体と惑星の軌道が立方体や正十二面体といった**プラトンの立体**によってモデル化できると考えた。巨大な水晶でできたタマネギのように、これらの立体が入れ子となって層をなしていると考えたのだ。このようなケプラー的なシンメトリーは、範囲も数も限定されている。しかし、ケプラーがほとんど想像もできなかったようなシンメトリーが、実際に宇宙を支配しているかもしれないのだ。

19世紀末、ノルウェーの数学者ソフス・リーが、通常の3次元空間内でいうと球やドーナツのような、なめらかな回転対称性を持つ対象物を研究していた。3次元以上の次元では、この種のシンメトリーはリー群として表現される。ドイツの数学者ヴィルヘルム・キリングが、1887年に E_8 群の存在を示した。比較的シンプルなリー群は、電子軌道の形状やクォークの対称性を支配している。より大規模な E_8 のような群は、物理学の統一理論の鍵を握り、科学者たちの重力やひも理論の理解を助けてくれるのかもしれない。

オランダの数学者でコンピュータ科学者であり、E_8 チームの一員でもあったフォッコ・デュクルーは、筋萎縮性側索硬化症のため死の床にありながら、人

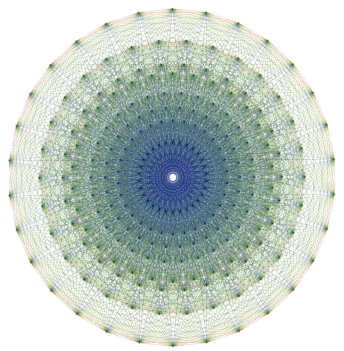

▲ E_8 のグラフ。1世紀以上にわたって数学者たちは、この巨大な248次元の存在を理解しようとしてきた。2007年、57次元の対象物のシンメトリーを表現する、E_8 の表に残っていた最後の要素をスーパーコンピュータが計算した。

工呼吸器の助けを借りてスーパーコンピュータのソフトウェアを作成し、E_8 の詳細について考えを巡らせていた。彼は2006年11月、E_8 の探求の完了を見届けることなく、この世を去った。

2007年1月8日、E_8 の表に残っていた最後の要素をスーパーコンピュータが計算した。この表は、見た目を変えることなく248通りに回転できる57次元の対象物のシンメトリーを表現している。この成果は、数学的知識の進歩、そして深遠な数学的問題の解決への大規模なコンピュータの利用という点で意義深い。

参照：プラトンの立体(紀元前350年ころ)、群論(1832年)、壁紙群(1891年)、モンスター群(1981年)、数学的宇宙仮説(2007年)

2007年

数学的宇宙仮説

マックス・テグマーク（1967-）

　ここまでこの本では、宇宙を理解するカギとみなされてきたさまざまな幾何学を紹介してきた。ヨハネス・ケプラーは、正十二面体などの**プラトンの立体**を使って太陽系をモデル化した。E_8のような巨大なリー群は、いつの日かわれわれが物理の統一理論を打ち立てるために役立つのかもしれない。17世紀のガリレオでさえ、「自然の偉大な書は数学の記号で書かれている」と述べている。1960年代、物理学者のユージーン・ウィグナーは「自然科学における数学の不合理なほどの有用性」に感銘を受けた。

　2007年、スウェーデン生まれのアメリカの宇宙論研究者マックス・テグマークが、数学的宇宙仮説に関する科学的な論文と一般向けの記事を発表した。この仮説は、われわれの物理的実在は数学的構造であり、われわれの宇宙は数学によって記述されるというだけでなく、数学そのものだと述べている。テグマークはマサチューセッツ工科大学の物理学の教授であり、基礎問題研究所の科学ディレクターでもある。われわれが1+1＝2のような数式を考えるとき、そこに記述されている関係性と比べれば、数の表記法はあまり重要ではない、と彼は注意している。彼は「われわれは数学的構造を発明するのではなく、発見するのであり、発明できるのはそれを記述する表記法だけだ」と信じている。

　テグマークの仮説は、次のようなことを暗示している。「われわれはみな、巨大な数学的対象物の中に生きている。それは正十二面体よりもはるかに複雑であり、カラビ-ヤウ多様体やテンソル束、ヒルベルト空間といった、現代の最先端理論に見られるいかめしい名前の対象物よりも、おそらくずっと複雑なものだ。われわれの世界のすべてのものは、あなた自身を含め、純粋に数学的な存在だ。」この考えが直観に反するように思えても、驚くにはあたら

▲数学的宇宙仮説によれば、われわれの物理的な実在は数学的構造だ。われわれの宇宙は数学によって記述されるというだけでなく、数学そのものなのだ。

ない。量子論や相対性理論など、現代の理論には、直観を寄せ付けないものが多いからだ。数学者ロナルド・グラハムがかつて言っていたように、「われわれの脳は、雨を避け、果実のある場所を見つけ、そして死から逃れるように進化してきた。われわれの脳は、本当に大きな数を把握したり、何十万もの次元の中の存在を見通したりできるようには進化してこなかったのだ。」

参照：セル・オートマトン（1952年）、例外型単純リー群E_8の探求（2007年）

人名索引

ア行

- アームブラスター(フランク) 208
- アーメス 10
- アーレンス(W.) 123
- アイスキュロス 21
- アインシュタイン(アルベルト) 57, 104, 139, 163, 173, 189
- アクゼル(アミール) 59, 175
- アダマール(ジャック) 138, 151, 203
- アッ=サマウアル 40
- アッペル(ケネス) 112
- アデラード(バースの) 20
- アニェージ(マリア・ガエタナ) 82, 122
- アボット(エドウィン・アボット) 132
- アボット(デレク) 242
- アリストテレス 18, 19, 154
- アル=ウクリーディシー 38
- アル=カーシー(ギィヤース・アッ=ディーン) 45
- アル=カラジー 40
- アル=キンディー 49
- アル=フワーリズミー(ムハンマド・イブン・ムーサ) 28, 34
- アル=ワファー(アブー) 27
- アルガン(ジャン=ロベール) 94
- アルキメデス(シュラクサイの) 21, 22, 24, 25, 176, 247
- アルクィン(ヨークの) 33
- アルシャム(ホセイン) 32
- アルベルティ(レオン・バッティスタ) 63
- アレキサンドロス大王 18
- アレクサンダー(ジェームズ・ワデル) 162, 166, 231
- アンドリカ(ドリン) 233
- アンドロニコス(ロードスの) 18
- アントワーヌ(ルイ) 162
- アンリ4世 45
- イェーツ(フランク) 181
- イェンセン(クリスティアン・アルブレヒト) 95
- 池田研介 226
- ヴァイヤン(ベルナール) 66
- ヴァンデルモンド(アレクサンドル=テオフィル) 85
- ウィークス(ジェフリー・レンウィック) 232
- ヴィヴィアーニ(ヴィンチェンツォ) 67
- ヴィエート(フランソワ) 45
- ウィグナー(ユージーン) 137, 250
- ウィッティントン(スチュアート G.) 237
- ウィリアムズ(ヒュー C.) 21
- ウィルソン(デヴィッド W.) 243
- ヴィンソン(ジェイド P.) 243
- ヴェイユ(アンドレ) 175, 209
- ヴェブレン(オズワルド) 149
- ウェルチマン(ゴードン) 177
- ウォーターハウス(ウィリアム) 102
- ウォリス(ジョン) 66, 99
- ウラム(スタニスワフ・マルチン) 89, 158, 195, 204
- ウルフラム(スティーブン) 195, 236, 247
- エーデルマン(レオナルド・マックス) 224
- エーレスマン(シャルル) 175
- エカート(J. プレスパー) 186
- エカート(ジェイコブ H.) 127
- エッシャー(M. C.) 136, 178, 196
- エディントン(アーサー) 156
- エネパー(アルフレト) 88
- エラトステネス 23
- エルディ(ダニエル) 227
- エルデーシュ(ポール) 83, 137, 138, 172, 179, 197, 214, 247
- エルミート(シャルル) 109, 120
- オイラー(レオンハルト) 21, 37, 54, 75, 78, 79, 81, 83, 84, 85, 88, 90, 128, 233
- オートレッド(ウィリアム) 57
- オステルリ(ジョゼフ) 234
- オストログラツキー(ミハイル) 122
- オレム(ニコール) 44

カ行

- カークマン(トーマス) 114
- ガードナー(マーティン) 37, 62, 106, 121, 135, 136, 160, 166, 182, 188, 191, 195, 196, 204, 206, 210, 216, 220, 225
- ガイ(リチャード) 99, 197
- ガウス(カール・フリードリッヒ) 21, 55, 77, 92, 93, 94, 95, 138
- カジンスキー(セオドア) 108
- カスティヨン(ヨハン) 61
- カスナー(エドワード) 161, 183
- ガスリー(フランシス) 112
- カタラン(ウジェーヌ・シャルル) 110
- ガバイ(デヴィッド) 232
- ガライ(ティボー) 137
- ガリレイ(ガリレオ) 20, 67
- カルダノ(ジェロラモ) 51, 98
- カルタン(アンリ) 175
- ガロア(エヴァリスト) 106
- カント(イマヌエル) 14
- カントール(ゲオルク) 19, 109, 124, 162, 205
- ギブズ(J. ウィラード) 189
- ギャリヴァン(ブリトニー) 244
- キャロル(ルイス) 199
- キリスト(イエス) 8
- キリング(ヴィルヘルム・カール・ジョセフ) 249
- ギルブレス(ノーマン L.) 197
- クーロン(ジャン) 175
- グスコス(アンドレアス) 23
- クッラ(サービト・イブン) 37
- クヌース(ドナルド・エルビン) 65, 121, 213, 220
- クラーク(アーサー C.) 228
- クライン(フェリックス) 130
- クラシェク(テーヤ) 24
- クランプ(クリスティアン) 76
- クリー(ヴィクター) 212, 217
- グリース(ロバート L.) 229
- グリム(パトリック) 11
- グリュンバウム(ブランコ) 128, 178
- グレイ(フランク) 188

グレゴリー(ジェームズ)	47
グロ(ルイ)	121
グロタンディーク(アレクサンドル)	176
クロネッカー(レオポルト)	95
ケイリー(アーサー)	111
ゲーデル(クルト)	144, 173, 205
ケプラー(ヨハネス)	17, 24, 55, 190, 249, 250
ケルヴィン卿 →トムソン(ウィリアム)	
ゲルソニデス	110
ゲルバート(スティーブン)	209
ケンダル(モーリス・ジョージ)	181
孔子	17
コーエン(ポール・ジョゼフ)	205
コーシー(オーギュスタン=ルイ)	102
ゴールドバッハ(クリスティアン)	81, 84
コクセター(H. S. M.)	136
コスタ(セルソ)	88
コッホ(ニルス・ファビアン・ヘルゲ・フォン)	147, 222
コマンディーノ(フェデリコ)	29
コヤマ(ケンジ)	213
コラッツ(ロター)	179
ゴルトン(フランシス)	77
コルモゴロフ(アンドレイ・ニコライヴィッチ)	98
コワレフスカヤ(ソフィア)	122
コンウェイ(ジョン・ホートン)	195, 199, 210, 220, 229, 235, 243

サ行

サーストン(ウィリアム)	232
ザーンケ(C. ロバート)	21
ザギエ(ドン)	138, 202
ザデー(ロトフィ)	207
サムナーズ(ド・ウィット L.)	237
ジーマン(クリストファー)	211
ジーンズ(ジェームズ)	97
シェーファー(ジョナサン)	248
ジェームズ(ウィリアム)	154
シェーンフリース(アルトゥール・モーリッツ)	136
シェパード(ジェフリー C.)	178
シェヒトマン(ダン)	216
シェルク(ハインリヒ・フェルディナント)	88
シェルビンスキ(ヴァツワフ)	152, 202
ジェルベール(オーリヤックの)	33
ジャーマン(R. A.)	21
シャットシュナイダー(ドリス)	178
シャノン(クロード・エルウッド)	113, 189
シャミア(アディ)	224
シューア(イサイ)	157
シュヴァリー(クロード)	175
シュタインハウス(ヒューゴ)	199
シュテファン(ラルフ)	239
シュトラウス(エルンスト)	212
シュリカンデ(S. S.)	90
シュワルツ(リチャード・エヴァン)	200
ジョーンズ(ウィリアム)	22, 69

ジョーンズ(ヴォーン・フレデリック・ランダル)	231
諸葛亮	121
ジョルダン(カミーユ)	149
ジョンソン(ロジャー・アーサー)	158
シラッシ(ラジョス)	225
シルヴァ(トマス・オリヴェイラ・エ)	81
シルヴェスター(ジェームズ・ジョゼフ)	111, 137
シルウェステル2世	33
シルバーマン(ブライアン)	11
シロッタ(ミルトン)	161
シンプソン(トーマス)	69
スカーニ(ジョン)	185
スキューズ(スタンリー)	138
スコラ(リチャード)	35
スターリング(ジェームズ)	76
スチュアート(イアン)	211
スティルチェス(トーマス)	120
ステラッチ(フランチェスコ)	155
ストール(クリフ)	57, 130, 190
ストーン(A. H.)	168
ストラトン(ラムプサコスの)	19
ストルイク(D. J.)	82
スピンデン(ヤン・ヘンドリック・ファン)	99
スミス(C. A. B.)	168
スミス(バーナード・バビントン)	181
スメイル(スティーブン)	198
スローン(ニール・ジェームズ・アレクサンダー)	239
セーガン(カール)	152
ゼーグナー(ヨハン・アンドレアス)	84
ゼノン(エレアの)	15
セルビー(アレックス)	240
セルフリッジ(ジョン)	202
セルベリ(アトル)	138
ソーマストゥヴァン(ニーラカンタ)	47
ソクラテス	15, 18

タ行

ダ・ヴィンチ(レオナルド)	48
ダーウィン(チャールズ)	89
タッカー(アルバート W.)	194
タット(ウィリアム T.)	168
ダランベール(ジャン)	71
ダリ(サルバドール)	211
タリー(ガストン)	90
タルスキ(アルフレト)	167
タルタリア(ニコロ)	51
ダンテ	43
チェン(ジシェン)	213
チャーサール(アーコシ)	191
チャイキン(ポール)	55
チャイティン(グレゴリー・ジョン)	219
チャップマン(S. J.)	168
チャップマン(ノイズ・パルマー)	123
チャンパノウン(デヴィッド)	174

チューリング(アラン)	144, 177, 189
陳景潤	81
ツァハ(フランツ・フォン)	92
ツェルメロ(エルンスト・フリードリッヒ・フェルディナント)	148
ディエス(フアン)	52
ディオクレス	26
ディオニュソス	28
ディオファントス(アレクサンドリアの)	28, 31, 34, 59
ティジマン(ロバート)	110
テイト(ピーター・ガスリー)	35
ディフィー(ベイリー・ホイットフィールド)	224
ティベット(レナード・ヘンリー・カレブ)	181
ディメイン(エリック D.)	246
ディラック(ガブリエル・アンドリュー)	137
ディラック(ポール)	137
ディリクレ(ヨハン・ペーター・グスタフ・ルジューヌ)	59, 107
ティンズリー(マリオン)	248
テヴェ(アンドレ)	49
デーン(マックス)	4, 29
デカルト(ルネ)	29, 58, 59, 60, 62, 66, 83
テグマーク(マックス)	250
デザルグ(ジェラール)	63
デニス(ポール・セント)	11
デブリン(キース)	72
デュイヴェスチジン(A. W. J.)	168
デュードニー(ヘンリー E.)	85
デューラー(アルブレヒト)	8, 61
デュクルー(フォッコ)	249
デュドネ(ジャン)	175
デリー(ハインリヒ)	84
デルサルト(ジャン)	175
テレシ(ディック)	30, 38
ド・ブランジュ(ルイ)	157
ド・プロクール(ジャン・ド・アンズラン)	5
ド・ベシー(ベルナール・フレニクル)	8
ド・メジリアク(クロード=ガスパール・ガシェ)	28
ド・モアブル(アブラーム)	77, 85
ド・モルガン(オーガスタス)	113
ド・ラ・イール(フィリップ)	61
ド・ラ・ヴァレ=プーサン(シャルル=ジャン)	138
ド・ロピタル(ギヨーム)	72
トゥーエ(アクセル)	150
トカルスキー(ジョージ)	212
トム(ルネ)	211
トムソン(ウィリアム)	108, 126, 171, 181, 190
トリチェリ(エヴァンジェリスタ)	64, 66
トリテミウス(ヨハンネス)	49
ドルーエ(フランソワ=ユベール)	89
トルカント(サルバトーレ)	55
ドレシャー(メルビン)	194

ナ行

ナッシュ(ジョン・フォーブズ)	184, 192
ナポレオン	97, 98
ニール(ウィリアム)	66
ニューカム(ウィリアム A.)	201
ニューカム(サイモン)	129
ニュートン(アイザック)	20, 21, 29, 47, 56, 60, 68, 69, 72, 76, 190
ニューマン(ジェームズ・ロイ)	183
ニューランド(ピーター)	99
ヌネシュ(ペドロ)	50
ネイピア(ジョン)	56
ネーター(アマリー・エミー)	163
ネラー(トッド W.)	185
ノイマン(ベルンハルト)	200
ノージック(ロバート)	201
ノーベル(アルフレッド)	176
ノワコフスキー(リチャード)	99

ハ行

パーカー(E. T.)	90
ハーグレイブ(ロジャー)	235
ハーケン(ヴォルフガング)	112, 221
バース(ベンジャミン)	75
バースカラ	32
ハーディ(G. H.)	21, 78, 138
バーマン(ジョアン)	231
バーロウ(ウィリアム)	136
ハイヤーム(オマル)	39, 65
ハイン(ピート)	184, 206
バウアースフェルト(ヴァルター)	165
ハヴィル(ジュリアン)	78
バウカンプ(クリストフェル J.)	183
ハウスドルフ(フェリックス)	159, 167
バウダーヤナ	12
バジトノフ(アレクセイ)	246
パスカル(エティエンヌ)	61
パスカル(ブレーズ)	29, 59, 61, 65, 98
パターソン(ジョン H.)	127
パターソン(マイケル S.)	210
ハダート(ジョゼフ)	96
バチョーリ(ルカ)	48
パッカード(デイヴ)	215
パッシ(ラウラ)	82, 122
ハッチ(ドン)	243
パッポス(アレクサンドリアの)	29
ハッリカーン(イブン)	43
パテル(ラルバイ)	87
ハドルソン(マシュー)	199
バナッハ(ステファン)	167
バベッジ(チャールズ)	101
ハミルトン(ウィリアム・ローワン)	108, 114
バル(ヘンリ E.)	245
バロンド(ユアン・マヌエル・ロドリゲス)	242
ハンバーガー(ピーター)	128
ハンムラビ大王	9
ピアソン(カール)	142
ピアッツィ(ジュゼッペ)	92

ヒース(トーマス)	20	フリース(ヤン・フレーデマン・デ)	63
ビーベルバッハ(ルートヴィヒ)	157	フリードマン(マイケル)	35
ピール(ジェラルド)	196	ブリンプトン(ジョージ・アーサー)	9
ピタゴラス(サモスの)	12, 14	ブルックス(R. L.)	168
ピック(ゲオルク・アレクサンデル)	139	ブルックス(ロバート)	228
ヒトラー(アドルフ)	139, 148	ブルバキ(ニコラ)	175
ヒポクラテス(キオスの)	16	ブルン(ヴィゴ)	160
ヒュートン(シェリル)	247	ブレイク(ウィリアム)	60, 68
ヒューレット(ウィリアム・レディントン)	215	ブレッサー(クリフトン)	185
ヒュパティア(アレクサンドリアの)	31, 82	ペアノ(ジュゼッペ)	134, 135
ビュフォン(ジョルジュ=ルイ・ルクレール・ド)	89	ペイジ(ラリー)	161
ヒリス(ダニー)	11	ベイズ(トーマス)	86
ヒルベルト(ダーフィット)	124, 141, 163, 169	ヘイワード(ロジャー)	199
ヒントン(チャールズ・ハワード)	133, 153	ヘヴィサイド(オリヴァー)	108
ファイゲンバウム(ミッチェル・ジェイ)	223	ヘールズ(トーマス)	55
ファラッチ(ニコラス)	247	ベシコヴィッチ(アブラム・サモイロヴィッチ)	159
フィールズ(ジョン・チャールズ)	176	ベッセル(フリードリッヒ・ヴィルヘルム)	100
フィッシャー(ベルント)	229	ヘップ(エディット)	128
フィッシャー(ボビー)	123	ベネット(チャールズ)	219
フィッシャー(ロナルド・エイルマー)	181	ベラン(マイケル)	2
フィボナッチ	10, 42, 46	ベルコ(ケネス A.)	221
フィンク(レオ)	108	ヘルツシュタルク(クルト)	190
フーリエ(ジャン=バティスト・ジョゼフ)	97, 126	ベルトラミ(ユージニオ)	119
ブール(ジョージ)	113, 153	ベルヌーイ(ダニエル)	71, 80, 100
ブール(メアリー・エヴェレスト)	153	ベルヌーイ(ヤーコプ)	44, 62, 72, 74, 75
フェイ(テンプル H.)	238	ベルヌーイ(ヨーハン)	44, 71, 72
フェイトー(ソフィー)	98	ヘルマン(マーティン・エドワード)	224
フェッラリ(ロドヴィコ)	51	ペレリマン(グリゴリ)	146, 176
フェリペ2世	45	ベン(ジョン)	128
フェルフルスト(ピエール=フランソワ)	223	ヘンドリックス(ジョン・ロバート)	241
フェルマー(ピエール・ド)	12, 28, 58, 59, 98	ペンフォード(フランク)	129
フェルミ(エンリコ)	89	ヘンリシ(オラウス)	126
フォーデルベルク(ハインツ)	178	ペンローズ(ロジャー)	158, 212, 216
フォード(レスター・ランドルフ)	180	ボア=レーモン(パウル・デュ)	120
フォン・ノイマン(ジョン)	89, 187, 192, 195, 247	ポアンカレ(ジュール=アンリ)	146, 203
フォン-バイヤー(ハンス)	174	ホイストン(ウィリアム)	73
フォン・ミーゼス(リヒャルト)	182	ホイヘンス(クリスティアーン)	47, 66, 70
深川英俊	91	ボー(エミル)	188
藤田貞資	91	ボーイ(ヴェルナー)	143
ブッシュ(ヴァニヴァー)	171	ホーエンバーガー(スーザン)	246
ブッダ	17	ホーキング(スティーブン)	95, 98, 102
プトレマイオス(クラウディオス)	27	ボーズ(R. C.)	90
フバータル(ヴァシェク)	217	ボーチャーズ(リチャード)	229
ブフタ(クリスチャン)	230	ホール(グレン・リチャード)	230
フョードロフ(エヴグラフ・ステパノヴィッチ)	136	ボストン(ティム)	211
フラー(リチャード・バックミンスター)	165	ボヤイ(ヤーノシュ)	104
ブラウアー(ライツェン・エヒベルトゥス・ヤン)	151, 155	ポリヤ(ジョージ)	164
ブラックバーン(ヒュー)	115	ボルツァーノ(ベルナルト)	120
フラッド(メリル・ミークス)	194	ボルツマン(ルートヴィヒ)	189
プラトー(ジョゼフ)	88	ホルディッチ(ハムネット)	117
プラトン	17, 18, 60	ボレル(フェリクス・エデュアール・ジュスタン・エミール)	152, 156
ブラフマグプタ	32	ホワイトヘッド(アルフレッド・ノース)	154
フランクリン(ベンジャミン)	87	ボンスレ(ジャン=ヴィクトル)	63
ブラント(ドミトリー)	85	ボンペッリ(ラファエル)	54

マ行

マーカス(マリオ) ……… 3
マークル(ラルフ C.) ……… 224
マーダー(オットー) ……… 126
マーティン(デヴィッド) ……… 87
マーラー(クルト) ……… 174
マイヤーホフ(ロバート) ……… 232
マイロヴィッツ(モルデカイ) ……… 213
マスケローニ(ロレンツォ) ……… 78
マックス(ネルソン) ……… 198
マッサー(デヴィッド) ……… 234
松沢哲郎 ……… 2
マテルスキー(ピーター) ……… 228
マハーヴィーラ ……… 32, 36
マルケヴィッチ(ジョゼフ) ……… 137
マンデルブロー(シュレーム) ……… 175
マンデルブロー(ブノワ B.) ……… 193, 222, 228
ミッタク=レフラー(ヨースタ) ……… 124
ミッチェル(チャールズ・ウィリアム) ……… 31
ミハイレスク(プレダ) ……… 110
ミリー(ピーター) ……… 232
ミレー(エドナ・セント・ヴィンセント) ……… 20
ムーニエ(ジャン) ……… 88
メイ(ロバート) ……… 223
メビウス(アウグスト・フェルディナント) ……… 103, 105, 116
メルヴィル(ハーマン) ……… 70
メルカトール(ヘラルドゥス) ……… 50, 53
メルセンヌ(マラン) ……… 23, 62
メンガー(カール) ……… 170
メンゴリ(ピエトロ) ……… 44
メンデレーエフ(ドミトリ) ……… 146
モークリー(ジョン) ……… 186
モーザー(ユルゲン) ……… 200
モース(マーストン) ……… 150
モーズリー(ジェニーン) ……… 170
モーリー(フランク) ……… 140
モーリー(フランク V.) ……… 140
モラン(ベルナール) ……… 143, 198
モルゲンシュテルン(オスカー) ……… 192
モルロン(レジス) ……… 38
モロン(ズビグニェフ) ……… 168
モンクトン(クリストファー・ウォルター) ……… 240

ヤ行

ユークリッド(アレクサンドリアの) ……… 16, 20, 45, 67, 93, 104, 247
ユング(ハインリヒ・ヴィルヘルム・エヴァルト) ……… 145

ラ行

ライ(トニー W.) ……… 213
ライオダン(オリヴァー) ……… 240
ライス(マージョリー) ……… 178
ライト(エドワード) ……… 53
ライプニッツ(ゴットフリート・ヴィルヘルム) ……… 47, 54, 68, 71, 72, 75, 128
ライベン-ノーウェル(デヴィッド) ……… 246
ラヴレース(エイダ・アウグスタ) ……… 101
ラグランジュ(ジョゼフ=ルイ) ……… 102
ラッセル(バートランド) ……… 14, 20, 144, 154
ラファエロ ……… 14, 18
ラプラス(ピエール=シモン) ……… 77, 98, 247
ラマレ(オリヴィエ) ……… 81
ラムゼー(フランク・プランプトン) ……… 172
ラメ(ガブリエル) ……… 59, 206
ラングランズ(ロバート・フェラン) ……… 209
ランダウ(エドムント) ……… 157
リー(マリウス・ソフス) ……… 249
リーマン(ゲオルク・フリードリッヒ・ベルンハルト) ……… 104, 118, 120, 247
リヴェスト(ロナルド・リン) ……… 224
リサジュー(ジュール・アントワーヌ) ……… 115
リチャードソン(ルイス・フライ) ……… 193
リッティ(ジェームズ) ……… 127
リトルウッド(ジョン・エデンサー) ……… 138
リューヴィル(ジョゼフ) ……… 109
リュカ(フランソワ・エドゥアール・アナトール) ……… 131
リンデマン(フェルディナント・フォン) ……… 16, 109
リンド(アレクサンダー・ヘンリー) ……… 10
ルービック(エルノー) ……… 218
ルーミス(イライシャ・スコット) ……… 12
ルーロー(フランツ) ……… 125
ルジャンドル(アドリアン=マリー) ……… 85, 95
ルパート公 ……… 99
ルベーグ(アンリ) ……… 162
レーマー(オーレ・クリステンセン) ……… 61, 71
レオナルド(ピサの)→フィボナッチ
レン(クリストファー) ……… 66
ロイド(サム) ……… 123
ローレンツ(エドワード・ノートン) ……… 203
ロスマン(トニー) ……… 91
ロナン(マーク) ……… 229
ロバチェフスキー(ニコライ・イワノヴィッチ) ……… 104
ロビンソン(ラファエル M.) ……… 107, 167
ロブソン(エレナ) ……… 9
ロメイン(ジョン W.) ……… 245

ワ行

ワイエルシュトラース(カール・テオドル・ヴィルヘルム) ……… 120, 122, 222
ワイル(ヘルマン) ……… 163
ワイルズ(アンドリュー・ジョン) ……… 59
ワトソン(ジェームズ) ……… 154
ワン(ハオ) ……… 173

写真の出典

本書に示した古代の文書や稀覯本は、汚れのない読みやすい状態で入手することが難しかったため、時には私の一存で画像処理を行って汚れや傷を消したり、薄くなった部分を濃くしたり、また特定のディテールを強調したり説得力のある画像にしたりするために、白黒の文書にわずかな色付けをした場合もある。歴史純粋主義者であっても、このように軽微でアーティスティックな修正は許容してくれるだろうし、この本に歴史的にもディテールの面でもリッチな魅力を持たせ、学生や一般人にとっても興味深く魅惑的な美しさを与えたいという私の目的を理解してくれるだろうと望んでいる。数学、美術、そして歴史の信じられないほどの深さと多様性を私が愛していることは、この本全体にわたって示した写真や図版を通して明らかになっていることだろう。

Images © Clifford A. Pickover: pages 16, 19, 29, 40, 43, 45(上), 48, 58, 65(左上と下), 66(左), 67, 70, 71(右), 76, 79(上), 81, 84, 86, 90(上), 91, 92, 93, 128(左上), 130, 137, 139, 140, 142, 152, 158, 160, 161, 164, 168, 172, 183, 184, 191, 204, 205, 210, 212, 213, 217(上), 226, 227(上), 230, 238, 240, 241, 243(上), 250
Images © Teja Krašek: pages 21, 24, 83, 114, 178, 196(左), 199
Images by Jos Leys (josleys.com): pages 54, 61, 64, 104, 180, 216, 221, 222, 228, 231
Images © Paul Nylander, bugman123.com: pages 17, 50, 69, 88, 100, 119, 120, 143, 159
Used under license from Shutterstock.com: p.2, Image © shaileshnanal, 2009; p.3, Image © 2265524729, 2009; p.7, Image © Mikael Damkier, 2009; p.8(左), Image © rfx, 2009; p.13, Image © GJS, 2009; p.15 and 80, Image © James Steidl, 2009; p.22, Image © Hisom Silviu, 2009; p.23, Image © Andreas Guskos, 2009; p.25, Image © Ovidiu Iordachi, 2009; p.37, Image © Sebastian Knight, 2009; p.38, Image © Olga Lyubkina, 2009; p.41, Image © Tan Kian Khoon, 2009; p.42, Image © Ella, 2009; p.53, Image © Jiri Moucka, 2009; p.62, Image © Geanina Bechea, 2009; p.73, Image © Maxx-Studio, 2009; p.75, Image © MWaits, 2009; p.107, Image © Steve Mann, 2009; p.113 and 167, Image © photobank.kiev.ua, 2009; p.129, Image © Lee Torrens; p.131, Image © Holger Mette, 2009; p.136, Image © Rafael Ramirez Lee, 2009; p.138, Image © Yare Marketing; p.144, Image © Jeff Davies, 2009; p.145, Image © Arlene Jean Gee, 2009; p.148, Image © Andrey Armyagov, 2009; p.151, Image © Anyka, 2009; p.155, Image © Vasileika Aleksei, 2009; p.156, Image © ChipPix, 2009; p.169, Image © Elena Elisseeva, 2009; p.181, Image © Jeff Carpenter, 2009; p.182, Image © Scott Maxwell/LuMaxArt, 2009; p.185, Image © Marcus Tuerner, 2009; p.189, Image © Wayne Johnson, 2009; p.192(右), Image © Tischenko Irina, 2009; p.194, Image © Lou Oates, 2009; p.198(左), Image © kotomiti, 2009; p.201, Image © Zoran Vukmanov Simokov, 2009; p.209(右), Image © Jakez, 2009; p.211, Image © Dmitrijs Mihejevs, 2009; p.214, Image © Polina Lobanova, 2009; p.219, Image © Fabrizio Zanier, 2009; p.237(上), Image © Ronald Sumners, 2009; p.237(下), Image © vladm, 2009; p.239, Image © Gilmanshin, 2009; p.242, Image © Robert Kyllo, 2009; p.243(下), Image © Armin Rose, 2009; p.244, Image © Kheng Guan Toh, 2009; p.245, Image © imageshunter, 2009; p.246, Image © suravid, 2009
Other Images: p.1 Image Matthias Wittlinger; p.5 Royal Belgian Institute of Natural Sciences; p.6 Photo by Marcia and Robert Ascher. In the collection of the Museo National de Anthropologia y Arqueologia, Lima, Peru; p.11. Paul St. Denis and Patrick Grim developed the Fractal Tic Tac Toe image in the Logic Lab of the Philosophy Department at SUNY Stony Brook. An earlier version appeared in St. Denis and Grim, "Fractal Image of Formal Systems," *Journal of Philosophical Logic* 26 (1997), 181–222, with discussion in Ian Stewart, "A Fractal Guide to Tic-Tac-Toe," *Scientific American* 283, no. 2 (2000), 86–88; p.26(左) © istockphoto.com/bkindler; p.27 © istockphoto.com/fanelliphotography; p.32 © istockphoto.com/-M-I-S-H-A-; p.39 Mike Simmons, Astronomers Without Borders; p.46 Photo by Rischgitz/Getty Images; p.47 © istockphoto.com/kr7ysztof; p.55 With permission of Salvatore Torquato; p.56 © Science Museum/Science & Society; p.57 © istockphoto.com/ihoe; p.65(右上) By George W. Hart, http://www.georgehart.com; p.74 Courtesy of The Swiss Post, Stamps & Philately; p.79(下) Wikipedia/Matt Britt; p.85 Courtesy of Dmitry Brant, http://dmitrybrant.com; p.87(右) Library of Congress, David Martin, painted 1767; p.94 Fractal Art by G. Fowler; p.97 © istockphoto.com/theasis; p.101 Wikimedia/Carsten Ullrich; p.103 Brian Mansfield; p.108 Wikimedia/Leo Fink, using Gaston software; p.111 Portrait is the frontispiece to Vol. 4 of *The Collected Mathematical Papers of James Joseph Sylvester*, edited by H. F. Baker, Cambridge University Press 1912; p.112 © istockphoto.com/nicoolay; p.115 Ivan Moscovitch; p.116 Clifford A. Pickover and Teja Krašek; p.117 Brian C. Mansfield; p.118 Tibor Majláth; p.121 U.S. Patent Office; p.123(下) © istockphoto.com/MattStauss; p.125 U.S. Patent Office; p.126(右) photographer Clive Streeter © Dorling Kindersley, Courtesy of the Science Museum, London; p.127 © National Museum of American History; p.128(右上と下) Venn Diagrams created by Edit Hepp and Peter Hamburger; p.133 Image created by Robert Webb using Stella4D software, http://www.software3d.com; p.135 Designed and photographed by Carlo H. Sequin, University of California, Berkeley; p.147 Robert Fathauer; p.149 Robert Bosch, Oberlin College, DominoArtwork.com; p.150 Mark Dow, geek art; p.153 From the book *George Boole: His Life and Work*, by Desmond MacHale (Boole Press); p.162 Rob Scharein, visit Rob's website at knotplot.com; p.165 © istockphoto.com/Pichunter; p.166 Cameron Browne; p.170 Image by Paul Bourke and Gayla Chandler, featuring Sydney Renee; p.171 NASA Headquarters/Greatest Images of NASA; p.173 Photographed by Oskar Morgenstern. Courtesy of the Archives of the Institute for Advanced Study, Princeton, NJ; p.174 Peter Borwein; p.175 © istockphoto.com/BernardLo; p.176 Photographed by Stefan Zachow; p.186 U.S. Army Photo, from K. Kempf. "Historical Monograph: Electronic Computers Within the Ordinance Corps"; p.188 U.S. Patent Office; p.190 Wikimedia/Larry McElhiney; p.192(左) Wikimedia/Elke Wetzig; p.193 © istockphoto.com/abzee; p.195 Wikimedia/ © 2005 Richard Ling; p.196(右) "Card Colm" Mulcahy, March 2006, Norman, Oklahoma; p.197 Norman Gilbreath at Cambridge University, England; p.198(右) Designed and photographed by Carlo H. Séquin, University of California, Berkeley; p.200 Richard Evan Schwartz; p.202 © 2002–2008 Louie Helm; p.203 Roger A. Johnston, Fractal image created with Apophysis (software available at www.apophysis.org); p.206 Philip Gould/CORBIS; p.207 © istockphoto.com/CaceresFAmaru; p.208 Edward Rothschild; p.209(左) © C. J. Mozzochi, Ph.D., Princeton, NJ; p.215 © 2008 Hewlett-Packard Development Company, L.P. Reproduced with Permission. Photo by Seth Morabito; p.217(下) © istockphoto.com/dlewis33; p.218(左) Photo by Zachary Paisley. Rubik's Cube ® is a registered trademark of Seven Towns, Ltd.; p.218(右) Hans Andersson; p.220(右) Thane Plambeck; p.220(左) Front cover from Donald Knuth's book, SURREAL NUMBERS, © 1974. Reproduced by permission of Pearson Education, Inc.; p.223 Steven Whitney at 25yearsofprogramming.com; p.224 Robert Lord; p.225 Hans Schepker, Mathematical Artist and Teacher; p.227(下) Dániel Erdély © 2005; p.229 Photography by Robert Griess; p.232 Image courtesy of Jeff Weeks, www.geometrygames.org; p.234 David Masser; p.236 Michael Trott; p.247 Courtesy of Photofest; p.249 Wikimedia/John Stembridge

クリフォード・ピックオーバー(Clifford A. Pickover)：IBM ワトソン研究所で研究開発に従事。『数学のおもちゃ箱』(糸川洋訳、日経 BP 社)、『オズの数学』(名倉真紀、今野紀雄訳、産業図書)など多数の著書が邦訳されている。

根上生也：横浜国立大学名誉教授、理学博士。専門：位相幾何学的グラフ理論。
著書：『ビジョンの誘惑――論理力を鍛える 70 の扉』、『四次元が見えるようになる本』、『トポロジカル宇宙 完全版――ポアンカレ予想解決への道』(以上日本評論社)ほか多数。
訳書：『世界で二番目に美しい数式』(デビッド・S. リッチェソン著、岩波書店)ほか多数。

水原　文：翻訳者。
訳書：『おいしい数学』(ジム・ヘンリー著、岩波書店)、『人工知能のアーキテクトたち』(Martin Ford 著、松尾豊監訳、オライリー・ジャパン)、『国家興亡の方程式――歴史に対する数学的アプローチ』(ピーター・ターチン著、ディスカヴァー・トゥエンティワン)ほか多数。

ビジュアル 数学全史――人類誕生前から多次元宇宙まで　　　クリフォード・ピックオーバー

2017 年 5 月 26 日　第 1 刷発行
2023 年 4 月 5 日　第 4 刷発行

訳　者　根上生也　水原　文

発行者　坂本政謙

発行所　株式会社　岩波書店
〒101-8002 東京都千代田区一ツ橋 2-5-5
電話案内 03-5210-4000　https://www.iwanami.co.jp/

ブックデザイン・ビーワークス　　印刷・精興社　　製本・牧製本

ISBN978-4-00-006327-2　　　　　　　　　　　　　　Printed in Japan

クリフォード・ピックオーバーのビジュアル全史 3 部作

B5 判・各 270 頁・オールカラー

ビジュアル数学全史
人類誕生前から多次元宇宙まで

根上生也 訳
水原 文

定価 4950 円

ビジュアル物理全史
ビッグバンから量子的復活まで

吉田三知世 訳　定価 4620 円

ビジュアル医学全史
魔術師からロボット手術まで

板谷 史 訳
樺 信介

定価 4620 円

....

地球全史 写真が語る 46 億年の奇跡

白尾元理 写真
清川昌一 解説

A4 判変型 190 頁
定価 4840 円

＊世界各地で撮影された大判カラー写真で地球の全歴史をたどり，各時代の特徴と重要な出来事について解説．

――――― 岩波書店刊 ―――――

定価は消費税 10％込です
2023 年 4 月現在